健康景观设计理论

THEORY OF HEALTHY LANDSCAPE DESIGN

陈崇贤 夏 宇 孙 虎
[美]丹尼尔·温特伯顿   编著

中国建筑工业出版社

国家自然科学基金资助项目（51808229）（72111530208）

致 谢

本书的出版离不开许多人的帮助，我们对他们深怀感激。我们非常感谢为本书撰写文章的作者们，包括李树华、陈筝、姜斌、孙旻恺、江彦政、张高超、姚亚男、伊丽莎白·迪尔（Elizabeth Diehl）、克莱尔·库珀·马库斯（Clare Cooper Marcus）、威廉·C.苏利文（William C. Sullivan）、艾米·瓦根费尔德（Amy Wagenfeld）、朱莉·史蒂文斯 (Julie Stevens)、梅洛迪·塔皮亚（Melody Tapia）、杰奎琳·勒布蒂利耶 (Jacqueline LeBoutillier)、大卫·坎普（David Kamp）、盖尔·苏特布朗（Gayle Souter Brown）、丝雯嘉·霍尔（Svenja Horn）等，感谢他们支持并信任我们编写本书的工作，他们在文中对健康景观的深入探讨和思考让本书的内容变得更有价值。

当然还要特别感谢本书的编者丹尼尔·温特伯顿（Daniel Winterbottom），没有他的付出和督促，本书将难以完成；还有陪伴我们共同讨论和研究的学生们，包括罗玮菁、方言、李海薇、梁李欣、吴林倩、方颖婷、罗锐、萧艺、詹银芳等，在翻译和梳理本书相关内容过程中他们给予了大量的帮助和支持。

我们非常感谢中国建筑工业出版社杜洁主任，在本书出版的过程中不断给我们提供帮助和支持。最后还要感谢已经在该领域做了大量研究和实践工作的老师和前辈，没有前人的工作基础，我们难以完成本书的内容。

贡献者

（排名不分先后）

[美] 丹尼尔·温特伯顿（Daniel Winterbottom）

华盛顿大学景观建筑学教授。专注于治疗/恢复性花园的实践，研究兴趣包括作为文化表达的景观、生态城市设计和建筑环境中恢复性/愈合性景观的作用，在《西北公共卫生》《地方》《纽约时报》上发表了大量文章。

李树华

清华大学景观学系教授、博士生导师，清华大学建筑学院绿色疗法与康养景观研究中心主任。

[美] 凯瑟琳·沃尔夫（Kathleen L. Wolf）

华盛顿大学环境学院社会研究学家，美国林务局太平洋西北研究站的研究助理。博士的研究探索了城市生态系统的人类维度，还担任过专业的景观设计师和环境规划师，对如何将科学信息融入当地政府的政策和规划感兴趣，曾在美国促进城市自然发展的国家组织任职。

[美] 伊丽莎白·迪尔（Elizabeth Diehl）

建筑学和艺术史学士，风景园林硕士。佛罗里达大学威尔莫特花园的治疗园艺主任，注册风景园林师和注册园艺治疗师。

[美] 克莱尔·库珀·马库斯（Clare Cooper Marcus）

美国加州大学伯克利分校建筑与景观建筑系荣誉教授，建筑学硕士、城市规划硕士，美国风景园林师协会荣誉会员。

孙 虎

广州山水比德设计股份有限公司董事长、首席设计师、高级工程师。

姜 斌

美国伊利诺伊大学香槟分校博士，香港大学建筑学院城市环境与人类健康实验室 (UEHH) 主任，香港大学建筑学院园境建筑学部副教授。

[美] 威廉·C. 苏利文（William C. Sullivan）

伊利诺伊大学香槟分校景观设计学系教授，可持续发展与健康景观研究与设计中心主任，前美国环境科学院院长及董事委员会主席。

陈 筝

弗吉尼亚理工建筑及设计研究博士，同济大学建筑与城市研究学院风景园林系副教授，硕士生导师。

孙旻恺

日本千叶大学博士、长崎大学博士后，苏州科技大学讲师。

［日］五岛圣子

长崎大学。

［日］浜野裕

浜野病院。

［日］今井由江

今井商事。

江彦政

台湾嘉义大学景观学系教授兼系主任，主要研究都市绿地规划设计与健康、步行环境与健康、健康环境效益与园艺治疗。

翁珮怡

台湾大学园艺暨景观学系博士。

杨牧梦

广州山水比德设计股份有限公司全球创新中心孙虎创新研究院研发专员。

侯泓旭

广州山水比德设计股份有限公司全球创新中心孙虎创新研究院理论研究专员。

安 菁

广州山水比德设计股份有限公司全球创新中心孙虎创新研究院产品研究室主任、风景园林设计中级工程师。

马晓晨

广州山水比德设计股份有限公司上海设计院院长、总设计师，研究方向为景观规划和景观设计。

［美］艾米·瓦根费尔德（Amy Wagenfeld）

博士，注册/职业治疗师，美国职业疗法协会（AOTA）成员，波士顿大学职业治疗博士课程的教员，获得循证设计的认证。

［美］塔米·布莱克（Tammy Blake）

作业疗法博士，注册/执业作业治疗师。

［美］卡罗尔·伯顿（Carol Burton）

美术学士。

［美］香侬·菲尼克斯（Shannon Fenix）

理学硕士，注册/执业作业治疗师。

［美］雷切尔·弗里曼（Rachel Freeman）

园艺学学士，社会与疗养园艺学硕士。

[美]道恩·利奇（Dawn Leach）

硕士，语言病理学家临床能力执照。

[美]艾琳·纳瓦（Irene Nava）

文学学士，注册中学教师，Urban Harvest 课程统筹人。

[美]朱莉·史蒂文斯（Julie Stevens）

爱荷华州立大学（Iowa State University）风景园林系副教授、美国风景园林师协会环境正义实践联盟创始人和联合主席。

[美]梅洛迪·塔皮亚（Melody Tapia）

麻省大学风景园林硕士，BrightView 设计集团设计师。

[美]大卫·坎普（David Kamp）

美国风景园林协会终身荣誉会员，美国国家设计学院院士，弗吉尼亚大学建筑学院"设计与健康中心"访问教授，哈佛大学 Loeb Fellow 学者，多特（Dirtworks）景观公司总裁。

[美]杰奎琳·勒布蒂利耶（Jacqueline LeBoutillier）

纽约城市学院兼职教授，风景园林硕士，设计师兼研究员。

[美]盖尔·苏特布朗（Gayle Souter Brown）

奥克兰理工大学博士，绿石设计英国有限公司的创始人兼董事，致富景观和城市设计顾问。

[美]丝雯嘉·霍尔（Svenja Horn）

奥克兰理工大学研究助理。

张高超

丹麦哥本哈根大学博士，清华大学博士后。

[丹麦]乌尔丽卡·斯蒂格斯多特（Ulrika K. Stigsdotter）

丹麦哥本哈根大学教授，她的研究和教学以循证健康设计为基础，是自然、健康和设计实验室的项目负责人和设计师。

[瑞典]帕特里克·格拉恩（Patrik Grahn）

瑞典农业大学教授，致力于研究自然体验和动物陪伴对人类健康和福祉的重要性。

夏 宇

华南农业大学讲师，硕士生导师。

陈崇贤

华南农业大学副教授，博、硕士生导师。

姚亚男

清华大学博士。

詹皓安

清华大学硕士。

翟雪倩

代尔夫特理工大学景观硕士。

叶诗韵

上海建工设计研究院有限公司。

张颖倩

同济大学建筑与城市规划学院景观学系硕士。

于 珏

同济大学外国语学院副教授。

张 恬

哈佛大学可持续发展与环境管理硕士。

关哲麟

广州山水比德设计股份有限公司全球创新中心孙虎创新研究院研发助理。

廖培林

广州山水比德设计股份有限公司全球创新中心孙虎创新研究院理论研究助理。

周伊萃

广州山水比德设计股份有限公司全球创新中心孙虎创新研究院生态设计师。

序一

人类社会在历史发展过程中从未停止通过营造景观为自己的健康生存服务。中世纪修道院的花园为患者提供疗愈的环境；19 世纪英国的现代城市公园为居民提供新鲜空气和休憩场所；美国弗雷德里克·劳·奥姆斯特德在波士顿的"绿宝石项链"减少了因水源污染而感染霍乱死亡的人数；21 世纪中国的"公园城市"为社会大众创造幸福、健康和舒适的人居环境。今天，面对高密度的城市环境、快节奏的生活方式，人们更期待繁忙之余沉浸在自然景色中来获得压力缓解。毫无疑问，景观与人类的身心健康紧密关联。

与此同时，传统生物医学模式向"生物—心理—社会—环境"多维医学模式的转变，也进一步促进社会大众对居住环境的重视。新的整体医学观更加注重综合治疗模式，尤其是大量由于现代生活环境因素引起的非传染性疾病，例如心理精神疾病以及肥胖、冠心病和糖尿病等慢性疾病，需要通过营造良好的居住环境和改变生活习惯等干预才能获得更好的疗愈效果。在过去的几十年里，基于心理和生理之间联系的研究深入，我们进一步了解到接触自然景观，甚至是城市自然景观，会对人类的健康带来积极影响。例如，1984 年美国环境心理学家罗杰·乌尔里希（Roger Ulrich）的一项研究发现观看窗外的植物景观对胆囊炎患者术后恢复有良好促进作用；1989 年密歇根大学心理学家斯蒂芬·卡普兰（Stephen Kaplan）又发现某些环境特征有助于精神疲劳和注意力的恢复；随后，许多研究还证明在自然环境中更有利于人的情绪平复和血压降低，工作表现和解决问题的能力也更优秀，居住在绿色自然环境周边的居民，身体健康水平更好，幸福指数更高，而且人均寿命更长等。此外，信息科技的发展和应用也为探究景观与健康的关系提供了新的认知视角与技术支撑，例如可穿戴设备、虚拟现实技术以及人工智能、机器学习和大数据的应用，可以更加精准、动态、多尺度、大规模地了解景观与人的感知、行为以及生理心理之间的联系。

尽管如此，当前仍然面临着对健康居住环境的迫切需求。日趋严峻的老龄化社会挑战，急需健康适老环境的建设以改善老人生活环境质量，提高老年人的健康水平，从而减轻社会养老成本投入。对年幼的儿童或少年来说，现代科技的进步和社会生活的变化已经彻底改变了传统的生活经历，我们要在他们学习和生活的环境中提供更多接触自然的机会，促进他们身心健康发展，培养创造力、冒险精神和社会互动等能力。当然，其他特殊群体也需要我们给予更多的关注，例如，我们需要在环境的设计中为障碍人士提供更多的帮助和支持，让他们能够获得尊重，像许多普通人一样自由地游览和体验美景；我们需要为阿尔茨海默症患者提供能够便于记忆、进行安全活动和体验的场所，从而提升他们的生活质量，避免产生孤独感。

未来，城市人口将继续增长，对土地、住房、食物、交通和就业等方面的需求变得更加紧张，这无疑将进一步加剧环境安全、精神压力，甚至疾病等一系列影响健康的城市问题。同时，2020 年突发的新冠疫情给全球城市公共卫生带来了前所未有的挑战，极大影响了人们的生活方式与健康。在复杂的新时代和新形势下，仍然存在一些紧迫的问题需要探索，例如健康景观与人类社会发展历程有何关联？不同场所中健康景观的实施途径和形式？如何针对不同人群设计相应的健康景观内容？健康景观理论与实践的探究有哪些潜在方法？未来需要在哪些方面进一步挖掘以促进健康景观的发展？等等。鉴于此，本书邀请了国内外学者分别针对上述几个方面展开讨论，希望这些讨论和思考能够为健康景观领域的发展和探究提供一些有价值的参考。

陈崇贤

2022 年 12 月于广州

序二

"健康景观"虽是一个新的名词，但它并非一个全新的概念或类型。早在古埃及时期，医生便会让法老在花园中散步，利用植物的色彩与芳香来缓解其精神压力；明清时期，中国的文人雅士们将自然山水风貌与亭台楼阁相结合，在古典园林中构建出既能满足闲适生活与社会交往需求，也能让人寄情抒怀、颐养精神的人居环境……这些都可以看作是健康景观建造与使用的雏形。随着时代的发展，健康景观突破了在中小型园林空间中的作用范畴，开始在改善城市环境、提升公共健康等更广阔的范围与领域发挥更大的能效。大量的科学研究也进一步证实了景观能够通过强化人们感官体验的方式促进身心健康，利用空间的营造为人们提供适宜进行各类活动与社会交往的场所，鼓励人们形成积极健康的生活方式。健康景观在解决公共健康问题方面起着举足轻重的作用。

当下，我国快速城市化与工业化所造成的生态环境污染问题，肥胖、心脑血管疾病、糖尿病等"富贵病"的高发以及充满紧张、焦虑等精神压力却无处舒缓的城市环境使"健康"无疑成了这个时代的关注焦点。2016年《"健康中国2030"规划纲要》的颁布进一步强调了健康的重要性，新冠肺炎疫情的常态化更加强了各行各业在健康领域肩负的重任。在这个充满不确定性的时代，景观如何更加科学地赋能人们的身心乃至社会健康？如何解决目前健康景观中的现存问题？未来景观还能为人们的健康需求提供何种支持？这些问题值得广大学者与从业者们深入探讨。

在本书中，来自国内外高校的学者与景观从业者基于风景园林学、艺术学、统计学等构建了健康景观跨学科的视野。他们追本溯源，梳理了美国、日本、中国等国家康复花园与城市公园的起源与发展，并为社区、学校、医院、街道等不同场所和老人、自闭症患者等特殊人群的健康景观营造提供了极具参考价值的理论依据、实证基础和循证设计方法。在探索参与式设计、心电图等方法与技术在健康景观中应用的路径与可能性的同时，展望了健康景观未来的发展方向。总体而言，本书进一步完善了健康景观理论体系、设计方法体系与科学研究支撑体系，是集中展示健康景观最新研究成果、促进景观行业发展的学术平台，为推动健康景观理论与实践的发展、营造理想的人居环境、落实"健康中国2030"重大战略、履行我国对联合国"2030可持续发展议程"承诺的重要举措贡献了当代景观人的智慧。

未来，希望健康景观领域继续深耕，将研究对象拓展到城市、乡村等更大的范围，基于心理学、生态学、计算机科学等更多学科，运用大数据分析、机器学习等更多方法，通过多种形式推进健康景观的研究与实践。同时，期待通过本书的出版能进一步与广大同仁展开交流，共同推进全球健康景观的创新与可持续发展，为解决健康与环境危机、改善人类生存状况持续贡献我们的力量！

孙虎

于广州山水比德

2022 年 3 月

引　言

近二三十年以来，随着社会经济的进步和大众生活质量的普遍提高，景观环境与人们的健康关系也得到越来越多的关注。未来，城市人口将进一步增长，高密度的城市空间、快节奏的生活方式以及公共卫生问题的挑战，无疑对健康景观环境的建设提出了新的难题。尽管在东西方社会文化中沉淀了许多健康景观环境营造相关的古老智慧，然而这些过往的经验和积累已经无法满足当今社会对于健康景观环境复杂而多样的需求。因此，对健康景观进行更为细致的研究，提供新的健康景观理论基础、设计依据和设计模式是当前急需开展的工作。

那么何谓健康景观？许多学者认为它是一切能够有利于我们身心健康的环境要素，也有学者从城市尺度提出有利于公共健康的城市景观系统，还有学者关注更为具体的康复花园或园艺疗法。由此可见，健康景观涉及不同的内容和形式，从居住的土地到城市公共空间、生活社区以及医疗环境和特殊花园等。基于此，本书邀请国内外多位学者或从业人员从不同视角探讨健康景观。全书共分为五个部分，涉及健康景观的历史、场所、人群、研究方法及未来关注等方面，希望能够从多元视角更为全面地了解健康景观。

本书的第一部分主要关注健康景观的文化和历史。伊丽莎白·迪尔在《康复花园的定义》中介绍了健康景观及康复花园的概念和定义，并对康复花园的类型及其特点进行了系统性梳理和回顾，提供了一个清晰的康复花园类型层次性结构框架。华盛顿大学的丹尼尔·温特伯顿在《美国的康复景观设计》中回溯了西方文化中康复花园的起源，讨论了美国康复花园早期与欧洲精神病院环境和治疗方法新思想的关联，梳理了 20 世纪以来随着社会变革美国康复景观设计的发展变化。孙旻恺等人在《日本康复景观的发展与近况》中分别从 20 世纪二三十年代的日本医院等机构设计的绿化景观开始和 20 世纪 90 年代日本社会进入老龄化以来两个阶段，回顾了康复景观的研究和实践发展变化。夏宇等人在《公共健康视角下的中国城市公园发展演变》中从近代租界公园引入公共健康的理念，民族复兴"强身强国"推动城市环境改造到当代城市化和一系列公共健康事件所带来的建成环境与生活方式的改变中回顾了公园与公共健康的发展变化。最后，台湾学者江彦政等人的《台湾园艺治疗与景观效益研究之发展》一文，从研究视角回顾了我国台湾自然景观与园艺治疗发展概况，并深入分析了台湾自然景观效益研究的趋势。

本书的第二部分主要讨论不同场所的健康景观营造。华盛顿大学的丹尼尔·温特伯顿在《不同场所中的社区花园》中梳理了美国社区公园建设的历史，在普通住区、移民社区、分隔带、学校、监狱、医院等场所建造花园的意义，并概述了社区花园设计要点。美国加州大学伯克利分校建筑与景观学院库珀·马库斯教授是康复景观研究的国际知名学者，她在《医疗环境的康复花园》中强调了医院环境对病人健康的重要影响，并基于医院花园的使用后评价提出了医疗环境康复花园的循证设计导则，为未来建造与自然互动来促进健康的医疗环境提供了建议。山水比德马晓晨等基于当前社区景观建设面临的挑战，通过与各大高校联合举办健康景观工作坊、制定健康社区景观设计与评价标准，促进健康在政产学研间的交流与推广，提出了《山水健康社区》评价方法，以期通过理论结合实践推动健康社区的发展。艾米·瓦根费尔德等人撰写的《教育花园与校园花园》全面阐述了花园对儿童感觉、运动、认知、情感和社交的影响和作用，校园的花园甚至可以作为一个起始点，促进儿童对健康食物的选择，并由此影响整个家庭的饮食习惯。作者还详述了设计、施工和后期运营的注意事项。朱莉·史蒂文斯教授作为美国风景园林师协会环境正义实践联盟的创始人和联合主席，在《监狱环境中的花园》中通过美国女子监狱的实践案例探讨亲生命性理论对监狱服刑和工作人员的影响，并提出了在监狱环境中建造疗愈景观的原则。在全球疫情大暴发的背景下，孙虎等人在《后疫情时代健康街道空间营造》中，认为街道空间亟须适应后疫情时代的新需求，介绍了美国、新西兰及英国等城市的街道空间应对疫情经验，并对未来如何通过健康街道环境营造帮助人们从疫情的阴霾中快速恢复并创造更加健康与美好的生活提出了建议。

本书的第三部分主要讨论不同人群的健康景观营造。伊丽莎白·迪尔是佛罗里达大学园艺疗养本科专业认证项目的负责人，在《贯穿生命历程的自然和健康》中她从生命历程的角度阐释"健康"的定义，强调"疾病—健康"连续的健康模式，分阶段解读自然对健康的影响，以获得更高水平的健康。梅洛迪·塔皮亚在《临终关怀花园》中则关注人生最后阶段，通过将花园引入相关机构以缓解重症病人、家庭成员和医护人员的心理压力和精神疲倦，为他们提供更好的心理和精神上的支持与帮助。大卫·坎普是美国景观建筑协会理事、美国国家科学院院士，一直致力于健康环境设计与研究，他提供了本部分的后两篇文章。其中《为自闭症患者设计的康复花园》关注特定疾病的群体，对孤独症谱系障碍患者复杂的需求进行研究，为其设计户外空间并进行使用评估检验其效果。疾病的特征决定了设计需要更加谨慎，但花园的意义不仅仅是提供安全的户外空间，更是锻炼其运动、感觉、认知和社交技能的空间。另外一篇，《为老年人和阿尔茨海默症患者设计的康复花园》则聚焦于全球老龄化，及由此带来的巨大的公共卫生挑战。文章基于年龄增长所带来的身体机能和心理压力变化，提出了为老年人和阿尔茨海默症患者设计康复花园的原则，总结了概念设计、深化设计和细部设计三个阶段的注意事项。

本书的第四部分主要介绍健康景观的研究方法。盖尔·苏特布朗在《循证设计：疗愈景观的设计导则》中总结了疗愈景观的理论基础，梳理了不同群体的循证设计依据，提出了艺术与科学结合，基于亲生命性假说和健康本源理论的循证设计原则。华盛顿大学丹尼尔·温特伯顿在《参与式设计：创造具有回应性、协作性和有意义的场所》中，提出无论相关人群自身的能力如何，都应该尽量鼓励其参与康复景观建设中，他认为设计师必须设计一套可行且有效的参与式设计方案，以确保参与的开放性和广泛性。丹麦哥本哈根大学的学者张高超及乌尔丽卡·斯蒂格斯多特等人在《感知维度：根据景观特质进行健康设计的工具》中将人们所偏好的自然属性概括为 8 个感知维度，通过室外实验验证其疗愈效益。此方法将感知维度作为一种设计工具，为缓解压力及其带来的心理和精神健康问题提供了一种设计解决的思路。同济大学的陈筝等人在《荟萃分析：恢复性自然环境对城市居民心智健康的影响及规划启示》中对恢复性自然环境对城市居民心智健康影响的相关研究成果进行统计学分析，总结了现有研究方法及指标，综合分析了环境对心智健康的影响，并基于此提出了规划设计建议。清华大学的李树华及姚亚男在《环境与心电图：人居环境相关的实验探索》中则关注生理及心理指标探索环境对人健康的影响，以心电图为例总结其生理释义，测定不同园艺活动对人生理指标的影响，探讨心电图作为工具在未来健康景观研究中的可能性。

本书的第五部分主要讨论健康景观未来需要关注的问题。随着自然和健康的相关研究日益增多，政府正努力在公共政策和项目之中创造更多的自然体验机会，凯瑟琳·沃尔夫在《有关健康景观的地方性政策》中探讨各种研究证据和相关政策如何能够指导景观尺度导则的制定，以创造自然体验的机会。在第二篇文章《城市绿色景观对大众健康的影响机制及未来重要研究问题》中，姜斌等人针对中国城市环境恶化所引发的严重健康危机，梳理了城市绿色景观对健康影响的重要理论框架，并从身心健康、生活方式与行为习惯、社会群体健康、特殊人群、跨学科合作等多个方面提出可以在中国展开深入研究的重要领域。最后，针对当前将研究发现应用到环境营造实践中探索的现状，陈崇贤等人在《健康景观：从理论研究到实践应用》中讨论了健康景观从研究到应用的困境，总结了目前能够从健康设计导则、健康评估工具及循证设计方法等方面进一步促进从理论到实践的应用转化。

总而言之，按照文章讨论的主要内容，本书在主题的组织上进行了分类，受到条件限制，书中收录的文章只是现有大量关于健康景观研究或讨论的一部分，因此并非完善的理论知识体系。但整体来看，这些文章在某种程度上反映了健康景观领域探究深度和广度的大致概况，由此，希望构建一种对健康景观全面的论述和理解也变得更加具体和清晰。

目　录

第四部分　健康景观与研究方法

第五部分　健康景观的未来

1

第一部分

健康景观的文化与历史

康复花园的定义

[美] 伊丽莎白·迪尔（Elizabeth Diehl）

对于大多数人而言，花园是人与自然互动的地方（图1）。当花园被设计成一个康复花园时，这种互动所产生的积极效益将达到最大化。许多医疗设施、护理机构和社区组织都认识到了花园对促进人类健康和福祉的重要性，并逐渐将花园视为一种必要设施，因此出现了许多类型的康复花园，它们为不同的使用者提供不同的服务。康复花园可分为感官花园、疗愈花园、体验花园和疗养花园等。大多数人都可以区分这些与康复相关的术语，但很难描述它们在花园设计上的不同。设计师、治疗师、管理人员和其他利益相关者，能够准确区分和描述各种康复花园的不同是很重要的，尤其当康复花园与他们的工作、客户需求以及辅助治疗空间的设计相关时更是如此。为此，有必要提出一种定义和归类康复花园的框架，该框架建构在相关研究和理论基础上，它将描述每种花园的用途、设计特点和潜在使用者。

花园的类型

2013年，维基百科上列出了65种花园类型，包括几种特殊的花园，如松果花园、避火灾花园，甚至啤酒花园。但令人惊讶的是，没有一种类型属于康复花园的范畴。天堂花园也被列在花园类型里，但它主要是指历史上早期的封闭庭园，其中的圣林主要体现的是宗教意义，而非一个种植园。禅宗花园可能与康复花园关系最为密切，但在早期它更多的是作为一个沉思和启迪的地方，而非注重康复本身。

2017年，维基百科上列出了67种花园类型，包括纪念花园、植床花园、感官花园和疗愈花园（Therapeutic Garden）等，但仍然没有康复花园（Healing Garden）。感官花园多指一个具有多重感官体验的空间，但其描述中也提到了无障碍的重要性。疗愈花园的描述相当笼统，也涉及康复花园的一些属性，如满足使用者的生理、心理、社会和精神需求，并且还指出其重点"主要是将植物和友好的野生动物融入场地之中"。

在讨论不同类型康复花园之间的差异时，字典可以帮助我们明确一些概念。查找描述各种花园的形容词，如康复、沉思、体验等，可能看起来很乏味，但当人们使用这些词汇时，某种程度上正是依赖其语义上的细微差别，所以弄清楚这些词的定义是至关重要的。在将定义、现有研究和景观理论联系在一起的过程中，产生了一种层次性的结构框架，顶层是含义最为广泛的花园类型，之

图 1 花园创造了人与自然互动的场所

后定义变得更加具体，一些细分的花园类型出现在下层的机构中。

但需要说明的是，虽然花园的定义是明确的，但这并不意味着花园的设计受到局限。一个具有某一特征的花园可以通过多种方式来创造，这才是好设计的动人之处。此外，花园是具有生命的，是不断成长的实体，没有任何两个花园是完全一样的，因此任何一种花园都不可能有绝对的模式。而根据使用者和设施来分类，必然会出现花园类型之间的一些重叠。所以康复花园的概念框架会根据每个花园的侧重点或目的来进行分类。

构建层次性结构框架

在最初探讨这个框架的时候，我们发现康复花园似乎应该是各种花园的统称，所有更具体的花园类型都位于它的下层结构中。但是这种设想也存在一些问题，首先是"康复"这一术语。过去，这个词主要用于医疗方面，但近年来，这个词被普遍地用于表示个人健康福祉。康复的定义是指使健全或完整，恢复健康，或是使不良状态好转。这个定义使"康复"一词可以被广泛使用，不仅是指治好某种疾病，还可以指解决一个问题或克服困难的情况。这正是"康复花园"体验的意义所在——访客并不总是能够解决他们所面临的问题，但他们往往可以通过定期接触自然来学会克服困难或成功应对问题。

关于"康复花园"这个术语的另一个问题是，"花园"是类型的统称。花园是指具有某一用途的绿色空间；根据定义，它是一块用于种植草药、水果、鲜花或蔬菜的土地。花园意味着创造出某种东西，换言之，花园里有用于耕作的种植床，还有经过精心挑选的植物。

健康景观

那些未被人类改造的自然景观可以作为康复空间吗？当然可以——对某些人来说，它们是最具康复作用的地方（图2）。但它们不是花园，因为它们没有经人为改造，所以不能归类为"康复花园"。同样地，并非所有自然空间都能提供积极的体验，因此"自然景观"或类似术语不能作为它们的总称。内奥米·萨克斯（Naomi Sachs）提出了"健康景观"（Landscapes for Health）一词，把它定义为任何促进和支持人类健康和福祉的自然或人工景观。因此，"健康景观"成为所有康复花园的统称。本文将重点讨论康复花园的分类，但需要注意健康景观之下还有其他分类，特别是那些以促进健康为目的的自然景观，如森林浴。

康复花园

美国园艺疗养协会（AHTA）将康复花园定义为"以植物为主的环境，包括绿色植物、花卉、水和其他自然要素。通常与医院及其他医疗环境联系在一起，提供相应的设施、向所有人开放，并使大多数使用者受益。康复花园是为客户、访客和工作人员而设计，供他们使用，休息放松的场所"（美国园艺疗养协会 AHTA，2016）。

图2 自然景观也是康复空间
图片来源: https://699pic.com/sousuo-7104771-0-2-0-0-0.html

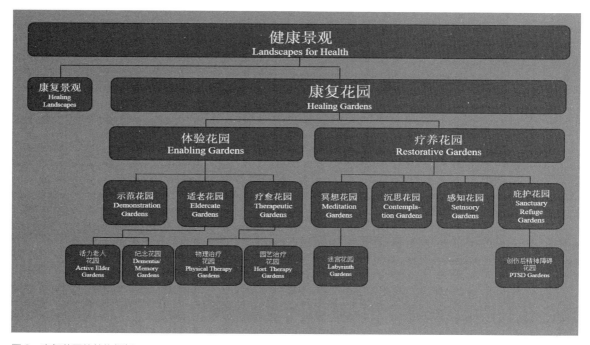

图3 康复花园的结构框架
图片来源: 伊丽莎白·迪尔© 2013, 2015, 2018

克莱尔·库珀·马库斯 (Clare Copper Marcus) 强调了康复花园多重感官体验的重要性。她指出,花园越注重利用各种感官使游人沉浸其中,游客的疼痛概率和疼痛感就越低。因此,花园应该包括色彩斑斓的花朵、不同色调和纹理的绿色植物、香味、野生动物、水景和水声，甚至是微风拂动所带来的感官体验。其中，绿化与硬质景观的理想比例为7∶3。

库珀·马库斯指出，有证据表明，来源于朋友和家人的社会支持可以帮助病人更好地康复。因此，花园需要提供半私密的交流空间，还需要为人们提供路径选择。对于住院患者和老年人来说，丧失控制力是一个重要问题。一个人的控制力越强，他所感受到的压力就越少，所以能够提供多种选择的花园有助于减缓压力。可以通过不同路径、休息区、目的地、植被以及遮阳等因素来实现。

总的来说，康复花园是一个提供多层次、多形式减缓压力和康复体验的环境。"康复"本身是一个相当模糊的术语，可以指身体康复、认知改善或情绪恢复等。这就是康复花园分类的作用——例如，儿童医院的康复花园应该与阿尔茨海默症成人患者的康复花园有显著区别。

康复花园的分支下有两种主要类型：疗养花园和体验花园。这两类花园进一步分类，可分为一系列不同类型的花园（图3）。首先我们来讨论疗养花园的分支。

疗养花园

疗养花园这一分支是在环境心理学相关理论和研究基础之上形成的。

乌尔里希的支持性花园理论

罗杰·乌尔里希（Roger Ulrich）认为，花园的功效在很大程度上是在应对和减缓压力方面所起的作用。他提出，促进恢复必须具备四方面要素：提供独处或暂时远离压力的控制措施，这种控制可以是感觉上的也可以是实际的；为探访者、工作人员以及患者提供社会支持；提供运动和锻炼的机会；自然干预，如植物、水和野生动物等。他还进一步阐述，要使这四类要素产生作用，人们必须在花园中有安全感。当所有的这些条件都具备之后，花园便成为一个远离压力的恢复性场所，它使人们能够更好地应对压力，从而改善健康状况。

卡普兰的注意力恢复理论

雷切尔（Rachel Kaplan）和斯蒂芬·卡普兰（Stephen Kaplan）在对环境心理学研究的基础之上提出了注意力恢复理论，该理论明确了恢复性景观或花园所具备的四个基本特征。第一是"远离"，暂时逃离压力源，包括身体上和精神上的逃离，两者兼而有之则更好。第二是"延展性"，主要关注逃离之所的特征，逃离之所必须能够带给人一种真正远离的感觉，它必须整体而且足够丰富，让人感觉是一个真实的环境，而不是吸引人的信息流（比如屏幕上的数据）。正如卡普兰夫妇所说的，它给人的感觉应该是"一个完全不同的世界……能够必须提供足够的视觉、体验和思考，从而占据很大一部分大脑可用空间"。第三是"魅力"，是真风景或花园中温和的刺激——那些有趣的、吸引人但又不需要你投入注意力的东西（图4）。一个典型的例子是花园里在花丛中飞来飞去的蝴蝶。人们可以毫不费力地去关注一只飞舞的蝴蝶。第四是"兼容"，指花园是否可以提供促进使用者恢复的活动。

图4　花园的"魅力"在于吸引人但又不需要过多投入注意力
图片来源：https://www.tooopen.com/view/1788834.html

在花园里可以观赏蝴蝶，听悦耳的声音，欣赏迷人的景色吗？是否有一个惬意的地方可以散步或坐着，让人们可以舒适地享受花园所提供的一切？游客能轻松自如地参与这些活动吗？这些都是兼容环境应该具备的内容。

这些特征似乎适用于各种类型的康复花园，事实确实如此。但这些理论所提出的关于自然恢复体验的特征强调的是精神、认知、情感或心理方面的恢复，而不是生理康复。这些理论是关于恢复人的精神能力而不是生理能力，但它们假设随着精神恢复，生理问题也会得到改善。康复花园也可以主要关注促进无障碍和身体健康状况改善，如体验花园那样，后文将对此进行阐述。

伊丽莎白和诺娜埃文斯康复花园

克利夫兰植物园（Cleveland Botanical Garden）中的伊丽莎白和诺娜埃文斯康复花园（Elizabeth and Nona Evans Restorative Garden）是一个很好的疗养花园的案例（图5）。尽管花园紧邻一个热闹的露天餐厅，并且正对植物园图书馆，但围绕花园的植物和石墙营造出一个安静的空间，将场地与周边环境隔离开。水缓缓地落进浅水池里，减弱了附近的交通噪声，而芳香的、层次丰富的植物是那么迷人。步道通向私密的休憩区和俯瞰区，移动式家具让游客可以坐在自己喜欢的地方进行私人交谈，或欣赏开阔的景色。

图5　克利夫兰植物园中的伊丽莎白和诺娜埃文斯疗养花园，位于美国俄亥俄州克利夫兰市
图片来源：德尔特（Dirtworks）景观设计事务所

安纳普康复花园

　　瑞典西南部的安纳普康复花园是另一种类型的疗养花园。这个花园的使用者是医生、患者的陪同或管理人员，因为如果他们抑郁或疲惫就没有办法继续工作。这个花园占地不到5英亩（1英亩约4050m²），被划分为几个区域。使用者可以在安静的、篱笆围篱的宜人花园中休息，也可以在温室、菜园或果园中进行一些简单的园艺活动。他们可以沿着森林小路散步，或者在草地上休息。这个花园的设计着力于创造各种不同的户外空间来满足不同精神状态的人群的需求——以一种不同以往的方式实现恢复性花园"兼容"的特征。

冥想花园

　　疗养花园下面的分支包含了冥想花园。这种花园类型包含了恢复性环境的各种特征，也包含了一些其他的设计元素，这些设计元素在人体追求情感或身体康复的过程中起到了催化剂的作用。"冥想"这个词的定义为"思考"或"反思"，尤指一种平静而从容的方式。冥想可以进一步定义为审视内心，走向内心的平静和康复。它的空间形式可以表现为一系列小型半私密性的空间和围合的空间，人们可以在安静、平和的环境中思考。

12 阶花园

12 阶花园位于加利福尼亚州斯克里普斯的麦克唐纳，很遗憾的是它已经不复存在，这个花园是一个典型的冥想花园案例（图 6）。花园的设计采用丰富的朴实的材料和绿意盎然的植物，围合出各种用于冥想和反思的独特空间，这些空间代表了 12 个恢复过程中的各个阶段。一系列空间让人们可以选择独处或进行小团体聚会，这些空间所创造出的连续、渐进的体验有助于康复和痊愈（图 7）。

图 6 麦克唐纳的 12 阶花园，位于加利福尼亚州斯克里普斯（一）
图片来源：布拉德·安德森（Brad Anderson）

图 7 麦克唐纳的 12 阶花园，位于加利福尼亚州斯克里普斯（二）
图片来源：布拉德·安德森（Brad Anderson）

埃洛伊丝佩奇记忆曲径

曲径花园是冥想花园的一种类型。不同于迷宫花园——迷宫花园的设计是创造一个谜题，需要集中注意力并作出决策，曲径花园则让人沉思，提供独自的精神漫步体验。在曲径中漫步是一次通往自我中心再重返现世的静谧之旅。它为人们提供了一个漫无目的行走并思考问题的机会。从设计的角度来看，曲径花园借鉴了圆（整体）和螺旋（自然世界和变化）的象征意义，形成了一个方向不断变化但没有分叉的路径。使用的材料可以有很大的不同，但应该是简单的而不是复杂的，以便促进深入思考而不是分散注意力。通常以单一的植物作为道路之间的边界，如石头、砾石等自然材料，或耐用的铺装材料铺设道路。

这个花园是一个七圈的经典曲径（图 8），位于佛罗里达州盖恩斯维尔的卡纳帕哈植物园内。这个用麦冬镶嵌白色砾石小径的简单设计形成了良好的视觉对比，使人们可以不用注意到自己的脚下，而专注于自己的想法。茂盛的草在微风中移动，以不同的角度获得阳光，简单而有效的设计强化了感官体验。曲径设置于一个凹陷的微地形中，大部分被树木包围，有助于实现它的恢复价值。但是，就像设计曲径花园的目的一样，最好的恢复性体验就是沿着小路安静地行走。

图8　埃洛伊丝佩奇记忆曲径，位于佛罗里达州盖恩斯维尔的卡纳帕哈植物园

沉思花园

　　根据字典的定义，沉思是自我集中精神的一种方式。沉思花园类似于冥想花园，但沉思花园往往倾向于追求一种精神境界，或者说带有一些宗教因素。虽然两者也许在设计上没有根本不同，但沉思花园确实需要设置一些具有特定象征性和代表性的物体以激发思考（图9）。

　　冥想可被视为审视内心并走向内心的平静和康复，而沉思则通常被定义为思考超越自我的问题。这种区别意味着两种花园虽然都能促进自省，但其取景和视野开放程度有所不同。

霍华德乌尔费尔德康复花园

　　沉思花园的一个典型例子是霍华德乌尔费尔德康复花园（Howard Ulfelder Healing Garden），位于波士顿马萨诸塞州综合医院（Massachusetts General Hospital）。由于位于八楼屋顶，花园的视野十分开阔，花园面积约 600m²，面积不大但十分温馨。花园被设计为一个休憩场所，里面有美丽的柚木座椅、丰富的植物、雕塑和水景，还可以看到城市的天际线和查尔斯河壮丽的景色。玻璃栏杆确保能够获得一览无余的景观，有助于人们思考超越自我的事物。

图9 花园中的小水景可以引人沉思

图10 美国俄勒冈州波特兰市石窟教堂的耶稣受难像花园

耶稣受难像花园

另一个以宗教为主题的沉思花园的案例是俄勒冈州波特兰市石窟教堂的耶稣受难像花园（Stations of the Cross Garden）。一条环状小径引导游客穿过树林和花园，经过 14 个青铜耶稣受难像雕塑，周围环绕着石头、树木、蕨类植物和鲜花。在游览花园的过程中人们能感受到和平、宁静，并获得精神启示和升华（图 10）。

从设计的角度来看，冥想花园和沉思花园应该具有康复花园的特征，而且应具有一些激发思考的要素，如特色植物、物体，或在一个安静之处，舒适座椅所面对的风景。这些关键性的要素将成为区分这两类花园的关键。

庇护花园

疗养花园的另一种类型是庇护花园。"庇护所"这个词被定义为一个神圣的地方，或一个提供保护的避难所。从这一定义的健康意义来看，"避难与保护"为物理空间的设计提供了一些方向。"避难所"被定义为一个提供庇护或保护的地方，是人们在困难时可以求助的地方。该定义的第二部分谈到了花园的作用，人们在困难时可以求助的"所"指的就是花园。虽然庇护花园仍然具备恢复性场所的特征（远离、延展、魅力、兼容、控制感和社会支持），但这种类型的花园需包含遮蔽物这类更具体的设计元素。

如同冥想花园的设计应该包含一些象征性的物品，庇护花园的设计也应该利用空间平面——顶面和垂直面——以物理方式创造庇护或保护的感觉，从而实现恢复效果。

如前所述，这种花园的一些特定的设计元素绝不意味着实现这种设计的选择很少——在花园中创造避难和庇护之所有无数种方式，可以通过具有创造性的种植设计，精心设计其特色和引人注意的焦点来实现。

生命献礼家庭旅馆花园

生命献礼家庭旅馆花园（The Gift of Life Family House Garden）是一个小型庇护花园的例子，为器官移植患者及其家人提供服务（图 11）。花园位于生命献礼家庭旅馆（The Gift of Life Family House）内，该旅馆为那些进行器官移植相关治疗的人提供经济的临时住处。花园被砖墙和茂密的植物围合，为远离周边城市环境和与健康相关的压力源提供了避难所。喷泉能更好地阻隔噪声并提供一个焦点。事实证明，花园是所有来访家庭旅馆的人最好的休息场所。

创伤后应激障碍花园

创伤后应激障碍花园可被视为庇护花园的一种。这种花园旨在为遭受过巨大情感创伤的人提供恢复性体验。尽管创伤后应激障碍通常与军人联系在一起，但它也可以发生在许多没有经历过战争

图 11 位于美国宾夕法尼亚州费城的生命献礼家庭旅馆的庇护所花园
图片来源：为代际而设计公司的杰克·卡曼（Jack Carman）

图 12 安全感和围合感是创伤后应激障碍花园首先需要考虑的问题
图片来源：https://www.freeimages.com/photo/garden-bench-1229861

的人身上。创伤后应激障碍治疗的基本原则之一是创造一个安全的环境，使患者感到远离潜在伤害。创伤专家认为，在治疗开始之前，使患者感到安全优先于所有其他因素。人们感觉受到保护才会更容易感到放松和安全，从而能够承受自我认知和治疗所带来的一定风险。还有什么环境能比精心设计的能提供安全和庇护的康复花园更好呢？

对于一个成功的创伤后应激障碍花园来说，安全和围合感是一个需要优先考虑的问题，花园让人们感到安全是至关重要的，它需要有清晰的视野，而且没有死角。有围墙或封闭的庭院花园是最好的选择，因为它们意味着遮蔽和庇护（图 12）。这种花园的基本要求是作为一个避难与和平之所，但提供积极参与和团队合作的机会也很重要。这样才能够帮助创伤后应激障碍患者开始慢慢接触那些有相似兴趣和经历的人，从而重新与他人建立联系。

作战压力花园

这个花园位于萨里郡莱瑟黑德"作战压力"（Combat Stress）的总部，该慈善机构致力于帮助有心理健康问题的退伍军人。花园旨在抚慰创伤后应激障碍患者及其家人，并为他们提供积极参与料理花园的机会。花园是一块狭长的场地并设有高背长凳，让使用者感到不会有人在背后偷袭，从而获得一种庇护感。植被选用一些高度较低的、有特色的植物，经过精心布置使视线不被遮挡。花园既有用于独自思考和私人对话的小场地，也有用于群体活动或会议的较大场地。

感知花园

最后一种疗养花园是感知花园，顾名思义，它是一种为刺激感官而设计的花园。任何精心设计的花园都应该能够刺激感官，但真正的感官花园应该特别强调植物、物体和空间布局，提供全年使用的各种感官体验的机会。那些感官体验应该是经过规划且可以重复体验的，而不仅仅是偶然产生的。精心设计的感官花园可以同时让人感受刺激和放松。

莱纳五感花园

位于缅因海岸植物园（Coastal Maine Botanical Gardens）的莱纳五感花园（Lerner Garden for the Five Senses）是一个典型的感官花园的案例（图 13）。该花园设有不同的感官区，它们通过植被、景观、雕塑、座位、水景和其他硬质景观材料来形成各种感觉。当你穿过花园时，你会发现花园是一体的，就如同感觉是互通的，占据最高点的观景花园体现出花园的精心布局。感官花园位于植物园主入口附近，目的之一是加强人们的感官体验，让人们在游览期间更好地欣赏植物园的其他部分。在整个感官花园中，你可以通过许多新奇的方式尽情地嗅闻、触摸、聆听、观赏和品尝。

恢复性体验主要针对的是恢复一个人的心理健康。因此，目前为止讨论的疗养花园及其所有花园类型都面向被动体验，相比生理机能，它们更加注重治愈或恢复心理健康。

图 13　莱纳五感花园，位于美国缅因海岸植物园
图片来源：杰克·卡曼（Jack Carman）

　　康复花园的分支下还有另一种花园类型，相对于偏向被动的疗养花园，它是一种主动型的花园。这类花园旨在帮助和改善使用者的生理机能。随着生理机能的增强，心理和情绪健康也将获得改善，但体验花园主要针对康复花园的主动体验。

体验花园

　　如上所述，与疗养花园相对的是偏向积极体验的体验花园。"体验"（Enable）的定义是提供方法或机会以实现参与的可能性。体验花园致力于让花园的体验更加容易实现——纯粹而简单。无论使用者是否身体不便或有残疾，体验花园都能供消除或至少缓解这些问题。例如，使用高度合适的种植床，让使用轮椅、助行器或不能蹲下的人能够参与园艺活动（图14）。一米园地和明亮的颜色可以帮助有视力问题的人更好地定位和欣赏植物，符合人体工程学设计的器械，如吊篮滑轮系统，可以帮助那些患有关节炎或握力弱的人参与其中。

　　体验花园的重点是通用设计和无障碍设计，以园艺活动为中心，而不是侧重于心理健康的恢复。但与恢复性体验相似，体验花园通过增强生理机能从而获取健康的心理状态。一旦消除了花园中的各种物理障碍，人们就能够轻而易举地参与各种康复体验。

图 14　体验花园关注使用者在花园中的活动

示范花园

　　体验花园至少有三种类型，第一种是示范花园。示范花园通常提供一些治疗方案，但鉴于它们通常位于较大的植物园中，其最大作用是向游客科普体验花园和园艺治疗方法。对于普通大众而言，认识花园的无障碍问题通常是理解康复花园含义的第一步。

比勒体验花园

　　芝加哥植物园的比勒体验花园（Buehler Enabling Garden）是示范花园的绝佳典范（图 15）。虽然它确实开展了一些治疗性园艺项目，但其主要目的是向游客科普如何实现花园的无障碍设计。这个案例有很多细节都很有创造性，包括无障碍种植床、水景、垂直园艺墙和工具。材料、布局和设计细节表明，无障碍设施可以很美观，并与整个花园设计无缝衔接。

适老花园

　　体验花园的第二种类型是适老花园，它们是为养老院、辅助护理机构、成人日间护理以及其他

图 15　美国伊利诺伊州芝加哥植物园的比勒体验花园

专门为老年人提供护理的机构而设计的花园。无论是为了参与园艺活动，穿越花园，还是只是舒适地坐在花园里，这种类型的花园都必须是易于进入的。空间可达性对于老年人而言至关重要，但心理可达性也同样重要。老年人在花园里是否感觉舒适和安全？是否有盖顶的构筑物和植物打破室内外的界限，并减少光线、降低温度？对于那些没打算走太远的人来说，建筑物附近是否有像花园的地方供人们坐下来？随着老年人走向花园的深处，途中是否有新的景观和座位以支持这种不断深入的探索？整个花园专门设计了栏杆帮助使用者进入花园，或者在花园中随意停留。遮阴也很重要，树荫在任何花园都很重要，尤其是适老花园（图 16）。

图 16　遮阴在适老花园设计中十分重要

图片来源: Daniel Winterbottom

活力老人花园

活力老人花园是老人护理花园的一个子类别，其设计考虑了更多的活动和运动，其中有较多需要较好生理机能的设施。花园中可能包括不同的种植床、运动区域和不同路径的散步道。同时，花园中的推圆盘游戏、小型高尔夫球场等户外运动区域能提供社交和体育活动的机会。

老年痴呆患者花园 / 记忆花园

适老花园的一个子类别是老年痴呆患者花园 / 记忆花园。这种花园包含适老花园提到的所有设计因素，但也应该具备一些更加有针对性的设计元素，以便保证痴呆症患者在花园里的安全和积极体验（图17、图18）。例如，设计应只有单一的出入口，如果可能的话设置一些易于识别的参考点，以引导使用者体验花园。路径应该作为花园的导向，让使用者无须考虑通往何处。最好避免改变地面颜色，因为老年痴呆患者可能会误认为是地面高差变化。因为该群体普遍具有神志恍惚的问题，所以痴呆患者花园 / 记忆花园应该设有安全保障系统，保证使用者的安全，但在视觉上又不会让他们感觉被监禁。

图 17　美国宾夕法尼亚州伍斯特市梅多伍德持续护理养老机构的森林花园
图片来源：杰克·卡曼（Jack Carman）

图 18　美国弗吉尼亚州中洛锡安的布兰德米尔老年痴呆患者花园
图片来源：杰克·卡曼（Jack Carman）

索菲娅·路易斯·德布里奇韦格康复花园

索菲娅·路易斯·德布里奇韦格康复花园（Sophia Louise Durbridge-Wege Living Garden）是痴呆症患者花园 / 记忆花园的典范。这个花园专为阿尔茨海默症患者而设计，只有一个入口和一条环形步道。使用者不必决定转左还是转右，也不必记住应该返回哪个出入口，所以避免了困惑和盲目前进。花园中有一处跌水，流水的声音可以抚慰人心，但是这一处水景不允许人们攀爬。员工种植了一些多年生植物，这些老年人曾经熟识的多年生植物可以让他们回忆往昔。园艺疗法活动在小花园和果园中进行。

巴诺拉普安痴呆症患者花园（Banora Point Dementia Garden）

花园位于澳大利亚，通过晾衣绳、折叠椅、鸡舍以及抬高的种植床等来提供认知和感官刺激。花园中活动的场所经过精心设计，使居民能够熟悉而愉快地和员工、家人一起进行有意义的体验。一个试点项目显示，使用花园的居民的健康状况得到了极大改善，康奈尔痴呆抑郁症量表的评分降低了21%，无决断力的行为（如言语和身体攻击）减少了30%。

疗愈花园

体验花园的第三种类型是疗愈花园。疗愈花园关注的重点是某种类型的治疗干预。"疗愈"被定义为通过药物或疗法治疗疾病。因此，疗愈花园应该支持病人的处方治疗，并在此过程中帮助与其相关的机构实现其目标。正因如此，它所产生的效果应该是可以被测量的，就像针对某种特定疾病的药物产生的效果一样。疗愈花园通常被设计为治疗程序的组成部分，如职业治疗、物理治疗或园艺治疗程序，它可以作为室内治疗项目区域的扩展，也可以是一个更大的康复花园的一部分。

物理治疗花园

物理治疗花园也是一种疗愈花园，旨在提供一个帮助身体恢复的环境，在这一环境中锻炼的目标可以被设定，恢复的效果也可以被测量。

肯尼迪·克里格研究院疗愈花园（Kennedy Krieger Institute Therapy Garden）是一个很好的物理疗愈花园案例，它为患有大脑、脊髓和肌肉骨骼系统疾病的儿童和青少年提供服务。花园由一系列户外空间组成，旨在辅助治疗人员的工作，为物理和认知治疗提供场所。设计师融合了各种空间尺度、铺路图案、纹理和高度变化，将它们与一系列水元素连接起来，吸引孩子们使用花园（图19）。

图19 米尔米兰基金会的肯尼迪·克里格研究院疗愈花园，位于美国马里兰州巴尔的摩
图片来源：马汉里基尔设计有限公司（Mahan Rykiel Associates）

园艺疗法花园

园艺疗法花园是另一种类型的疗愈花园，旨在利用植物和园艺活动作为治疗干预，同时支持机构与个人的治疗计划。园艺疗法花园由训练有素的园艺治疗师管理。这些花园是完全无障碍的，因此没有任何东西妨碍人们与植物互动。花园可以结合园艺疗法和康复的设施，包括各种类型的种植床、道路铺装、高度的变化，以及其他有助于治疗干预的细节。

图 20　施瓦布复健医院屋顶疗愈花园

施瓦布复健医院屋顶疗愈花园

施瓦布医院的屋顶疗愈花园提供多种治疗和康复计划，旨在最大限度地实现植物园艺治疗活动的效果（图 20）。治疗师采取共同治疗方法，将许多治疗方法融入疗程之中，包括运动协调、放松、休闲技能训练、感官刺激等方法，涵盖了身体、职业、言语、心理、娱乐和社会等方面的目标。

上述是对康复花园分类的层次结构框架的总结。虽然本次讨论为每种花园类型的设计和功能提供了一般性的指导，但重要的是要认识到这一框架不是绝对的，不仅花园类型必然存在重叠的部分，而且许多花园也有多种用途。此层次结构框架的目的是了解康复花园类型之间的区别和关系。此外，这个框架并不完整，可以插入其他花园类型，以及可以根据特定案例的主要功能改变花园类型在框架中所处的位置。但框架的基本结构——主动型花园和被动型花园这两大分支相对固定。

康复花园的框架是至关重要的，专业人士可以据此谈论花园之间的区别，避免不精确的描述，具有更强的说服力。用清晰的语言定义治疗环境也使规划、设计和建造这些花园变得更加容易。同样重要的是，更容易去评估和比较康复花园的环境以及它们所带来的效益。

美国的康复景观设计

[美] 丹尼尔·温特伯顿（Daniel Winterbottom）

康复花园设计已经逐渐成为美国景观设计公司实践项目的重要组成部分。位于俄勒冈州波特兰市（Portland, Oregon）的莱加西医疗机构（Legacy Healthcare Corporation）已经在他们旗下的所有医院中设置了花园，包括烧伤患者花园、儿童花园以及身心疗愈花园[1]。越来越多的医护人员已经意识到接触自然有助于减缓压力和促进患者康复。花园作为舒缓压力的避难所有着悠久的历史，近来人们又重新开始关注花园的疗愈功能。现在，我们可以通过循证设计所提供的新兴数据，来进一步验证自然对医疗环境的积极影响。

莱加西医院（Legacy Hospital）花园的设计构想来源于园艺治疗师特蕾西娅·哈森（Theresa Hazen）。5家莱加西医院共有6个花园，每个花园都为特定的使用者服务（图1）。其中，斯坦泽康复花园（Stenzel Healing Garden）主要关注物理康复。

图1　莱加西医院

欧洲和西方的起源

西方文化中康复花园的确切起源很难被界定。康复花园是5—14世纪的欧洲中世纪庭院的一种类型。花园通常毗邻基督救济会，这里会为弱者和穷人提供帮助，但更多的是出于宗教的目的而非医疗的目的。正是由于这些花园早期所承担的宗教使命，很难确定疗愈功能是从何时产生的。这些慈善医院建立在教堂附近的城镇里，为那些因为贫困、残疾或疾病而处于社会边缘的人群提供食物和援助。许多慈善机构还会为途经此地的旅行者和朝圣者提供住宿，并为其提供医疗服务。正如巴斯·华纳（Bass-Warner）所说："可以推测庭院具有康复花园的作用，这种推测是十分合理的。"[2]

许多中世纪建筑如庄园、教堂和修道院都筑有高高的围墙，起到防护作用。被围合起来的园地通常被细分为较小的花园。这些园地为旅行者和病人提供了栖身和保护之所。中心庭院是修道院内被回廊环绕的露天空间。周边的柱廊连接着餐厅、厨房、酒窖和宿舍等各个功能空间。这些毗邻的空间可以全天观赏花园。花园通常被路径划分为四个方形，类似于伊斯兰园林。路径相交的地方通常布置有喷泉。这种布局的方式为使用者呈现出有序、平静的景观，花园中的植物随着季节不断变化，给人带来一种具有疗愈作用、沉思的空间氛围。

修道院收容所为那些前来朝圣的人提供了歇脚的地方。收容所也为穷人和朝圣者提供一些服务，因为他们到达此处时通常身患疾病或疲惫不堪。这些早期的基督教医疗机构也为他们的门徒提供了行善的机会，很多人经过训练获得了专业技能[3]。他们通过与掌握这些技能的老志愿者一起工作，成为护士、助产士、理发师、外科医生、药剂师或治疗师。

天堂花园是修道院中的一个特殊元素，通常位于教堂外部。在这里，修士们种植鲜花来装饰圣坛和神殿，通常是百合花和玫瑰。花园也代表着神圣之爱，被称为"玛丽的花园"，玫瑰象征着爱，百合花象征着纯洁[4]。

中世纪晚期，神秘主义和禁欲主义逐渐衰落。修道院所提供的筑墙之内的沉思空间失去了其疗愈功能，以及将医学与宗教结合在一起所产生的神秘宗教意义。文艺复兴与宗教改革时期，修道院花园仅仅是作为采光或散步的休闲空间。在 14 世纪和 15 世纪，流浪者、乞丐和穷人被认为是一系列毁灭性瘟疫的来源，花园的建设也显示出衰颓的迹象，在那里人们混杂在一起接受治疗。同时，检疫区和传染病院被建立起来，以便实行隔离。

西班牙萨拉戈萨医院（Zaragoza Hospital）尝试了一种治疗精神疾病的新方法。患者不会像往常那样受到限制和惩罚，反而被允许进行一些日常活动，包括料理菜园、果园、农场和葡萄园，以及与其他患者交往，后来这种疗法被称为"精神治疗"。圣文森特·德·保罗（Saint Vincent de Paul）是 16 世纪法国一位为囚犯服务的年轻牧师，他资助了一个修道会，该修道会创立了一套制度，即为病人提供家庭护理，并为贫困妇女提供居所，同时这些妇女负责进行花园维护。

随着医院建设和规划模式的改变，花园的影响力逐渐增强。例如，建于 1671 年的巴黎荣军院（Parisian Invalides Hospital）拥有许多庭院，这些庭院里面种植着成排的树木（图 2）。同一时期，也有类似的医院建造了主要面向患者的花园。18 世纪，英国监狱和医院改革家约翰·霍华德（John Howard）描述了他在法国、意大利和维也纳所看到的花园，并提倡建造带有景观庭院的柱廊式建筑，

图 2　巴黎荣军院鸟瞰图
图片来源：https://www.sohu.com/
a/536968344_121145334

这样可以促进空气流通并使每个房间都能够看见自然景观。同时，在患者康复期间，他们有机会在花园中漫步[5]。

然而，大多数慈善医院依然遵循比较落后的模式，即四周被围合的建筑群，窗户位于高处，患者远离自然、光线和空气，或是将其他建筑改造，也没有花园设计，其病房面向室内走廊。将自然从医院环境中抽离是一件可笑的事情，因为与此同时，许多欧洲学者、艺术家和建筑师开始重新审视古罗马和意大利美丽的别墅和壮观的园林。遗憾的是，人们对花园的热情并没有渗透到医院设计中，也没有对当时的医疗护理实践产生影响。

直到18世纪后期医学界的两次变革，康复花园才逐渐成为医疗环境的必要组成部分。正如巴斯·华纳（Bass Warner）所指出的，康复花园的发展动力是"17和18世纪期间发生的统计运动和政府雇佣科学家的新做法"。[5]他们的调查使政府认识到了公共健康危机，采用了新的政策和公共措施来改善公共卫生状况，并制定了医院和医疗环境的国家标准。医疗环境设计也响应了此变革。位于斯通豪斯（Stonehouse）的皇家海军医院（The Royal Naval Hospital，1765—1995年）可最多容纳1200名病人，均为三层建筑，建筑围绕着矩形草坪，类似于当代的大学校园。5座建筑相互独立，可以增加采光和通风。在这种小型建筑结合周边开放空间的设计概念影响下，19世纪产生了"楼阁"式医院，各个病区由一条联廊连接。这种布局使得病房之间的花园空间有充足的新鲜空气和光线，它成为法国和英国医院的典范。对环境治疗效益的认识，可以追溯到18世纪浪漫主义运动时期复兴的田园主义，它将与自然互动和精神康复联系起来。这种认为花园是冥想和情感交流的场所的信念，恰好与德国理论家克里斯蒂安·劳伦兹·赫希菲尔德（Christian Cay-Lorenz Hirschfeld）关于医院选址的论述相吻合。他认为医院应该设置在城市之外，在"一个健康、有益和启发灵感的地方，不是在山谷里……而是在阳光充足的温暖的山顶上，可以在防风或土壤干燥的南坡上。医院应该是开放的，而不是高墙环绕的……花园应该直接与医院相连，最好是被花园环绕。因为窗外自然和快乐的场景将鼓舞患者，附近的花园也会吸引患者去散步"[6]。

大多数医院并没有像赫希菲尔德所建议的那样建造花园，但是医院确实选址在城镇边缘较为开阔的地方。一些治疗精神疾病的医院最早发现了疗愈花园所产生的效果。19世纪，出于对精神疾病长期治疗的经验，这类医院对花园提出了更高的要求。浪漫主义运动也对新的"精神病院"的设计产生了影响。他们采取了"乡村"医院的模式，其景观是英式田园风格。医院包括了农场、菜园、温室和大量步道，步行也成为患者治疗的一部分。这种将景观和建筑融合成为和谐环境的做法，恰好符合法国博士菲利普·皮内尔（Phillipe Pinel）所推行的新型治疗方案。除了物理干预，精神疗法也在此期间得到了发展。"精神治疗"的目标是使患者适应社会生活。皮内尔与其他学者主张废除体罚和束缚疗法。新的方法提倡对患者进行细致的观察和分类，让他们在一个类似外界的环境中获得一种规律、放松的生活。

美国康复花园的发展

美国康复花园最早可以追溯到19世纪，与欧洲提出关于精神病院环境和治疗方法新思想处于同一时期。宾夕法尼亚大学医学与临床实践研究所（Institute of Medicine and Clinical Practice，University of Pennsylvania）的教授本杰明·拉什博士（Benjamin Rush），是医学界最早提出花园对精神病患者具有治疗作用的美国人之一。1812年，他在《精神疾病的医学调查和观察》（*Medical Inquiries and Observations Upon Diseases of the Mind*）一书中指出："与未康复的狂躁症患者不同，那些康复的狂躁症患者都曾经'在花园中劳作'。"并将精神病院环境的改变归功于精神病学家兼（基督教）教友会教徒托马斯·柯克布莱德(Thomas Kirkbride)——他提出了一种新的建筑设计方式。书中还提到"柯克布莱德博士的医院设计特征是基于精神病患者的康复理论所提出的，医院的环境、自然采光和空气流通是十分重要的。按照柯克布莱德计划建造的医院可以有不同的建筑风格，但相同之处在于它们的'蝙蝠翼'式的平面布局，建筑有许多从中心向外扩展的侧翼"（图3）[7]。

图3　伍斯特州立医院（The Worcester State Hospital）位于马萨诸塞州波士顿（Boston Massachusetts）附近，最初是一座柯克布莱德式建筑，当时被认为是一种非常现代化和人性化的医院形式

　　这些设计是以精神活动的哲学为基础的。建筑物的每个侧翼都能接收充足的阳光和新鲜空气，房间和走廊可以看到户外风景，可对患者产生镇静作用。户外场地作为治疗环境的一部分被开发为自然空间或农场，允许患者在其中劳作。这种带有如画风景的大型医院设计模式被广泛应用。一个现存的例子是麦克林精神病医院（Mclean's Psychiatric Hospital），虽然它曾被改建过，但一直沿用至今（图4）。

　　20世纪，美国的医院和医疗文化发生了重大变化。大萧条之后，随着社会繁荣和就业率提高，人口从城市中心转移到了郊区。医疗保险成为工人们的一项基本福利。医院通过与大学医疗中心合作而快速发展。延续郊区模式的医院一般是被停车场包围的低层建筑群，有时候还会有大片的草坪和树木，大多数情况下，患者可以看到这些景观。城市公立医院主要服务于穷人，其获得的资金远远少于郊区模式的医院，而且很少有专门的花园。这些城市医院的门诊病人数量急剧上升。到了20世

图 4　麦克林医院 19 世纪的医院图片展现了建筑物周围开阔的景观

纪 60 年代，医疗补助计划和医疗保险计划让穷人和老年人能更好地就医，但资金不足的医院仍然难以为继。许多医院受政府机构控制，而且被合并到市政医疗系统中。20 世纪 60 年代新的城市医院模式坐落于高密度社区中的高层建筑。这种高耸的医院建筑由钢铁和玻璃组成，使患者远离自然而无法从自然中获益。窗外的景观是天空，或者被周围的建筑物所遮挡。停车场位于医院大楼和患者视线下方。工作人员和访客进出医院期间从未看到或感受到户外景观，他们只是穿过像迷宫一般的走廊，去寻找他们的或亲属的房间[8]。

在 20 世纪 80 年代，随着艾滋病和晚期癌症发病率的升高，需要建立更多的住院治疗设施。它们作为早期的临终关怀中心提供善终服务，也推动了康复花园与传统医院户外环境的融合。特伦斯卡地那库克健康中心（Terence Cardinal Cooke Health Center）的乔尔斯卡珀那纪念花园（Joel Schapner Memorial Garden）是一个早期的艾滋病患者花园案例（图 5）[9]。

图 5　乔尔斯卡珀那纪念花园
图片来源：德尔特（Dirtworks）事务所

这个花园由德尔特（Dirtworks）事务所的大卫·坎普（David Kamp）设计，供艾滋病患者使用。除了艾滋病患者，如今晚期癌症患者也是花园的主要使用者。

这类花园数量的突增，促使景观设计师和园艺治疗师去探索其他非传统医疗环境，同时带来了美国康复花园的复兴。这一复兴与紧迫的公共卫生危机促使学术研究人员研究康复花园的益处，他们使用传统的绘图、观察、调查和访谈研究方法来进行研究。罗杰·乌尔里希（Roger Ulrich）、比尔·沙利文（Bill Sullivan）教授、F.E. Kuo、斯坦（Stan）教授、蕾切尔－开普兰（Rachel Kaplan）以及克莱尔·库伯·马库斯教授都是这一领域前沿的研究人员。他们探索并记录了与绿地和花园相关的健康效益。最近关于康复花园的出版物包括马库斯和巴尼斯（Barnes）、马库斯和萨克斯（Sachs）、格拉赫－斯普里格斯（Gerlach-Spriggs）、考夫曼（Kaufman）和华纳（Warner）、泰森（Tyson）、温特伯顿（Winterbottom）和瓦根费尔德（Wagenfeld）的著作。它们为设计人员提供了最新的综合研究、案例研究、历史和设计导则。1999 年，在娜奥米·萨克斯（Naomi Sachs）的指导下，美国风景园林师协会建立了康复景观网站（American Society of Landscape Architects Therapeutic Landscapes Network）和康复景观数据库（http://www.healinglandscapes.org/），为公众提供了一个有大量案例研究和参考资料的数据库。该资源库推动了专业团队和实操景观设计师对这一主题的关注，也是一个国际上较为全面的参考资料库。

越来越多的景观设计师对康复景观产生兴趣，很多设计公司也将康复花园作为其实践的重心。许多护理机构的工作人员以及众多的支持者强烈要求在医疗中心、学校、监狱、住宅和老年人护理中心增设康复花园。纽约市拉斯克康复医学研究所（Rusk Institute of Rehabilitation Medicine）的伊妮德·安嫩伯格·豪普特玻璃花园（Enid A. Haupt Glass Garden）是在此趋势出现之前早期的康复花园之一。该花园建于 1958 年，由一位园艺治疗师管理经营了数十年，满足儿童和成人进行身体和认知康复的需求。南希·钱伯斯（Nancy Chambers）利用这个花园培训了数百名园艺治疗师，并在证实康复花园的价值和重要性方面发挥了重要作用。1998 年，此花园增建了拉斯克儿童互动治疗游乐园（Rusk Children's Interactive Therapeutic Play Garden）。新建部分毗邻伊妮德·安嫩伯格·豪普特玻璃花园，意图利用游戏促进儿童康复。

这个游戏花园由温特伯顿设计事务所（Winterbottom Design Inc.）设计，供各种有生理、认知和发育障碍的孩子使用（图 6）。在这里孩子们与那些轻度残疾的人共同玩耍，通过自然式的游戏来治疗、成长和发展。为严重残障儿童服务花园的案例并不多，在公共城市公园中更是如此。

在俄勒冈州的波特兰（Portland, Oregon），另一位园艺治疗师的实践相当成功，他提出莱加西医疗系统（该市第二大医疗系统）应该为新医院配备康复花园。每个花园都为特定人群设计[9]。到目前为止，该机构的 6 家医院共有 12 个花园，它们包括：莱加西医疗俄勒冈烧伤中心花园（Legacy Health Oregon Burn Center Garden），是美国第一个服务于烧伤患者的花园；斯坦泽康复花园（Stenzel Healing Garden），建于 1997 年，是美国最早的物理康复治疗花园之一；莱加西谷德撒玛利亚医院及医疗中心（Legacy Good Samaritan Hospital & Medical Center）的绿山墙迎宾馆花园（Green Gables Guest House Garden）和克恩重症监护病房花园（Kern ICU Garden）；莱加西伊曼纽尔医疗中心的行为健康花园（Legacy Emanuel Medical Center Behavioral Health Garden）；莱加西伊曼纽尔儿童花园（Legacy

图 6　游戏花园

Emanuel Children's Garden）和莱加西伊曼纽尔儿童医院（Children's Hospital at Legacy Emanuel）的新生儿重症监护病房花园（Neonatal Intensive Care Unit Garden），等等。所有花园的建造资金都是由莱加西健康慈善机构（Legacy Health Philanthropy）在设计开始前筹集的。园艺治疗师特蕾西娅·哈森（Teresia Hazen）还专门为物理治疗师、作业治疗师、园艺治疗师、艺术治疗师、音乐治疗师、护士和其他工作人员开设了康复花园课程。花园中可以进行康复治疗、积极治疗、员工会议、探访和娱乐等活动[10]。

　　位于俄勒冈州波特兰市莱加西医院的斯坦泽花园（Stenzel garden）建造于 1995 年，是第一个按照美国园艺治疗协会（American Horticultural Therapy Association）所提出的康复花园特征而建造的花园之一（图 7）。美国园艺治疗协会提出了康复花园的 7 个基本特征：

1. 预设并规划一定的活动

2. 改善功能以提高可达性

3. 限定明确的边界

4. 有丰富的植物以及人与植物互动的机会

5. 亲切和支持性的环境

6. 通用设计

7. 营造可识别性的场所

对康复花园的需求也促进了学界对相关专业

图 7　斯坦泽康复花园，园艺治疗师辅助一位年轻的瘫痪患者进行康复治疗

的开发。现在美国许多风景园林专业都有相关理论和工作坊课程，通过工作坊设计来传授理论基础和实际应用。许多工作室还为诊所、医院、监狱和其他适宜建造康复花园的环境提供无偿服务。围绕公共卫生、福祉、人口老龄化、心理健康等主题的全国性讨论，使不同学科的学者联合起来一起解决这些复杂且具有挑战性的问题。医学界的许多人对替代治疗、姑息治疗和临终关怀护理越来越感兴趣。

当他们了解到人与植物关系的实证益处，意识到植物作为环境的重要部分时，他们主张在医疗环境中建造康复花园。更多的花园被建造起来，也带来了更多的机会来评估现有花园的好处和不足，以改善设计模式。美国的许多组织会在年度会议中列出定期举办的康复花园会议，包括美国风景园林师协会（American Society of Landscape Architects）、美国社区园艺协会（American Community Gardening Association）和美国作业治疗协会（American Occupational Therapy Association）。康复花园也经常被评选为年度获奖项目。

十年前，医院里难以看到花园，但如今的医疗机构普遍配有花园。退伍军人管理局现在正在他们下属的多家机构中建造康复花园。退伍军人管理局是美国第二大医疗保健机构，具有重要影响力。一些具有国际影响力的医院，如波士顿（Boston）的马萨诸塞州医院（Massachusetts Hospital）和达纳法伯癌症研究所（Dana Farber Cancer Institute），圣地亚哥儿童医院（San Diego Children's Hospital）以及克利夫兰医疗中心（Cleveland Clinic）的欧几里得医院（Euclid Hospital）也在其医院内建造了地标性的花园。

近期完工的供退伍军人、工作人员和游客使用的康复花园，可为他们提供一个绿色的避难所，使他们可以脱离紧张、有压力的医院环境（图8）。该项目是在丹尼尔·温特伯顿（Daniel Winterbottom）教授和杰里·米沃森（Jeremy Watson）教授的指导下，由华盛顿大学（University of Washington）景观设计与建造课程（Design/Build Program）的学生完成的。

美国康复花园的未来是充满希望的，因为公众可以直接体验或了解他们的社区花园。与此同时，大量的支持数据不断证实了这些好处。训练有素且技术娴熟的设计师也从专业设计项目中崭露头角，能够满足那些正在接受康复治疗、应对精神疾病或在医院治疗的人们的需求，为他们提供青翠、平静的康复和庇护场所。

图8　普吉退伍军人医院（Puget Veterans Hospital）

参考文献

[1] Ousset P J, Nourhashemi F, Albarede J L, et al. Therapeutic Gardens[EB/OL].1998[2019-07-22].http：//www.
legacyhealth.org/health-services-and-information/health-services/for-adults-a-z/horticultural-therapy.aspx.

[2] Gerlach-Spriggs, Nancy, Kaufman, Richard Enoch, Warner, Sam Bass. Restorative gardens：the healing
landscape[M]. Yale University Press, 1998：8.

[3] Gerlach-Spriggs, Nancy, Kaufman, Richard Enoch, Warner, Sam Bass.Restorative gardens：the healing
landscape[M]. Yale University Press, 1998：10.

[4] Gerlach-Spriggs, Nancy, Kaufman, Richard Enoch, Warner, Sam Bass. Restorative gardens：the healing
landscape[M]. Yale University Press, 1998：14.

[5] Gerlach-Spriggs, Nancy, Kaufman, Richard Enoch, Warner, Sam Bass. Restorative gardens：the healing
landscape[M]. Yale University Press, 1998：15.

[6] Gerlach-Spriggs, Nancy, Kaufman, Richard Enoch, Warner, Sam Bass. Restorative gardens：the healing
landscape[M]. Yale University Press, 1998：18.

[7] Wikipedia.Ki wikipedia rkbride Plan[EB/OL].[2019-07-20].https：//en.wikipedia.org/wiki/Kirkbride_Plan.

[8] Establishing the Safety Net Hospital：1980-2005[EB/OL].[2019-07-22].https：//essentialhospitals.org/about-
americas-essential-hospitals/history-of-public-hospitals-in-the-united-states/establishing-the-safety-net-
hospital-1980-2005/.

[9] Gerlach-Spriggs, Nancy, Kaufman, Richard Enoch, Warner, Sam Bass. Restorative gardens：the healing
landscape[M]. Yale University Press, 1998.

[10] Wikipedia. Legacy Health[EB/OL].[2019-06-20].https：//en.wikipedia.org/wiki/Legacy_Health.

日本康复景观的发展与近况

孙旻恺　[日]五岛圣子　[日]浜野裕　[日]今井由江

康复景观历史悠久，如我国陶渊明观庭院以怡颜，陶弘景闻松涛如仙乐，人们早已知道自然景观的心理恢复能力并运用在实践中。中世纪欧洲修道院的中庭花园也被认为遵循相同的原理[1]。与中国和欧洲相似，日本古代官立寺庙同时具备老年僧侣、患病贫民的救济治疗功能，其中带有宗教色彩的园林想必也有着一定的心理疗愈目的[2, 3]。建立在近代科学理论体系上的康复理论景观出现于20世纪80年代，乌尔里希与卡普兰分别提出了减压理论[4]和注意力恢复理论[5]，自然环境的疗愈作用开始进入研究人员的视线。

日本早期康复景观研究及实践

在20世纪二三十年代的日本，虽然基于严格循证设计的康复景观研究尚未出现，景观的康复作用早已被各大医院运用在实践之中，并就如何在医院等机构更合理地设计绿化景观进行了颇为深入的探讨。日本造园学大师上原敬二在其1924年（大正13年）出版的《造园学泛论》中已提出疗养造园（Medical Landscape）的概念，并在书中专设一个章节对如何设计医院、疗养院、温泉浴场等设施机构的疗愈景观进行了详细探讨。上原敬二在该书中指出"有关疗养类设施的造园加工，其目的在于使该设施更为有效"[6]。更让人惊叹的是，当时虽未有自然康复作用的系统性研究，但上原敬二已在书中指出医院绿化尤其需要关注眺望景观，而养老机构绿化需含农园田地[7]。

这一时代日本康复景观之翘楚莫过于著名精神病学家式场隆三郎于1936年（昭和11年）开设的精神病院国府台病院（现式场病院）[8]。该医院开创性地将医院建筑与室外花园结合在一起，并将在花园内进行园艺活动作为精神病治疗的一个环节。这与今日时兴的园艺疗法不谋而合，可算是日本园艺疗法的鼻祖之一。历经数十年，式场病院依然一定程度上保持着开设时的空间结构（图1）。

从平面图上可以看到，式场病院拥有一个占地极大的玫瑰园，其主要治疗建筑均以该花园为中心，环绕其进行布局，离玫瑰园稍远处的建筑则专门配有中庭，确保从每一栋建筑内向外观望时都可以见到绿色景观。式场隆三郎曾撰文称："对医院来说，环境非常重要，尤其是精神病院，可以说事关重大……比起医院室内环境的改善，我希望医院的院长或是经营者更加重视医院内庭院的改善。"[9]从式场病院的平面构成来看，式场医生彻底执行了自己的理念。值得注意的是玫瑰园东侧的建筑，该建筑名为"玫瑰别墅"，是专为缓解病人压力而设的病房区。该建筑的外形设计保证从每一个房间都能将玫瑰园一览无遗。体现了通过景观来辅助疗愈病人心理问题的方针（图2）。

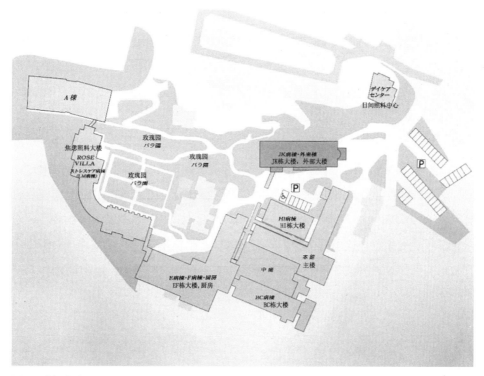

图 1　式场病院平面配置图

图 2　式场病院玫瑰园及"玫瑰别墅"

在花园内进行园艺活动也成了一项治疗手段。式场隆三郎称："绿化必要性并不只有一个目的，除了让病患感到赏心悦目之外，让病患参与园艺活动也是目的之一，庭院、花圃作为园艺疗法的绿化基础，越发显得重要。"[10]式场病院职员中西畯详细描述了当时园艺活动的内容："想要玫瑰花盛开，每日都需要勤加管理，约有10人的病患每日与指导者（事务长及其徒弟）早早地外出打理，于是其他症状稍重的病人也便相求外出，只盼何时能轮到自己外出打理玫瑰，于是让病患参加打理玫瑰也是测试病人治愈程度的一种手段。"又："我院创立以来，已经定下方针勿令病患从事有金钱收益的活动，而我等培育的玫瑰花都会无偿分与爱好者。我们最为开心的时刻莫过于患者治愈出院之时带着自己亲手栽培的玫瑰花与家人一同回家，简而言之，玫瑰之于我等亦等同于一种药剂。"[11]另外整个医院在玫瑰盛开的季节对公众开放，每日游人接踵，在帮助精神病人融入正常社会和消除一般群众对精神病人的偏见上均起到了极好的作用。

另外针对精神病院的特殊性，式场病院在景观设计和配置上也考量颇深。在有病人入住的"玫瑰别墅"病栋前花园对面，即是院长一家的住宅（图3），如此便于院长随时注意到病患的情况，中有花园缓冲，亦不会使住院患者心生被监视的疑虑。病院的外围栅栏及两处出入口都隐于玫瑰园的花丛之后，颇为曲幽，这样既可防止病人从病院走脱，又降低了空间的闭塞感和压迫感（图4）。

式场病院可谓以康复景观为中心构筑了整个医院的空间结构，结合景观视觉刺激的疗愈作用，使用庭院进行园艺疗法的实践，开放庭院改善公众对精神病患者的认知。种种尝试，即使放到今时今日也极为先进，从理念到实践，从宏观到微观，都为后来者做出了极佳的榜样。

图3　式场病院玫瑰园及院长宅

图4　式场病院出入口周边

在上原敬二和式场隆三郎的理论和实践领导下，日本康复景观、医院造园一度颇受重视，1963年（昭和38年）国立病院院长、事务部局长连的部分成员成立了"病院造园研究会"，1964年（昭和39年）"厚生省国立疗养所造园协同研究班"成立。在这一时期涌现出了一批有关康养景观，尤其是医院造园的研究和实践。左奈田幸夫指出，医院绿化可以营造良好的治疗环境，给予病患良性感官刺激，帮助病患维持较好的精神状态。同时也提到受制于当时的技术水平，对景观康复作用的有效性进行客观评价十分困难[12]。荒木菊次参照英国的做法，提出具有疗愈功能的园林设计应注重简明、错综、多样性、动静结合、时季变化、色彩、芳香，同时需符合当地自然环境如当地生态、合适的植物、已有树木的保存和利用[13]。内田誉则通过问卷调查发现疗养院内入住人群对康复景观普遍持欢迎态度，绝大部分入住者都希望或者正在进行园艺活动，并且认为园艺活动对自己的疗养生活带来了积极正面的影响[14]。

此后日本康复景观相关研究及实践进入了一个相对不活跃的阶段，直至减压理论和注意力恢复理论的出现。

日本 20 世纪 90 年代以后康复景观研究及实践

随着减压理论和注意力恢复理论的出现以及各种生理指标测定记录仪器的开发，植物对人体健康的影响得以以更为客观科学的数据方式被分析研究。20 世纪 90 年代开始，以生理指标为依据的研究大量涌现。在这一时期，经济高速发展带来的高密度城市，高压社会生活对城市人口的身心健康造成巨大的损害成了严重的社会问题。与此同时，日本开始进入老龄化社会，如何处理好养老是放在日本国民面前的另一个重要问题。针对这些问题，康复景观及其相关领域的森林浴、园艺疗法的研究大量出现。

岛崎茜等测定了在尾濑国立公园内进行慢跑时中老年男性的自主神经活动，结果表明在景观优美的地区进行中途休息时，其副交感神经活动占优，可见优美的自然景观具有放松心情的作用。同时，在郁闭度较高的林中慢跑时交感神经活动亢奋，可能是因为高大连续的树木造成了一定的空间压迫感[15]。武藤由香里令实验参与者进行斯特鲁普试验（Stroop Test）以对参与者施加精神压力，而后向参与者展示自然度较高和自然度较低的河川沿岸照片并测定其血压、心跳、皮肤温度及唾液分泌型免疫球蛋白（sIgA）以评价自主神经活动状态。与自然度较低的照片相比，观看自然度较高的照片时参与者的血压、心跳和皮肤温度下降较多，唾液 sIgA 下降率也较高，可见自然度较高的河川景观可以减低精神压力[16]。那须守调查了东京都内百货商店屋顶绿化庭院使用者的主观感受，结果表明对于 60 岁以下主妇而言，屋顶绿化空间的主要利用方式为运动或游玩，而 60 岁以上则以观赏为主。使用者对屋顶绿化庭院的总体评价较高，并认为其可以帮助自己减轻压力[17]。索加（Soga）通过元（meta）分析既有的研究成果指出，参加造园活动可以缓和抑郁症、降低精神压力、防止肥胖等，从多个方面改善参与者的生活质量[18]。索加收集并对比了在东京都租借花园进行园艺活动的使用者和非使用者的健康状况，比较结果表明，无论使用者活动时间长短，使用租借花园者的健康状况要好于非使用者[19]。孙旻恺发现，与无庭院景观的室外空间相比，高龄失智老人在观看设计精巧的庭院时其眼球运动活跃，交感神经亢奋。因此观看庭院景观或许可以帮助高龄失智老人在白昼保持清醒，从而改善夜晚的睡眠质量[20]。山本聪指出，城市中的绿地景观可以有效促进居民的健康，在其基础上，为更好发挥绿地景观的健康维持、促进作用，必须在设计时重视加强人与植物的互动，整合设计园艺疗法、森林浴等配套活动和提供合理可行的养护以维持绿化景观自身的健康和美观[21]。

松田岳士等通过测量老年人的唾液淡粉酶、血压、脉搏，发现在种植有热带植物的温室中游赏过后其脉搏显著减少。心境量表（POMS）的结果表明老人在游赏过后主观感到放松、疲劳减轻、活力增加。因此认为热带植物温室环境对老人具有一定的康复功效[22]。木村龙太郎令精神分裂症患者参加森林浴后发现该患者的精神分裂症症状有所改善，主要表现在情绪表达和与人交流等方面。因此著者认为针对住院治疗的精神分裂症患者而言，森林浴是一种有效的辅助治疗手段[23]。森田惠美等通过问卷调查追踪分析了 3395 人 5 年的心理健康状态，数据显示每月 1 次或多次在森林内散步的人群发生心理健康问题的概率显著低于每月进行森林内散步少于 1 次的人群。表明较高频度的森林浴具有预防心理问题的作用[24]。宋（Song）测试了柏树及杉树的照片配合该 2 种树木的精油的视觉、嗅觉复合刺激对研究参与者自主神经活动、大脑血流含氧量的影响，结果在观看照片的同时吸入对应精油香气的情况下，参与者的前额叶皮质血流含氧量减少，伴随着交感神经活动抑制。同时，基于 SD 法（语义差异法）的问卷调查结果显示参与者主观感受"舒适""放松""自然""真实"，作者认为人工环境下的仿真森林环境具有和森林相似的放松身心的效果[25]。

园艺疗法的康复效果得到了广泛的研究和认可[26-28]。在园艺疗法实施过程中作为场地基础的医院、养老院内庭院、花园等康复景观也得到了广泛的讨论。日本园艺疗法士协会指出作为园艺疗法实施的场地，园艺疗法花园需同时注重其美观性和便利性。园艺活动的参加者应能在美丽的自然环境内不受阻碍地进行园艺活动[29]。四方康行提出可以在公园等景观优美的区域内开辟场地增设设施开展园艺福祉活动[30]。岩崎宽撰文指出医疗福祉机构如医院、养老院等需有针对性较强的绿化景观，这些设施内的绿化景观不但可美化环境改善使用者的身心健康，更可以与园艺疗法等多种辅助医疗康复方式相结合。文中指出这类机构内的绿化需把握用户的特殊需求并且尽量融入当地景观系统中[31]。三宅优纪追踪记录了在养老院内开展园艺疗法后入住高龄者的生活质量，结果表明园艺活动可以帮助老人提高生活质量，而其中在室外种植蔬菜等可以感觉到季相变化的、难易度较低的、使用可食用材料的活动效果最为明显[32]。戈托（Goto）发现观赏日式园林之后失智老人的心理压力减轻，口头表达能力增强，并且可以激发老人回忆往事。因此园林景观是改善阿尔茨海默症患者生活质量的低成本有效手段[33]。

基础研究成果表明，康复景观需与园艺疗法、森林浴等活动紧密结合，吸引特定人群与其频繁发生互动才能最大限度地发挥其促进身心健康的作用。这是康复景观设计的主要理念。

里山疗法

里山是日本农村生活中不可缺少的与房屋相近的半自然半人工环境。在我国语境下可以换言为：后山。里山疗法的核心理念在于结合医养机构所在地的优美自然环境与疗养机构内精心设计的康复景观，并在其中开展多种活动（植物种植、庭院观赏等）以达到最佳康复效果。

里山疗法的概念最早由浜野病院院长浜野医生提出，并在其设立的若叶会运营的居住型老人院若叶俱乐部实施。为尽可能地使该设施的周边景观接近"里山"形象，若叶会选址在所在城市市郊丘陵的半山之上，从用户房间向外可眺望群山和农田，从而在大尺度上营造"田园居"氛围（图5）。

图5　若叶俱乐部及其周边环境

若叶俱乐部设施内围绕主体建筑设置有3处花园或庭院（图6），分别针对不同需求的用户。首先位于居住栋北侧的是正面主花园，该花园的主要设计使用用户为身体活动能力较好、认知能力较高的老人。该花园主要有两处主要活动区域，下层为草坪及果树、花卉；上层为梯田和蔬菜种植区。下层的草坪区域主要用于在特定时节开展规模较大的活动，如茶会、烧烤（山芋等住户在园艺疗法活动中收获的蔬果）、踏春诗会、打年糕等。而上层的草坪则是开展身体活动量较大的园艺活动的区域，如种植糯米、山芋、水果等。这两处分别为不同的活动提供场所，而这些活动则成为促使老人外出的理由，提高老人外出活动的主观能动性。花园地形较高，最高处可高于居住栋3层（约10m）。在地形较高处配置此花园的目的在于增加游赏花园、栽种花卉蔬菜等活动时老人的身体活动量。考虑到老人身体活动能力较低，整个花园游步道的坡度较缓以方便老人行走。考虑到轮椅、行走辅助器等，整个花园内供老人使用的游园路不设任何台阶，所有的通路都为坡道。坡道边则设有扶手方便临时停靠，另在花园内各处都设有座椅方便随时休息（图7）。

图6 若叶俱乐部设施内的3处花园（1.北侧花园；2.西侧花园；3.日式庭院）

图7 北侧花园（春季开展茶会活动）

另一花园位于居住栋西侧，这一处花园面积较小，临设于建筑物旁以方便出入。此花园的主要设计使用用户是身体活动能力较差、认知能力存在较严重问题的老人。该花园地面全以草坪覆盖，不使用硬质铺装，以防止老人在进行园艺活动时发生跌倒导致受伤。在草坪内用石材垒起若干区域填入土壤用于种植各类果蔬，因抬高种植区域的高度，方便老人操作，老人在种植时只需少许弯腰或坐在椅子上进行活动（图8）。各个种植区域内选择不同的果蔬品种以保证从3月到11月都有合适的园艺活动。品类包括生菜、番茄、茄子、洋葱、黄瓜等蔬菜和蓝莓、梅子等果树，既可观，又可食。由于此处紧邻建筑物，老人在一定程度上可以随意进出，植物选择皆遵守无毒、无刺、可生食的原则。在靠近建筑物处种植有各类色彩艳丽的花卉以增强对老人的视觉刺激，并且在出入口附近设有花架，在夏季种植南瓜、苦瓜、百香果等可食用的攀缘类植物，从而在夏季提供荫蔽场所。在夏季进行集体园艺活动时，等待活动的老人坐在阴凉处一边观看别的老人进行活动，一边按顺序等待自己的活动。另外从花园内也可以俯瞰附近的农田及山峦。

最后一处花园占地面积较少，位于第二处花园侧旁，是一处日式庭院（图9）。该庭院主要针对的用户是不方便外出活动的老人。与该处花园相邻的房间内为和式内装，包括榻榻米和泥墙面，以求与房间外的日式庭院形成统一整体。该处庭院的主要用途为在室内观赏，因此庭院内铺装等不进行适老性设计。其主景为一株鸡爪槭，意在通过树叶颜色的季节变化来唤起老人对时间的认知。其他庭院布景如灯笼、汀步等都遵循经典日式景观布局。庭院与和室之间用落地玻璃移门隔开，观赏时移门朝左右两侧移开使室内空间与庭院空间交融一体，达到最佳观赏效果。孙旻恺记录比较了通过不同方式观赏庭院时参与者的眼球运动和主观感受，结果表明与隔开玻璃观赏相比，在无阻挡的情况下观赏者可以得到最佳庭院观赏体验，减轻压力[34]。

图8　老人们在居住栋西侧花园进行园艺活动　　　　图9　日式庭院

日本康复景观理论研究和实践具有深厚的历史积淀，近年来随着各种测量设备的使用，有关康复景观的基础研究更为广泛深入，并增强了客观性和科学性。深厚的基础研究成果积累为相关人员及单位的康复景观探索实践提供了有力的保障，以客观数据为支撑，遵循循证设计理念的康复景观实践正在逐步成为主流。与此同时，康复景观设计不仅仅局限于物质景观本身，与之配套的康复活动设计构建也逐渐成为必不可少的一部分，两者相互依存形成一个统一整体。

参考文献

[1] Hickman，C. Therapeutic landscapes：A history of English hospital gardens since 1800[M]. Manchester, UK：Manchester University Press，2013.

[2] 岩本健寿．奈良時代施薬院の変遷 [J].早稲田大学大学院文学研究科紀要，2008，4（54）：87-88.

[3] 橋本寛敏，吉田幸雄．病院管理体系 1 [M].東京：医学書院，1972：1-391.

[4] Roger S. Ulrich. View through a window may influence recovery from surgery[J].Science，1984，224（4647）：420-1.

[5] Kaplan R & Kaplan S. Restorative experience：the healing power of nearby nature[M]. In The Meaning of Gardens：Idea，Place，and Action（Francis M & Hester RTJ eds）. Cambridge：The MIT Press，MA，1990：238-243.

[6] 上原敬二．造園学汎論 [M].東京：林泉社，1924：277-280.

[7] 上原敬二．造園学汎論 [M].東京：林泉社，1924.：280.

[8] 今井由江，藤井英二郎．医療法人式場病院の敷地構成と庭園の特徴に関する考察 [J].日本庭園学会誌，2010（22）：221-227.

[9] 式場隆三郎．日本の精神病院第一集 [M].東京：四季社，1958.

[10] 式場隆三郎．日本の精神病院第一集 [M].東京：四季社，1958.

[11] 中西畯．バラ療法 [J].病院，1971，30（6）：78-81.

[12] 左奈田幸夫．医用病院環境造園学：医用造園学概論 [J].医療，1973，27（10）：926-928.

[13] 荒木菊次．国立病院・療養所の環境整備の現況と造園計画 [J].医療，1973，27（10）：929-932.

[14] 内田誉．療養所における造園園芸について [J].医療，1973，27（10）：933-936.

[15] 島あかね，樫村修生，南和広，柏木朋也，一場博幸.尾瀬国立公園での中高年男性のトレッキング時における生理的負担度および景観鑑賞時の自律神経活動 [J].日本生気象学会雑誌，2009，46（2）：81-90.

[16] 武藤由香里，石田光男，下川敏雄，御園生拓.河川景観の自然度が生理指標に及ぼす影響の分析 [J].環境科学会誌，2011，24（3）：218-224.

[17] 那須守，岩崎寛，高岡由紀子，林豊，金侑映，石田都.百貨店の屋上緑地を事例とした初夏における緑の効用に関する利用者評価 [J].日本緑化工学会誌，2011，37（1）：61-66.

[18] Masashi Soga, Kevin J. Gaston, Yuichi Yamaurac. Gardening is beneficial for health：A meta-analysis[J]. Prev Med Rep，2017（5）：92-99.

[19] Masashi Soga, Daniel T. C. Cox, Yuichi Yamaura, Kevin J. Gaston, Kiyo Kurisu, Keisuke Hanaki. Health Benefits of Urban Allotment Gardening：Improved Physical and Psychological Well-Being and Social Integration[J]. Int J Environ Res Public Health，2017，14（1）：71.

[20] 孫旻愷，藤井英二郎，浜野祐，等.後期高齢者が日本庭園を見たときの眼球運動と生理反応に関する実験的研究 [J].日本庭園学会誌，2018（32）：17-24.

[21] 山本聡．良好な景観形成と人の健康をささえる都市緑化：～緑地を認識するという視点から～ [J].本緑化工学会誌，2019，44（3）：443-446.

[22] 松田岳士，明野伸次，斉藤恭子，大野夏代.熱帯植物温室の環境がもたらす高齢者の心身への効果 [J].幌市立大学研究論文集，2014，8（1），3-10.

[23] 木村龍太郎．森林浴が精神障害者にどのような影響を与えたか [J].日本森林学会大会発表データベース，2015，126（0）：832.

[24] 森田えみ，川合紗世，内藤真理子.高頻度の森林散策が日常のメンタルヘルスに及ぼす影響：大規模疫学調査 J-MICC Study 静岡地区より [J].日本森林学会大会発表データベース，2017，128（0）：824.

[25] Song，C.，Ikei，H.，Miyazaki，Y. Physiological effects of forest-related visual，olfactory，and combined stimuli on humans：An additive combined effect[J]. Urban Forestry & Urban Greening. 2019（44）：126437. doi.org/10.1016/j.ufug.2019.126437.

[26] 安川緑，千葉茂，伊藤喜久，森谷敏夫，大澤勝次，広井良典. 認知症高齢者に対する園芸療法の有効性に関する研究 [J]. 人間・植物関係学会雑誌，2005（5）：20-21.

[27] 寺岡佐和，小西美智子，原田春美，小野ミツ，宮腰由紀子. 認知症高齢者を対象とした園芸活動が認知機能および心理社会的機能に及ぼす影響の検討 [J]. 広島大学保健学ジャーナル，2012，11（1）：10-19.

[28] 増田順子，太田喜久子. 軽度・中等度認知症高齢者に対する園芸活動プログラムの有効性の検討 [J]. 人植関係学誌，2013，13（1）：1-7.

[29] 日本園芸療法士協会. 心を癒やす園芸療法 [M]. 東京都：コロナ社，2004：32-62.

[30] 四方康行. 国営公園等における園芸福祉活動、園芸療法の利用サービスの開発に関する調査研究 [J]. 公園管理研究：公園管理運営研究所報告，2011（6）：56-62.

[31] 岩崎寛. 医療福祉施設における緑のあり方（特集 福祉農業）[J]. 農業および園芸，2013，88（1）：56-61.

[32] 三宅優紀，上田英津子，山中将平，礒村葉子，岩田美幸. 特別養護老人ホームにおける園芸活動の特徴とQOLとの関係 [J]. 人間・植物関係学会雑誌，2017，16（2）：15-20.

[33] Goto S，Shen X，Sun M，et al. The positive effects of viewing gardens for persons with dementia[J]. Journal of Alzheimer's Disease，2018，66（4）：1705-1720.

[34] Minkai Sun，Karl Herrup，Bertram Shi，Yutaka Hamano，Concong Liu，Seiko Goto. Changes in visual interaction：Viewing a Japanese garden directly，through glass or as a projected image[J]. Journal of Environmental Psychology，2018（60）：116-121.

公共健康视角下的中国城市公园发展演变

夏宇　陈崇贤

风景园林有着悠久的历史，其功能的生发和演变与社会、经济和政治等因素有着紧密关联。公共健康问题是风景园林发展的重要推动力量，从近代租界公园引入公共健康的理念，民族复兴"强身强国"推动城市环境改造到当代城市化和一系列公共健康事件所带来的建成环境与生活方式的改变，不同时代背景下，人们对于健康有着不同的诉求，公共健康政策也有着不同的侧重，风景园林也以不同的形式成了促进公共健康的有效途径。

清末民初：公园的萌芽

中国传统人居环境历来重视环境与健康的关系，中国传统园林营造也反映了不同时代背景下人们的养生观念，但早期的园林都为皇家或私人所有，服务于少数阶层，即使宋代之后出现过"洛下园池不闭门……遍入何尝问主人"的情况[1]，但这种开放的局面多为一年中特定的时段，对公众健康的影响相对有限。唐代之后公共游览地的记载也多见于文献之中，包括著名的长安曲江池、杭州西湖，加之众多的寺庙园林，共同承载了人们日常休闲娱乐、宗教祈福活动，提供了暂时摆脱传统礼教束缚、舒缓压抑情绪、抒发情感的场所，对大众健康起到了一定的促进作用，但这些园林的概念与西方的公共空间概念相差甚远。

真正意义上的公园是在工业革命之后，大量人口涌入城市，人与自然关系逐渐恶化，公共健康问题逐渐凸显之后的产物。"公园"从其民主、开放的内涵而言是纯粹西方的概念[2]。1935年通过《城市自治体法案》（Municipal Corporation Act），市政府可以利用税收购置土地并出资建造向公共开放的公园。1847年建成的英国利物浦伯肯海德公园是第一个真正意义上的城市公园，由当地政府出资，对公众开放，对改善当地居民的生活环境和公共卫生状况起到了极大的推动作用。之后城市公园运动传播至欧洲及美洲，并由殖民者带至中国在上海、广州等通商口岸修建，较早的有上海英美租界内的"公家花园"，广州十三行的"美国花园""英国花园"[3]。这些花园是西方商人和殖民者休闲娱乐、社交和体育运动的场所，并不对华人开放，但却在公共卫生观念、管理和设施方面给中国风景园林产生了革命性的影响。晚清时期，中国的绝大多数城市尚缺乏公共卫生管理，"个人卫生既多忽视，公共卫生更无设施，一遇时疫瞠视莫救"[4]，这些状况与租界内秩序井然、街道清洁形成了鲜明对比，让国人了解了西方的公共卫生建设。但这些"租界花园"并非源自应对工业所带来的环境问题和社会问题，不能称之为真正意义上的"公园"，属于公园的萌芽阶段。受此影响，一些有识之士也开始筹建或改建公园。上海、天津等地对私家园林进行改造向公众开放，成为经营性私家园林供市民游憩。北京也将原来皇家圈养动物的万牲园对公众售票开放，成为中国历史上第一个动物园。这些园林也成了中国近代公园的雏形 [5]。

民国时期：公园与强身强国

20 世纪初，中国社会逐渐从传统向现代转型，在国家危亡之际有识之士开始向西方学习探索救亡图存的道路。舆论将身体健康与国家兴亡联系在一起，公共卫生问题逐渐受到关注。

19 世纪末 20 世纪初，大量学生留学日本，也将日本明治维新之后所推行的城市建设理念带回中国，其中也包含西方的公园体制。尽管"公园"在古汉语中早已有之，但多指官家花园或政府所有土地，日本用古汉字"公园"借译近代欧洲术语"公园"，并于 20 世纪初重新被引入中国 [6]。

各地的社会精英、地方组织和政府都大力倡导城市公共设施建设和公共环境改造。梁启超、康有为等游历西方发达国家，受西方城市规划和市政管理理念的影响，呼吁政府及社会各界力量建设公园。我国著名的林学家陈植在《都市与公园论》（1928 年）中强调："公园为都市生活上之重要设施，公园之于都市也，其重要似肺之于人，窗之于室然。盖未有人体健全而肺弱者，亦未有居室卫生而无窗者。西人喻公园为都市之肺脏，盖有由也。"[7]1914 年在时任内务总长的朱启钤倡导下北京设立了"京都市政公所"，1915 年，北京的《市政通告》还连续多期开辟"公园论"专辑，介绍英、美等国的公园建设情况，并将公园与近代化和社会进步联系起来 [6]。

在多方的推动之下，全国各地开始了大规模的市政建设运动，城市公园也通过改造和新建等多种形式迅速建立起来。但受制于经济条件、土地资源和历史环境，民国初期大量的公园是由旧有的皇家园林、祭祀场所和私家园林改造而成。在朱启钤的"公园开放运动"提出开放京畿名胜"与民同乐"后，北京的社稷坛、先农坛、天坛、北海、地坛等先后开放。沈阳也将前清行宫及清昭陵开放为公园。这些由皇家园林改建而来的公园，一般都空间开阔、自然景色优美，为群众的休闲娱乐提供了舒适的场所。成都、广州、宁波等地还将官府衙门辟为公园，苏州留园、无锡梅园等私家园林也对公众开放 [8]。之后由开明的民族资本家及政府主导新修了大量公园，这些公园多位于经济发达的中心城市，如广州的中央公园、杭州的湖滨公园等，这一公园建设运动在 20 世纪 30 年代达到了高潮。

促进公共健康是民国时期城市公园运动的一个重要特点，其承担着环境改善、健康教育、体育活动甚至社会改良的功能。城市公园被称为"都市之肺脏"，有利于改善城市恶劣的卫生状况，并为卫生、健康知识宣传提供了重要的平台。一些公园开设"卫生成列所"，张贴卫生广告牌，开展定期的教育宣传活动 [9]，对宣传、普及卫生常识起到了重要作用，有助于提高公众的卫生素养和大众健康水平。

舆论还将公园在城市卫生中的重要作用上升到"道德"层面，将"市政改良和社会改造当作一件事看"[10] 呼吁其在民族复兴大业中的重要性。梁启超盛赞美国的公园"论市政者，皆言太繁盛之市，若无相当之公园，则于卫生上于道德上皆有大害，吾至纽约而信。一日不到公园，则精神昏浊，理想污下"[11]。1912 年，黄以仁在《东方杂志》上发表文章指出："匪特于国民卫生与娱乐有益，且于国民教育上，乃至风致上，有弘大影响焉。"[12]

在此背景下，体育活动也上升为提高民众素质、关乎民族存亡的纽带。民国期间，北京、上海、

图 1　近代由明清社稷坛改造的中央公园内的溜冰场
图片来源：中山公园管理处 . 中山公园志 [M]. 北京：中国林业出版社，2002.

图 2　近代由明清社稷坛改造的中央公园内的儿童游乐场
图片来源：中山公园管理处 . 中山公园志 [M]. 北京：中国林业出版社，2002.

广州等城市新建的大型公园中都有运动场、体育场，增设各类体育活动设施[13]。如虹口公园就是当时上海最著名的运动场，高尔夫球场、足球场、网球场、篮球场、排球场等体育设施齐备。同时政府引入西方体育竞赛的体制在公园中举办大型的体育赛事，极大地促进了体育运动的发展。而民众也利用公园开阔的空间进行多种休闲健身活动，许多传统的体育活动如游泳、溜冰、划船、舞蹈等也在公园中开展了起来，对这一时期公共健康改善起到了积极的推动作用（图1、图2）。

新中国成立初期：绿化与公共卫生

新中国成立后，面临着百废俱兴的局面，公共卫生事业的主要目标是在资源短缺的前提下，迅速改善饱经战乱摧残的人民的健康水平。风景园林建设在一个特殊的社会、经济和政治背景之下展开，园林绿地的建设以为国民经济恢复服务和为人民生活服务的方针展开。

新中国成立初期的园林绿地建设主要围绕"爱国卫生运动"展开。为了改变卫生条件差、传染病严重的状况，1952 年起，全国上下开展了声势浩大的"爱国卫生运动"，运动的主要任务和目的从早期"讲卫生、除四害"逐渐扩展至"净化、绿化和美化环境"。园林建设首先以修整和恢复旧有园林绿地为主，迅速恢复城市秩序，改善城市面貌。1956 年 11 月全国城市建设工作会议提出"普遍绿化、重点提高"的绿化方针，全国展开了大规模的"绿化祖国"运动，鼓励植树造林、消灭荒山荒地，进行大规模绿化，公共绿地面积显著增加。20 世纪 50 年代是改革开放之前公园建设的一个重要时期。

这一期间，全国各地结合市政卫生工程，大力进行城市建设，公园建设也发展迅速。公园多选址城市中环境恶劣，遭受水淹、垃圾场或其他废弃不适宜居住的场地改造为绿地，解决城市卫生疾患的同时赋予土地新的功能。北京紫竹院公园选址于城市低洼地，并利用废弃物塑造地形；广州的流花湖公园、东山湖公园、麓湖公园都与城市的防洪排涝的市政建设相结合，解决了长期洪涝灾害的困扰，极大地改善了城市居民居住卫生环境，并在一定程度上满足了人们休闲娱乐和精神文化活动的需求。

之后受到"大跃进"和"文化大革命"的影响，全国风景园林建设事业基本处于停滞状态。许多公共绿地特别是利用寺庙或古代园林开放而形成的城市公园遭到了极为严重的破坏，公园等绿地为社会主义生产建设服务[14]，"园林结合生产"成为这一阶段园林建设的指导方针[15]，一些公园绿地被侵占，成为农作物种植区、工厂和仓库等，也无从谈及对公众健康的影响。

改革开放后：健康功能的偏离与回归

改革开放之后，我国的社会、经济迅速发展，经济的转型带动了社会全方位的改变。随着商品经济的发展以及人们生活观念的改变，1978 年第三次全国园林工作会议提出了一系列促进风景园林发展的举措，之后公园进入了快速建设阶段，但随着市场经济的发展，很多公园的形式、功能和内涵也发生了巨大的改变。

20 世纪 80 年代，公园的建设和运营开始追求经济效益，一些公园开始推行"以园养园"自负盈亏的政策，在公园绿地中开设"园中园"、剧院、展览馆、餐厅茶室等大量商业娱乐设施。这种"娱乐"性的传统可以说是民国以来公园附设动物园、植物园和娱乐设施的延续，在一定程度上满足了当时人们对于文化娱乐的需求,但这些商业娱乐设施也占据了原有的绿地空间,园林诞生之初所具有的"自然肺腑"和健身活动等健康相关的功能被弱化。

1995 年 5 月 1 日起全国开始实行双休日的休假制度,1999 年在拉动内需政策的导向下增加了春节、"五一"、"十一"黄金周休假制度,人们休闲的意愿愈发增强,对风景名胜区、郊野游览地、公园等休闲场所的需求日益增加。原有的公园逐渐开始改造升级,拆除陈旧的大型游乐设备,改造场地环境增加活动设施,同时以休闲旅游为目的的主题公园开发也如火如荼。20 世纪末,北京、上海、深圳、杭州等地的一些公园开始逐渐走向开放式管理,不设置围墙或者免费向市民开放,这一系列改变极大地满足了群众各类休闲活动的需求。公园的绿色环境以及公园中的游憩活动包含了部分体育锻炼和社交活动,对公共健康有一定的促进作用,但公园的健康功能还隐藏于公园游憩功能之后,公园的设计也主要是从相关设计指标上强调其游憩活动的承载力。1992 年版的《公园设计规范》CJJ 48—92 所规定的主要设计指标包括公园中各类用地的比例和设施数量,如绿化用地比例、建筑占地比例、园路及铺装场地用地比例、游憩设施数量等。

这一时期城市公园的发展经历了从公共活动场所到消费盈利空间再回归到休闲活动场地的过程,公园所承载的功能也从偏离公共健康重新回归到促进公共健康,但这种健康效益的产生更多得益于公园所具有的城市绿色空间与公共活动空间的属性,及其所带来的城市环境改善和休闲活动促进的作用。

21 世纪初:风景园林的健康支持

20 世纪 90 年代之后快速的城市化也加剧了城市环境污染的问题,城市水体水质恶化、空气污染、噪声污染、城市热岛效应成了严重威胁公共健康的重要民生问题,与此同时,"生态环境"也成了这一时期国家政策的关键词。1997 年 9 月,党的的十五大报告强调"必须实施可持续发展战略""坚持保护环境的基本国策""加强对环境污染的治理,植树种草,改善生态环境",2007 年党的十七大报告提出"建设生态文明",提出了节约能源资源和保护生态环境的产业结构和增长方式。

与此同时,在西方风景园林领域生态主义思想日臻兴盛,产生了相对完善的理论与方法,强调设计过程与生态过程的协调,对不可再生资源的低消耗、对动植物栖息生境的维护和人居环境健康性和安全性的改善[16]。麦克哈格、卡尔·斯坦尼兹、弗兰德里克·斯坦纳等不同生态规划领域先驱的著作及思想被引入国内,在内部需求与外部推动双重作用之下,城市绿地的生态功能成为关注的焦点。

公园建设也受到此趋势的影响,不仅有美学和使用功能的考量,还进一步与生态学、社会学、地理学等融合,强调城市公园在城市生态环境系统构建、生物多样性保护和人居环境改善中的重要作用,倡导感受自然、亲近自然的景观体验,同时注重公众参与科普教育的开展。第一,公园内部景观要素的改造,创造更加舒适宜人的活动空间,如通过水系的自循环组织或水生植物种植改善水质,适宜的树种选择和配置减少养护投入、增湿降温调节小气候[17]。第二,公园作为改善城市生态环境的绿色斑块,通过植物配置、空间布局等方式提高生物多样性、缓解城市热岛效应,阻隔城市噪声,降低细颗粒物(PM$_{2.5}$)浓度[18]。第三,建设以生态环境保护为目的的专类公园,如湿地公园、森林公园;或通过城市废弃地改造建设新的公园,将棕地改造成城市绿地。第四,合理优化城市公园的布局,形成"城市公园系统"，最大限度地增加公园的生态环境效益，成为城市的防护屏障，保护和改善区域生态环境。

虽然"公共健康"的概念尚未在这一时期的公园建设中被明确提出，但对于生态环境的关注，将公园建设从改革开放之初注重商业价值转向绿色空间的生态价值，而这一转向也带来了颇多健康裨益。但其核心是对"游憩"和"生态"的关注，"公共健康"仍然是作为一种间接的结果，所以在相关政策、设计规范制定方面依然缺乏较为明确的指引。

2015 年后：风景园林的健康干预

随着人们的健康意识和需求不断增长，以及日益严重的老龄化问题，健康管理成为社会治理的重要内容，国家也更加注重公共卫生建设，将公共卫生纳入国家管理体系，并逐步部署和实施国民健康规划。风景园林与公共健康的关系更加紧密，从被动的健康支持走向主动的健康干预。

2015 年十八届五中全会提出"推进健康中国建设"，2016 年出台《健康中国 2030 规划纲要》将"健康中国"作为一项国家战略，2017 年十九大报告明确提出"倡导健康文明生活方式"，"十三五"期间开展全民健身活动成为实施健康中国战略的重要内容。相关领域也从"医疗""法制""全面健身""环境"等不同方面进行了深化与落实。2019 年底新冠肺炎疫情暴发，公共健康遭遇重大威胁，风景园林在应对传染病方面的重要作用也更加凸显。

人们对绿色空间与健康关系的认识也不断扩展，从公共健康角度对城市公园所进行的研究越来越深入，从最初对城市建成环境的健康防护拓展到对社会环境的健康支持以及对"个体"更为直接的健康影响。城市公园作为城市绿色基础设施的一部分，具有一定的生态环境修复的功能，对城市的水污染、空气污染、噪声污染和热岛效应具有隔离与缓解的作用，起到健康防护的作用。相关学者从分布格局、空间联系、环境特征和管理维护等角度深入研究了不同环境因子对居民健康的影响。一方面，人居公园绿地面积高的区域居民精神压力相对较低[19]、体力活动量较大[20]，另一方面，城市公园可以有效缓解城市热岛效应进程，对城市热环境具有降温效应[21]；从空间联系而言具有较高可达性和可用性的公园可以促进居民的使用，从而产生更大的健康效益[22]；公园的环境特征方面，公园的环境品质越高、绿地质量越高则会带来更多的健康效益，植物多样性、绿化覆盖率[23]、水景[24]、微气候环境[25]对健康恢复影响显著。在新冠肺炎疫情暴发之后，风景园林在应对传染性疾病方面的积极作用更加凸显，诸多学者从环境流行病学、传染病生态学、景观流行病学等视角探讨风景园林特别是城市公园等绿地系统的健康效益。在后疫情时代，城市绿色空间不仅表现在从生态系统服务方面所产生的生理健康支持以及对传染性疾病传播途径的控制，降低罹患传染病的危险，更提供了人们的心理健康支持。

公园产生的个体直接健康效益相关研究也越来越深入。越来越多的研究数据证明，公园等城市绿色空间可以减少心血管疾病、Ⅱ型糖尿病、肥胖等慢性疾病的发病率，增加对城市绿色系统的投入，有利于大幅度减少医疗支出，降低社会养老成本，提高社会福祉。一些西方国家已明确鼓励医生将公园等绿色空间中的活动作为"绿色处方"以实现对一些慢性疾病及心理疾病的预防与治疗[26]。促进健康生活方式的同时，公园也提供了居民参与社会生活的空间，增加社会互动，增加社会归属感，减少孤立和反社会行为。公园绿地也在一定程度上缓解了高密度城市居住区绿化水平不平衡的问题，提供了相对公平的绿色公共资源。虽然我国现有的公园绿地分布存在不均衡，但政府对城市公共资源的分配起到了主导作用，国内城市公园绿地的环境公平问题相对较小[27]。城市公园也对城市居民的个体健康起到了重要的促进作用，越来越多的研究显示公园的绿色环境有助于缓解精神压力、疲劳和恢复注意力，促进体力活动和社会交往活动，从而改善居民的心理、生理和社会健康状况。

在实践方面，公园的数量持续增加，也有更多的政策、规范和标准从创造健康人居环境的角度对城市公园的规划与设计提出了更为具体的指引。根据国家统计局数据，到 2018 年全国公园数量为16735 个，公园面积 49.42hm²，较 2008 年公园数量增长了 95.6%，公园面积增长了 126.4%，数量和总面积稳步增长。公园的健康效益不仅在于公园个体所产生的健康效益，更在于公园系统的整体性所产生的健康效益。公园的建设开始致力于形成完善与高效的公园系统。政府对城市公共资源的支配作用，使城市绿地系统规划可以更好地兼顾城市绿色基础设施生态效益与居民使用公园绿地的公平性，更好地发挥城市公园的健康效益。深圳是我国最早提倡并进行社区公园建设的城市。《深圳绿地系统规划修编（2014—2030）》明确指出加强社区公园的规划、建设、管理和保护，改善生态环境，美化城市，创造良好的人居环境，增进人民身心健康。并在"景观体系建设规划"中对城市公园的文体功能提出了具体的指引，提出了不同等级公园中运动设施配套的具体指标建议。社区公园的建设有利于形成全面覆盖、均衡分布的城市公园体系，使更多的城市居民在步行范围内就可以到达公园进行休闲活动、体育锻炼和社会交往等活动。2018 年 2 月，习近平总书记在成都天府新区考察时首次提出了"公园城市"理念，强调公园城市生态功能的同时也提出了将城市发展、生态文明和人居环境建设作为一个整体的多元发展观，并突出了"以人民为中心"核心宗旨，再一次强调了"良好的生态环境是最公平的公共产品和最普惠的民生福祉"。居民的健康福祉与健康的生态环境、社会环境形成了更深层次的关联。2019 年底新冠肺炎疫情的暴发，风景园林在应对传染新疾病方面发挥出重要的作用，风景园林也与医学和公共卫生等学科形成了交叉学科的研究。未来风景园林将更加关注城市化、老龄化、新的生育政策所带来的社会环境与社会需求的改变，在创建"健康城市""老年友好城市""儿童友好城市""青年友好城市"等方面发挥更大作用。

从公共健康的角度梳理我国近现代城市公园发展演变的历史，可以看到城市公园的出现、发展和变化都与公共健康有着密切的关系。公共健康问题成为风景园林关注的焦点主要因为两方面原因。一方面是居住环境的改变，特别是城市化快速发展带来的城市高密度化、绿色空间减少、污染加剧等问题，迫使人们更加关注建成环境对公共健康的影响。而一些突发性的事件，如地震、内涝、疫情等也凸显了城市绿色空间在防灾避险、减少传染病传播和改善人居环境方面的重要作用。另一方面是随着生活水平的提高，人们健康意识不断增强。人口老龄化、生育政策的变化、生活方式改变导致的亚健康问题也促使人们更加关注不同群体的健康问题。所以城市公园形式与功能的变化，或者扩展而言风景园林与公共健康关系的变化是国家战略需求与社会发展需要所导致的必然结果，未来风景园林的发展也需要看到社会环境的巨大变化和科学技术深刻变革，大数据、参数化、人工智能、智慧城市等技术在健康人居环境营造中将起到重要的推动作用，利用新技术使风景园林更好地发挥其公共健康促进的功能是未来需要迫切研究的问题。

参考文献

[1] （宋）邵雍 . 咏洛下园 [J]；伊川击壤集 [M]. 四部丛刊本 .

[2] 彭雷霆 . 娱乐与教化：近代公园的中国变迁 [J]. 江淮论坛，2007（4）：184–188.

[3] 彭长歆 . 中国近代公园之始：广州十三行美国花园和英国花园 [J]. 中国园林，2014，30（5）：108–114.

[4] 《中国京城宜创造公园说》，《大公报》1905 年 7 月 21 日，第 2 版。

[5] 石桂芳 . 民国北京政府时期北京公园与市民生活研究 [D]. 长春：吉林大学，2016：124

[6] 史明正，谢继华 . 从御花园到公园：20 世纪初北京城市空间的变迁 [J]. 城市史研究，2005（00）：159–188.

[7] 陈植 . 都市与公园论 [M]. 上海：商务印书馆，1930：56.

[8] 陈蕴茜 . 论清末民国旅游娱乐空间的变化：以公园为中心的考察 [J]. 史林，2004（5）：8.

[9] 石桂芳 . 民国北京政府时期北京公园与市民生活研究 [D]. 长春：吉林大学，2016：127.

[10] 孟洛，宋介，译 . 市政原理与方法 [M]. 上海：商务印书馆 .1926.

[11] 饮冰室主人 . 新大陆游记 [N]. 新民丛报（临时增刊）.1904：54.

[12] 黄以仁 . 公园考 [J]. 东方杂志（第 9 卷第 2 号），1912：3.

[13] 熊月之 . 近代上海公园与社会生活 [J]. 社会科学，2013（5）：129–139.

[14] 赵纪军 . 新中国园林政策与建设 60 年回眸（四）园林革命 [J]. 风景园林，2009（5）：75 –79；王雷，赵晓娟，孙玉红，等 . 初夏时期园林绿地温湿度与细颗粒物（$PM_{2.5}$）浓度的关系研究：以北京市玉渊潭公园为例 [J]. 城市建筑，2018（33）：82–86.

[15] 北京中山公园管理处园艺班 . 园林结合生产大有可为 [J]. 建筑学报，1974（6）：30–33，55–56.

[16] 于冰沁 . 寻踪：生态主义思想在西方近现代风景园林中的产生、发展与实践 [D]. 北京：北京林业大学，2012.

[17] 周立晨，施文彧，薛文杰，等 . 上海园林绿地植被结构与温湿度关系浅析 [J]. 生态学杂志，2005，24（9）：1102–1105.

[18] 郑思俊，夏檑，张庆费 . 城市绿地群落降噪效应研究 [J]. 上海建设科技，2006（4）：33–34.

[19] Thompson C W, Roe J, Aspinall P, et al. More green space is linked to less stress in deprived communities：Evidence from salivary cortisol patterns[J]. Landscape & Urban Planning, 2012, 105（3）：221–229.

[20] Coombes E, Jones A P, Hillsdon M. The relationship of physical activity and overweight to objectively measured green space accessibility and use[J]. Social ence & Medicine, 2010, 70（6）：816–822.

[21] 阮俊杰 . 城市公园对夏季热环境的影响：以上海市中心城区为例 [J]. 生态环境学报，2016，25（10）：1663–1670.

[22] Gidlöf-Gunnarsson A, Öhrström E. Noise and well-being in urban residential environments：The potential role of perceived savailability to nearby green areas[J]. Landscape and Urban Planning, 2007, 83（2）：115–126.

[23] 王兰，张雅兰，邱明，等 . 以体力活动多样性为导向的城市绿地空间设计优化策略 [J]. 中国园林，2019，35（1）：56–61.

[24] Korpela K M, Ylén M, Tyrväinen L, et al. Determinants of restorative experiences in everyday favorite places[J]. Health & Place, 2008, 14（4）：636–652.

[25] 赵晓龙，卞晴，侯韫婧，等 . 寒地城市公园春季休闲体力活动水平与微气候热舒适关联研究 [J]. 中国园林，2019，35（4）：80–85.

[26] Seltenrich, N. "Just what the doctor ordered：Using parks to improve children's health," Environ Health Perspect, 2015, 123（10）：A254.

[27] 王敏，朱安娜，汪洁琼，等 . 基于社会公平正义的城市公园绿地空间配置供需关系：以上海徐汇区为例 [J]. 生态学报，2019，39（19）：7035–7046.

台湾地区园艺治疗与景观效益研究之发展

江彦政　翁珮怡

自然景观原有的定义为：一般指可见景物中，未曾受人类影响的部分[1]。但现今有许多环境空间是"人造的自然环境"，因此现今对于自然景观的定义较为宽松，即"多样性的户外空间"，而此环境则包含植物、水体、天空、花朵、鸟类的场所。人类通过视觉、味觉、嗅觉、触觉、听觉五大感官来接收外界信息，感官是人类对记忆的链接，可以激发起情感[2]，其中在五感接受机能中，视觉占接收外在刺激的87%[3]，不同的情绪反应会产生不同的行为。而自然景观影响人的健康及生活质量，这个现象已经被许多科学家及环境政策者所重视，这派理论被称为自然帮助假说（Nature Benefit Assumption）[4]。

自然景观与园艺治疗

在都市发展迅速的情况下，自然景观在都市中所扮演的角色至关重要，有趣的是注意力恢复能力在不同的城乡景观中，以自然景观最高，农村景观次之，而都市日常生活空间最低[5]。但都市里的植栽对人舒压的影响力却不一定小于乡村的自然景观。相较于国外研究自然景观效益的发展，台湾地区早期提出景观效益对生心理影响的研究多为校园空间的规划设计[6]、都市公园，后来被提出讨论及研究的议题，有道路景观、消费行为及园艺治疗等[7, 8]。在后续的发展上，又以园艺治疗相关话题最为热烈。

园艺治疗（Horticultural Therapy）是利用植物、园艺以及人与植物的亲密关系为推力来协助病患获得治疗与复健效果的方法[9]，也就是利用植物相关的事物及活动来刺激参与者的反应，进而改善他们的生理心理状况。其效果可概分为肉体劳动、锻炼体力与运动的控制协调力，及因操作过程带给患者心理与精神上的治疗。而2011年美国园艺治疗协会（American Horticultural Therapy Association, AHTA）对园艺治疗的定义为：参与者在园艺相关的活动中，借由受过训练的治疗师帮助，以达到特定的治疗目标。然而广义的园艺治疗还包括景观治疗[10]，即借由景观元素所组成的环境来作为刺激感官的工具，以达到舒缓身心、治疗疾病的目的[11]。

园艺治疗领域包括农业、哲学、心理等多重领域，与音乐、绘画、舞蹈等疗法同属兼具艺术性与物理性的治疗方法，可以应用于教育、休憩、复健、娱乐、职能训练方面。园艺本身是一种艺术与科学的结合，和文学、绘画、音乐有着相当大的关联，在进行园艺活动教学时，教师可融入文学、绘画、音乐课程相关内容，使学生对园艺活动有更深的认识，同时也增强学习兴趣。雷尔夫（Relf,

1973）将可运用在园艺治疗的活动分为六大类型：工艺活动、团体活动、郊游、室内植栽、户外植栽、户外教学[12]。也有学者提到根据不同个案的需求，因材施教，设计不同的园艺治疗活动，使这些个案都能从中得到正面回馈与效益[13]。

而施行对象可分为：精神病患者、肢体障碍、智能障碍、老人、儿童、都市居民、上瘾者、罪犯，以及弱势族群等。AHTA认为园艺治疗是一个在已制定的治疗方案背景中所发生的积极过程，是一种对所有年龄、背景和技能的人们皆有效益的治疗，也同样适用于懂园艺的人和对园艺一无所知的人[14]。也有学者认为园艺治疗属于团体性的活动，因此在促进社交方面具有重大的效果[15]。园艺活动可通过调整人中枢神经系统的兴奋或抑制，促进疾病向好的方面转变，使全身肌肉和骨骼得到活动，血液循环更为流畅，还有利于排除寂寞或改善沮丧的情绪。通过园艺活动不仅能获得正向之力量，长期园艺活动可协助持续维持个体韧性，增进挫折遭遇的忍受力，有助于个体发展面对沮丧挫败的自我修复能力，激发并扩展挫折复原力[16]。

国外发展园艺治疗历史悠久，在古埃及时代就已经知道利用景观治疗于精神病患上。AHTA也表示园艺治疗并非新兴的专业，而是一个历经时代印证的实务科学。一开始人类的生存与繁荣需要靠植物，后来人类逐渐开化，产生文明，首先发明了农业，可用较小面积的土地生产大量的粮食，因而人口也快速增加，继而工商业兴起，促成都市化的发展[17]。都市发展稳定后，人们便有多余时间思考，寄托于哲学及宗教之中，就如欧洲中古世纪时修道院不仅是灵修静地，亦具有疗愈花园的意义。美国精神病学之父本杰明·拉什博士（Dr. Benjamin Rush）在1798年时发现田间劳动对精神病人有疗效，开启了园艺治疗发展明确的分水岭。沃德·汤普（Ward Thompson，2011）提到18世纪英国开始兴起浪漫主义，进而产生浪漫派景观，更因工业蓬勃、环境卫生与空气的剧烈恶化，产生许多文明病，人们开始重视户外活动，促使19世纪西方各国开始都市公园的建设，借以改善民众身心健康[18]。公园有如都市的肺、净化空气等，待居民去呼吸享用，并且提供民众放松精神与获得宁静的场所。20世纪末时，历经两次世界大战，美国将园艺治疗运用在小孩和残障者的身上，大约在1950至1960年间，也运用此种方法在老人及一些退伍军人的身上。这段时期医疗与学术界对园艺治疗的深耕，影响美国之后的园艺治疗发展，使其园艺治疗的培训成为目前世界上最具权威的指标体系。2006年查理·斯科特（Chalker-Scott）及科尔曼（Collman）认为美国在60年代末期开始重视环境问题，特别是表现在绿色建筑及庭园植物方面，并于1970年宣布地球日（Earth Day）声明时达到最高峰[19]。人们不再只是追求物质生活的提升，进而对于精神层面的需求已日益增加，越来越多的人认识到追求宁静、清新空气和自然风光才是生活中的最高享受[20]。

1973年成立的美国国家园艺治疗与复健协会（National Council for Therapy and Rehabilitation through Horticulture，NCTRH）在1988年时更名为美国园艺治疗协会（America Horticultural Therapy Association，AHTA），这是第一个园艺治疗专业组织[21]。英国在1978亦成立茂盛协会（Thrive-Gardening and Horticulture for Training and Employment，Therapy and Health），利用园艺改善残障人士的生活，以增加其就业机会为目的[22]。而1990年成立植物与人基金会"People-Plant Council"被认定是园艺治疗发展的转折点。根据前人的研究，园艺治疗的发展演变可分为五大时期，重点整合如表1所示。

时期	年代		发展简述
雏形期 （1799 年前）	远古至19 世纪	远古	古埃及以庭园散步来改善患者心理状况
		中古	修道院有治疗性庭院的作用
		18世纪初	苏格兰格雷戈里博士（Dr. Gregory）首先对精神病患施以园艺栽培训练
		1790	美国医院发现以农场劳动抵偿医药费的病患，复原状况较快
		1798	拉什博士（Dr. Rush）发现田间劳动对精神病人有疗效
发轫期 （1800— 1939年）	19世纪末 至20世 纪初	1806	西班牙医院强调农业和园艺活动对精神病人确实有疗效
		1817	美国费城私人精神医院设置公园环境
		1845	雷（Ray）提出蔬菜丰收与否不重要，重要是园艺工作能使病患更健康
		1879	宾州精神病患收容所设立第一座温室，针对心理疾病而转变到生理疾病的治疗
		1889	劳伦斯（Lawrence）提出植物对智能障碍儿童有帮助
		1919	堪萨斯州门宁格（Menninger）医生与其子成立门宁格基金会，认同园艺计划落实在疗程中
		1930	英国医院开放农场给病人进行活动
		1936	英国职能治疗师协会正式认同园艺用于身心障碍者
专业化疗程 发展期 （1940— 1954年）	20世纪初 至1950年	1942	密尔沃基唐纳（Milwaukee Downer）学院授予第一个职能治疗学位，包含园艺治疗课程
		1951	全美园艺社团会议将园艺治疗视为社团主要目标。职能治疗师伯林盖姆（Burlingame）开始在密歇根州立医院对老人使用园艺治疗
		1953	园艺治疗师琼斯（Jonos）指出园艺活动不但是复健方法，也具诊断病征作用
学术单位发 展期 （1955— 1972年）	1950— 1970年	1952	密执安州立大学联合举行一周的园艺治疗研讨会
		1955	密执安州立大学为首间授予园艺/职能治疗硕士学位的学校
		1959	纽约大学鲁斯克（Rusk）复健医学部开始在温室中推行园艺治疗
		1971	堪萨斯州立大学也开设第一个园艺治疗学士课程，第二年与Menninger基金会合作成立园艺治疗学科
专业组织发 展期 （1973年 迄今）	1970年后	1973	美国成立国家园艺治疗与复健协会（NCTRH）
		1978	英国成立茂盛协会，帮助残障者接受园艺治疗以改善生活
		1980	堪萨斯州立大学设立园艺治疗博士班
		1988	NCTRH更名为美国园艺治疗协（AHTA）
		1990	成立"People-Plant Council"
		2004	日本淡路岛举办园艺治疗高峰会
		2010	台湾绿色养生协会成立
		2013	成立台湾园艺辅助治疗协会

数据来源：本研究整理。

台湾地区自然景观效益发展趋势

为探究台湾地区自然景观效益发展趋势，利用文献归纳法分析文献，以台湾最常被使用的两大电子数据库为主：硕博士论文信息网及期刊服务网。搜寻的 8 个最常出现的关键词包括景观效益、景观生心理、自然效益、园艺治疗、园艺疗法、园艺活动、园艺课程及景观治疗等，搜寻 1981 年到 2018 年发表的相关论文，分别对研究者背景、研究对象、活动类型、参与时间、评估项目等方面进行统整与归纳分析，就此进行趋势发展之探讨，并总结与提出各项目后续的建议。

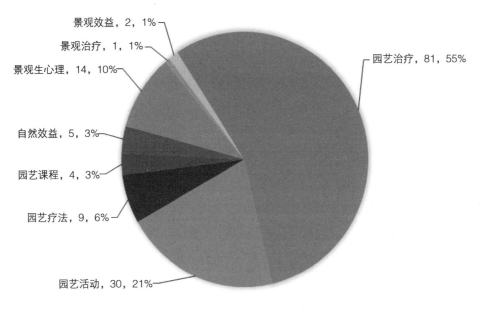

图 1 关键词分类比例图

研究及应用概况

经筛选共有 146 篇论文纳入分析，依上述 8 个关键词及不限字段的设定，在关键词的分类上，以"园艺治疗"搜寻到最多数据，占 81.55%，其次是园艺活动和景观生心理（图 1）。然而，从文献资料来看，1982 年至 1994 年间，无论在何领域都没有正式的研究发表，自然景观效益的发展停顿了约 10 年，然后 2005 年开始密集发展，研究者背景越来越多元化，研究团队为造园领域的研究者最多，以园艺景观学系毕业学者为主，这个领域最早投入研究。在 2000 年开始论文篇数增多，与大专院校设置相关学分、推广课程有关。2005 年是研究重大的分水岭，亦是蓬勃发展的契机，究其原因为 2004 年黄盛璘自美国取得园艺治疗师认证，也是台湾第一位取得此认证者，回到台湾利用本土药草（艾草、薄荷、鱼腥草、左手香、芦荟、紫苏、姜黄、石莲花、地瓜叶、葱蒜）来推广园艺治疗，园艺治疗的相关研究在此之后便快速增加。其次是医护领域，自 2006 年开始不少医院及养护场所设置疗愈花园，尤其是养护场所开始注重绿色照护，运用在养护住民身上，多项研究显示比起药物控制或治疗，透过环境的变化或优化患者的心理状态，更能对病情有所控制或改善。然后是教育领域，其中以小学学童及青少年相关课程设计为主题的研究者居多，在 2011 至 2015 年间研究数渐增，于 2016 年才开始兴起，主要探讨学习成效及行为改善；游憩方面是在 2005 年发表首篇研究，近几年没有明显数量上的提升；2007 年才开始有设计领域的人加入研究，有些研究者开始跨领域合作，如造园、医护学界及业界，还有其他背景，如统计及语言人才（图 2），针对自然景观的相关效益，以各种不同的角度及研究方式切入，使研究面及结果更多元、更完善。

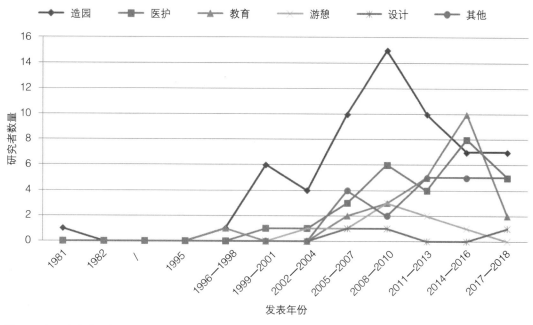

图 2　历年研究者背景发展

园艺治疗应用类型通常包括：①生理疾病及肢障：非心因性疾病、复健；②心理疾病及发展障碍：心因性疾病、脑性麻痹、唐氏症、智障、精障等；③儿童与学生：特殊儿童、焦虑恐惧、青少年与大学生；④老年人：失智、慢性病患、老化；⑤民众：都市居民、家属、上班族、工作人员、社团参与者；⑥受戒治者：酗酒吸毒、行为偏差、犯罪者等类别。在台湾已有研究中，以儿童与学生类型为研究对象为最大宗，儿童与青少年研究内容主要是课程设计的校园行动研究或职能训练等，而大学生部分是以景观治疗为主，以减压及舒缓情绪为目的。其次为民众类型，这部分集合甚多角色，但在 1996 年早期提出的研究多为一般大众，并非针对特殊对象进行研究；2000 年后才有较多的特定角色，如行动研究里的学校教职员、患者的照护者、受暴妇女、外籍女性及工作人员等，研究对象的共同特征为心理压力高者或具有潜在抑郁症可能性之人员，以预防患病的模式纾解研究对象之压力，这些研究对象类别分散后各角色数量不高，但这也显示学者探讨园艺治疗对各类群众的研究正在发展中，延伸景观效益的其他可能性。第三是老年人类型，是最早被研究且持续被提出讨论之类别，研究对象多为养护中心之住户，探讨接受园艺治疗后，对人际关系及生心理状态是否有明显效益的提升；心理疾病及发展障碍类型的对象在 1997 年开始被研究，近年较多篇研究是针对精神疾病及抑郁症患者，在接受园艺治疗后对情绪的稳定、自信心或认知功能皆有良好的成效；受戒治者研究分别在 2008 年及 2018 年发表（图 3），此种类之研究数量为最少，其主因为研究对象特别，若研究对象为犯罪者，观察或实验的自由度容易受到限制，研究园艺治疗后能否改善监禁产生的压力，结果显示皆具有正面的影响力，重塑被监禁者的自我肯定及自我认知之价值，甚至在出所后可投入相关行业谋得差事。

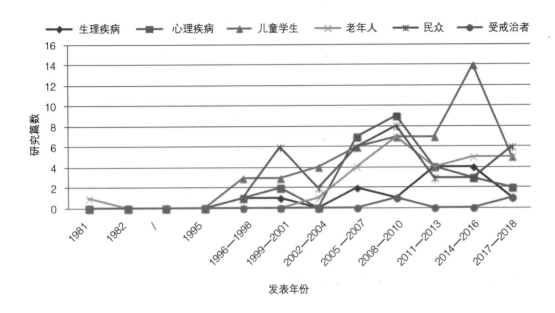

图3　历年研究对象发展

自然景观的刺激类型与参与时间

自然景观的刺激类型依据雷尔夫（Relf，1973）对于园艺治疗活动的分类做修改后，分为五大项：艺术与工艺、团体活动、户外郊游、室内植栽、室外植栽。

（1）艺术与工艺（Arts and Crafts）：

①室内工艺：各式人造花材设计、植物素材的拼贴、制作干燥花、压花书签、花草香包、节庆工艺品、果酱、香草卷饼制作；

②室外工艺：风铃制作、踏脚石、植物雕塑品、庭园家具设计、稻草人。

（2）团体活动（Group Activities）：将植物或园艺相关元素融合于游戏中、说故事、观看影片或图片、特别的感官刺激、种植分享与讨论、成果发表会。

（3）户外郊游（Excursions）：参观花园、公园、植物园、农场的动植物、花卉展、园艺交易。

（4）室内植栽（Plants-indoors）：插花、胸花制作、水耕栽培、室内盆栽、如何加速花卉植栽成长。

（5）室外植栽（Plants-outdoors）：户外植栽的种植、花卉栽培、药草园、景观维护、园艺活动。

历年各项刺激的累积数以室外栽植及工艺两者被选择的次数最多（图4），尤其是户外合作栽培、插花、压花书签 DIY，这些活动最容易被应用在疗程中，2004 年后研究采用这些活动的频率越来越高，主因为室外植栽的栽种后需有一段时期的照顾后才能获得成果，期间搭配工艺类型的活动，可以在短时间内甚至一堂课就能有即时的成果展现，可以迅速提升操作者的自信心。其次是团体活动，如看图片、影片、种植经验分享及讨论、成果展现，此项类别的优点在于趣味性及自由性较高，适用于室内外的场地,亦可针对研究对象调整活动强度及内容。虽然团体活动常被运用,但不是必选的类型,大部分为操作一系列园艺活动后,作为纪念及经验分享,因此单一以团体活动类型为研究者也较少见;室内植栽的活动运用,亦常与工艺及室外植栽交互运用,单一运用此项类别者的研究对象多为行动不便或体质较弱不易于外出者;户外郊游类型,如参观植物园、爬山等活动,研究各式环境对生理与心理不同程度的影响。整体而言,相较于往年采取单一活动类型的方式,近年研究采用较多活动类型,增加了丰富性,通过各活动类别所能获得之效益相互加乘后,促使研究内容更充实。

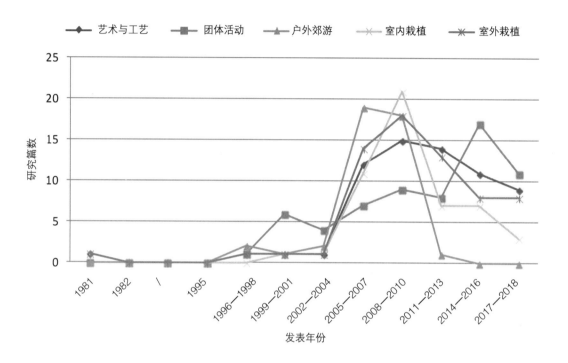

图4 历年活动类型发展

参与时间以每周平均归纳为下列五组:① 60分钟以下;② 61~90分钟;③ 91~120分钟;④ 121~150分钟;⑤ 151分钟以上;⑥未说明。统计结果以未说明者最多,未说明活动刺激时间的研究方式以个人经验及问卷为主;其次为90分钟以下的研究最多,含未满60分钟之研究者,共有56篇(图5)。虽然前两项活动刺激时间被大部分的研究所采用,但与每周超过90分钟以上之研究的对象上来说,并无太大的区别。因为有些研究是每周次数多、每次时间短,如每周7次、每次30分钟;亦有可能是每周次数少、每次时间长,如每周1次、每次150分钟,活动刺激的时间取决于研究者及研究对象是否能相互配合而定。而就历年活动刺激时间的变化来看,每周61~90分钟及91~120分钟有缓慢增加的趋势存在,而每周未满60分钟之研究逐年下降,显示近几年在园艺治疗活动刺激的时间以每周61~120分钟为主流。

研究显示接触自然景观相关的刺激后,随着时间的累积,对研究对象的生理心理效益也会逐渐上升[23],然而自然景观剂量与效益关系呈现倒U字形曲线,120分钟以内的效益与接触时间呈现正向关系,其中在61~80分钟后趋于平缓[24]。显示近年研究的活动时间符合最大效益,但在执行研究时仍需考虑到研究对象的体能与情绪状态，如过动症、生理疾病、老年人等，体力与耐心较一般人需视情况而做调整。

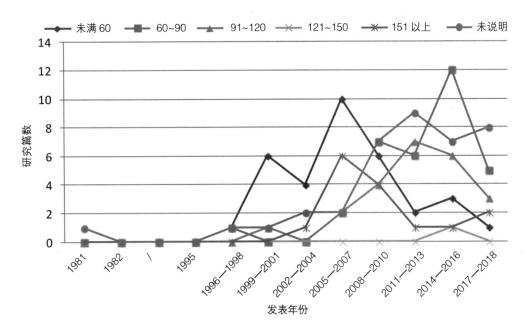

图5　历年参与活动时间发展

效益评估项目

自然景观效益主要分为以下四种不同的效益：

（1）认知效益（Intellectual）：学习新的技术与知识、增加词汇及沟通能力、感官知觉的刺激、增加观察力及注意力。

（2）情绪效益（Emotional）：改善心灵状态、增加自信心及自尊心、释放压力、促进对生命的期待与未来的好奇心、改善侵略性的行为。

（3）社交效益（Social）：提升社交技巧、增加与他人互动、主动问候。

（4）生理效益（Physical）：改善身体的协调能力及运动神经、增加体能。

从已有研究来看，以情绪为最常评估的效益；认知效益次之，以上两者皆属于心理层面，其余为社交及生理效益。情绪效益主要研究对象以老年人、生（心）理疾病为主，如老年人、糖尿病患者、失智症、唐氏症、脑中风患者、癌症患者及智、精障者[25-29]，老化与疾病都是目前最常发生或周遭最常遇见的，而这类对象所处的环境多为养护院及医院，加上身体退化及疾病缠身的关系，在心灵方面较脆弱，严重的话可能会影响自己与照护者的生活质量，不只耗费更多的医疗资源，对社会的负担也会造成威胁[30, 31]，因此追求心灵方面的平静与和谐，才能预防更多的事情发生。社交效益的发生与团体合作的相关活动伴随成长，通过团队分工、成果分享或其他活动，增加与他人互动的机会。生理效益参与的活动以户外郊游及室外植栽两种刺激活动为主，经过户外活动的训练后，多数的研究对象体能都有所成长，不只让身体更健康，还能对心灵健康有正面的影响。近几年研究探究各项效益的影响程度，所以运用较多种类的活动，早期研究为某特定效益，故活动类型较单纯（图6）。

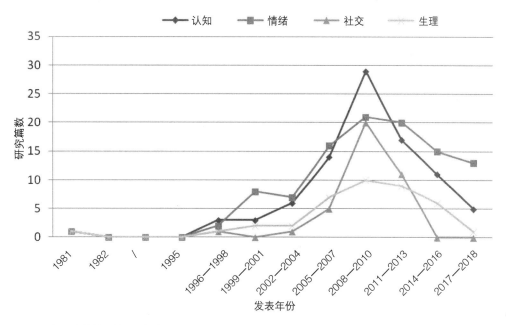

图6　历年研究效益评估项目的发展

另外，目前绝大多数自然景观效益研究仍为园艺治疗方面的相关研究，西方国家首先将园艺治疗运用在精神病患身上，并延伸到职能治疗，对伤残人士或退伍军人是很好的复健与职业训练，之后是儿童族群，近代才是老年人。而台湾反之，首先是运用在长照机构老年人的生活中，精神病患者是近五六年才开始大量研究，显示现代人压力过大，情绪失衡。台湾目前的园艺治疗发展着重在心因性的疾病，如精神分裂症、躁郁症、焦虑症等，与其他压力诱发的文明病相比，这些文明病跟随着并发症，极有可能会影响到他人的生活质量，或对社会造成负担，因此心因性的疾病反而更需要有相关的治疗介入。

研究团队已逐渐形成跨领域模式，成员中以造园景观及医护人员的搭配最为适宜，能形成互补作用，达到最佳效益，评估效益时，越来越多的研究请专业咨询师来访谈或诊断参与者的反应。自然景观相关活动类型会因参与者及研究方式而改变，但普遍而言，在室内就可以办理相关的活动，如园艺治疗的室内植栽、团体及工艺活动，接受各种感官刺激进而影响生（心）理状态、认知及行为，而且短期之内就可以看见其正面影响。就一般民众而言，2小时以内的自然接触剂量为最佳，但对象若为病患或特殊对象，考虑到体力与耐心，每次活动时间则须斟酌减量才不会适得其反。自然景观的相关活动行为对于改善生活质量的确有其明显效益，尤其是改善参与者情感效益。其次为认知与社交，在接触自然物的过程中，最主要影响的是心理状态，心情开朗积极，产生正面情绪后，再影响受测者的生理状态及行为，使人能够与他人交流、刺激积极向上、改善不良行为或减轻病症带来的痛苦。

台湾地区园艺治疗的风气渐盛，已有数家大学设有园艺治疗相关学分课程，医院及疗养院纷纷设立疗愈花园，台湾自2013年起成立"台湾园艺辅助治疗协会"后，开办系列认证课程与500小时的实习，目前已有数十位园艺治疗师，未来将有更专业的人才可以协助研究的进行，台湾地区农业资源丰富，具有先天的环境优势，发展潜力指日可待。

自然景观效益的相关研究自 2000 年后，绝大部分都以园艺治疗相关的研究为主，如同曾慈慧在 2002 年所提到，园艺系所毕业的专业者，因为不熟悉医疗环境常使用的活动与设备，也无法发展出可帮助病人的一套整体园艺活动，因此可以由提供园艺治疗课程开始，结合医护人员与园艺专业者，针对不同病患需求提供不同的园艺治疗服务课程。本研究也发现许多文献都建议园艺治疗师需兼具多重身份，不论其背景是园艺、管理学，或是医护及心理学专长等，因此在各级院校设立园艺治疗相关课程时，不应只是在园艺与医护相关科系的范围内开课，园艺治疗也很适合作为通识课程及小区大学课程。从日常的学生活动去引导人加入园艺治疗，参与相关社团，或是参考华盛顿大学的园丁计划，培训大专学生学习园艺，推广至小区，帮助弱势族群自力更生，并使各种不同领域的人都能接触到园艺治疗。

社会快速进步，工商发达，上班族工作压力大，且因责任制而工时长，过劳死的状况时有所闻；近年也常发生学生因课业压力大及自我要求过高，加上网络速成知识泛滥及观念偏差而造成霸凌等不当行为，目前这两个族群最需要园艺治疗舒缓压力，改善生活质量。另外，因为台湾人口老化严重，老人慢性疾病耗用了许多医疗资源，加上照护机构越来越多，更需要园艺治疗作为老人的休闲活动，这方面的研究需要持续进行。

自然景观的效益研究结果多注重于后续的回馈反应，对于什么样的活动类型或各种研究对象的效益曲线，台湾尚无太多的研究，多数量化的研究评估资料又以主观性为主，研究后的评估资料，若能在研究的同时做生理上的仪器测量，能加以佐证其研究论点。除了测量心跳速率、脑波等，也能将免疫球蛋白、唾液皮质醇浓度（cortisol）等作为生理效益的评估项目。接受仪器测量的研究都被机器位置受限，因此在比较各种景观类型时多以图片、影片播放的方式呈现，相关研究显示实际景观与照片相比，受测者还是有一定的影响效益的落差 [27]，未来若能突破仪器地域性的限制，更进一步于现地测量生理反应，将有更准确的客观数据呈现。

参考文献

[1] 翁佩怡，江彦政，张俊彦. 土地开发程度对自然度感受及生心理反应之影响 [J]. 造园景观学报，2011，17（1）：41-60.

[2] Solomon, M. R..Consumer behavior：buying, having, and being[M]. Upper Saddle River：Prentice Hall, 2002.

[3] 廖汝文. 视觉与嗅觉之关联性研究：以香水包装为例 [D]. 中坜：中原大学商业设计学系研究所，2006.

[4] Ulrich, R. S..Visual landscape and psychological well-being[J]. Landscape Research, 1979（26）：357-371.

[5] 张俊彦，万丽玲. 乡村与都市景观对心理反应影响之研究 [J]. 兴大园艺，1999，24（2）：95-108.

[6] 张俊彦，张蓉真. 小学校园景观对学童学习效益影响之研究 [J]. 中国园艺，1998，44（4）：479-489.

[7] 江彦政，何立智，翁佩怡，等. 餐厅外观风格与绿化程度对偏好与消费意图之影响 [J]. 建筑学报，2017（99）：79-95.

[8] 郭毓仁. 利用园艺活动促进果小学童知识及行为之研究 [J]. 台湾农学会报，2011，12（1）：18-26.

[9] 刘富文. 人与植物的关系 [J]. 科学农业，1999，47（1，2）：2-10.

[10] 郭毓仁. 治疗景观与园艺疗法 [M]. 台北市：詹氏书局，2005.

[11] 张俊彦，周孟慈. 园艺治疗相关研究与发展之探讨 [J]. 造园季刊，2004（52）：45-54.

[12] Relf（Hefley），P. D.. Horticulture：A therapeutic tool[J]. Journal of Rehabilitation, 1973（39）：27-29.

[13] 孙瑜成 . 园艺治疗在国中心智障碍学生之应用 [J]. 东华大学教育学院特教通讯, 2008（40）：36-41.

[14] Davis, S.. Development of the profession of horticultural therapy. In：Simson, S. and Straus. M.C.（eds.）, Horticulture as Therapy Principle and Practice, pp.3-20. New York：The Food Products Press, 1998.

[15] 曾慈慧, 毛慧芬, 凌德麟 . 园艺治疗在职能治疗中的应用 [J]. 科学农业, 2004, 52（7, 8）：198-211.

[16] 骆怡如 . 园艺治疗对提升挫折复原力之启示 [J]. 教育研究（高雄师大）, 2009（17）：101-114.

[17] 刘富文 . 人与植物的关系 [J]. 科学农业, 1999, 47（1, 2）：2-10.

[18] Ward Thompson, C..Linking landscape and health：The recurring theme[J]. Landscape and Urban Planning, 2011（99）：187-19.

[19] Chalker-Scott, L. and Collman S. J.. Washington State's Master Gardener Program：30 years of leadership in university-sponsored, volunteer-coordinated, sustainable community horticulture. Journal of Cleaner Production, 2006（14）：988-993.

[20] 张俊彦, 周孟慈 . 园艺治疗相关研究与发展之探讨 [J]. 造园季刊, 2004（52）：45-54.

[21] AHTA..The history and practice of horticultural therapy. Retrieve date on October 27, 2011, from http：//www.ahta.org/content.cfm?id=faq.

[22] Thrive.. Charity using gardening and horticulture to change the lives of disabled people. Retrieve date on October 28, 2011, from http：//www.thrive.org.uk/about-thrive.aspx.

[23] 张俊彦, 唐宜君 . 自然景观效益的剂量观点：以水景为例 [J]. 人文与社会科学简讯, 2015, 16（2）：97-104.

[24] 余筱翎 . 自然剂量与使用者心理效益关系之研究 [D]. 台北：国立台湾大学园艺学研究所, 2012.

[25] 陈筱筠 . 园艺治疗应用于老人身心健康改善之研究：以屏东县潮州镇孝爱仁爱之家为例 [D]. 屏东：屏东科技大学景观暨游憩管理研究所, 2008.

[26] 卢嬿羽, 郭毓仁 . 园艺治疗活动对糖尿病友心理效益之研究 [J]. 台湾农学会报, 2013, 14（6）：522-544.

[27] 翁佩怡, 张俊彦 . 环境景观生态结构对物种、用户自然度感受对其生心理反应影响之研究 [J]. 兴大园艺, 2003, 28（2）：101-109.

[28] 卢嬿羽 . 心理园艺治疗师团体对糖尿病患者心理健康的效益与应用 [J]. 中华民国糖尿病卫教学会会讯, 2016, 12（2）：19-25.

[29] 朱凯薇 . 一颗种子, 一个希望 园艺治疗活动在黎明教养院之个案研究 [D]. 花莲：慈济大学社会工作研究所, 2006.

[30] 张雅玲 . 应用 SF-36 情境量表分析脑中风住院患者接受园艺疗法之成效 [D]. 台中：中台科技大学健康产业管理研究所, 2012.

[31] 吴佳旻 . 园艺治疗对癌症患者生活质量之效益 [D]. 台北：国立台湾大学园艺学研究所, 2012.

2

第二部分

健康景观与不同场所

不同场所中的社区花园

[美] 丹尼尔·温特伯顿（Daniel Winterbottom）

美国社区花园的建设与管理

美国很多社区花园由公共用地上的小片花园组成，社区成员租用这些场地，在其中种植可食用植物、草药和花卉。过高的建筑密度使绝大部分城市居民难以拥有私人花园，因此这些经过组织的社区园艺项目在城市区域得到了蓬勃的发展。其中的部分项目由公共机构运营，例如，P-Patch 项目由西雅图社区管理部门负责监管，该项目包含分布于整个城市区域的 88 个花园。P-Patch 的租用者可在 15 英亩（约 6 万 m²）的土地上种植食物，同时还需要负责管理周边 19 英亩（约 7.7 万 m²）的公共区域 [1]。P-Patch 项目会收取适度的租金，同时也会提供技术和物质方面的帮助，管理这些花园的运营，监督新花园的建设 [2]。

纽约市的社区花园由绿拇指（Green Thumb）进行管理，它是一个与公园管理部门合作的非政府机构 [3]，同时还归其管理的有密歇根州的底特律市（Detroit，MI）和俄亥俄州的克里夫兰市（Cleveland OH）等许多城市。社区花园的建设最初并没有得到官方认可，有些花园存在时间不到一年，有些则一直坚持到获得城市的认可 [4]。20 世纪 60 至 70 年代，许多城市并不像如今这样繁荣，土地也还未寸土寸金，这些临时花园在城市中非常普遍，一群渴望改善社区环境的"园丁"们利用社区中的废弃土地，将它们变成绿洲。"社区"一词与花园的许多方面都有关联，照料花园已经不仅仅属于私人行为，而成为一种共享的社会活动。社区还制定了相关策略，共享并共同维护工具和设施，规定了可种植的植物种类以及各种养护管理方法，还要求采用有机园艺的方法，包括病虫害综合治理等。为了能够让更多的社区成员参与其中，许多花园都选择建立在社区周边。社区花园能够创造更深层次的社区凝聚力，同时使人们在共同耕作的过程中增加互动。

第一次和第二次世界大战期间，"胜利花园"运动（the Victory Gardening Movement）在美国和欧洲蓬勃发展，美国的社区花园由此产生（图 1）。这场爱国运动呼吁公民通过种植蔬菜和水果来对抗粮食短缺，因此公共用地被用于种植蔬菜和水果。英国份地花园是欧洲社区花园的前身，贵族将其一部分土地分配给穷苦的人民，让他们可以进行粮食生产。今天，份地花园和胜利花园以社区花园的形式延续下来。虽然如今粮食短缺问题已经得到了缓解，但花园所生产的新鲜食材仍能供应给社区中那些负担不起市场新鲜食物的人，并且还可以提供给那些为穷人发放食物的食品银行 [5]。

图 1 纽约布法罗（Buffalo N.Y.）的胜利花园是社区花园的先驱之一
图片来源：https://www.gardeningknowhow.com/edible/vegetables/vgen/how-to-grow-a-victory-garden.htm

不同功能和场所的社区花园

　　社区花园也是一个学习中心，能为社区和学校提供有关园艺、营养和健康方面的知识。许多花园也被用来组织各类公共活动，成为社区的中心。西雅图的因特湾社区花园（Interbay Community Garden）每月都会举办社区早餐活动，每季度还会举办薰衣草丰收节。园艺活动能促进人们的身体锻炼、认知锻炼以及社会交流，对老年人和残疾人有众多疗养效益，绿色的花园也是城市中各种动物和昆虫的栖息地。在城市中还有一些屋顶花园，例如华盛顿州西雅图市独特的 UP 花园位于一个运营中的停车库屋顶上（图 2）。

图 2　位于华盛顿州西雅图的 UP 花园坐落在一个停车场屋顶上，在城市环境中可用在土地面积不断减少的背景下，它代表了一种社区花园选址的新趋势

图 3　分隔带中的菜园显示出城市居民在小型边缘化空间中种植粮食的愿望

建在分隔带上的菜圃由附近的业主维护，它们可以像城市农场一样大，也可以像纽约布鲁克林的褐砂石房子前面可移动的花箱一样小（图3）。社区花园可帮助退伍军人缓解创伤后应激障碍的症状，在老年人中心可用于促进身体和心理健康（图4），在监狱中可用于减缓压力和传授职业技能，在精神病院中可用于减少焦虑和保持专注。随着人们逐渐意识到"适用于所有人"的设计原则，如今许多社区花园的设计者都在花园中设计了无障碍通道、方便轮椅使用者操作的悬挑种植台、符合美国残疾人保护法（ADA）的设施通道和符合人体工程学的工具，以增加社区花园的使用率，扩展其疗愈的潜力（图5、图6）。

图4　马萨诸塞州波士顿（Boston MA）的社区花园，为轮椅使用者提供了一个接触自然和增加社交活动的场所

图 4　马萨诸塞州波士顿（Boston MA）的社区花园，为轮椅使用者提供了一个接触自然和增加社交活动的场所（续）

图 5 利用花园促进身体康复，例如图中的人正学习使用新的假肢

图 6 残障人士利用符合人体工程学的工具参与园艺活动

社区花园也遍布于美国和欧洲的校园，其教育效益得到了广泛的认可，最成功的是户外教室，它为儿童提供了有关营养、科学、园艺和植物学方面的课程。近年来，社区花园还被用来作为对抗肥胖的一种策略（肥胖问题在一些贫困社区和城市中食物匮乏的地区尤为常见）。导致不良营养习惯的部分原因在于孩子们对新鲜食物缺少接触和认识，也没有途径去获得新鲜食物。在学校社区花园中，孩子们可以了解食物的循环过程，种植、收获、烹饪和健康的食用都在其中得到了演示和体验。人们希望通过对良好饮食习惯的认识来改变那些营养不均衡的人的习惯，从而改善他们的健康状况。

监狱中的社区花园可供囚犯消磨时间、种植食物和花卉，以增加他们常识性的认知；囚犯还可以学习基本的园艺技能，同时通过接触植物和自然来培养责任感和管理能力。花园是一个低压力的环境，可以锻炼和提升人们在照料、耐心和专注方面的能力。当人们远离那些促使他们做出冲动决定的危险环境后，就有可能会发现改变人生道路的机会。

退伍军人医院中的社区花园是一个安全而封闭的户外环境，专门用于进行康复活动。花园也是一个庇护所，一个像家一样的地方，病人可以与朋友和家人一同游玩。当他们观赏花园中的自然生物并尝试种植植物时，身心就会变得放松，对某件事情的精力也会变得专注。很多退伍老兵都在与创伤后应激障碍做斗争，他们身体上和心理上的创伤都需要得到治愈。然而他们发现，专注于园艺工作能给他们带来价值感，并使他们远离消极情绪。花园能够缓解他们感受到的威胁，这会减少他们的焦虑，消除他们在人际交往中的猜疑，并帮助他们重获健康。许多退伍军人在农民家庭中长大，照顾植物是他们童年生活的一部分，因此照料花园能让他们再次回想起自己的童年，让他们感受到生命的延续，并重新找回曾经失去的意志。此外，在花园里并肩工作还可以鼓励他们与其他退伍军人建立社交关系，当面对疾病时，互相信任的友谊可以使他们获得别人的支持。

使用社区花园可以帮助患有情感、认知和发育障碍的儿童和成年人建立自信自尊，提高自我效能。花园能提供丰富的感官体验，在那里进行户外学习有助于他们集中注意力并激发他们的好奇心。简单的园艺活动，如种植幼苗、与他人合作以及浇水和照料植物等重复性的工作，能为参与者带来许多好处，例如可以锻炼并增强精细运动技能和大肌肉运动技能、计划能力、社交和协作能力，以及提升个人责任感。对于一些没有耐性的人，见证花园中植物逐渐生长的过程能够培养他们的耐性；对于那些有社交障碍的人，在种植和采摘蔬菜水果的合作过程中，可以学习如何协商和分享，从而培养宝贵的协作能力 [6]。同时，从园艺活动中所获得的这些职业技能和社交技能，使他们具备了从事低水平工作的能力，还能使他们更容易学习其他职业技能（图7）。

对于许多难民和移民来说，社区花园是一个能够让他们种植家乡植物且每日耕耘的地方，能够帮助他们唤醒那些渗透在特有的形态、气味和味道里的记忆。父母也可以与孩子们分享种植和草药的知识。同时，在新环境中营造具有熟悉感的场所可以让难民们获得一种安稳与成就感。在花园里，他们可以与那些面对相似困境、在祖国经历创伤后寻求庇护的人进行交流，共同种植和收获，并衍生出一段友谊，给予彼此支持。此外，社区组织者还可以在相关网站上介绍这些参与者，并为他们提供就业、教育和咨询方面的支持。对于那些感到不知所措、孤立无援的人来说，似乎很难从传统的政府机构寻求帮助，以及去学习如何在新环境中站稳脚跟。相反，花园对他们而言是一个友好的场所，在那里他们可以保留一些自己的文化（图8、图9）。

图 7　孩子们与管理人员一起在种植台上种植幼苗。这些种植台属于社区花园管理，孩子们在此过程中学习照料植物的程序和方式

图 8　纽约市一位波多黎各园丁种植的葫芦。葫芦晒干后可用于制作传统乐器，这将社区与传统重新联系起来

图 9　南布朗克斯区（South Bronx）的青少年被带到社区花园，这被作为他们学前课程的一部分。在这里他们会了解营养、园艺和栖息地的重要性，并且与植物接触对幼龄儿童具有潜移默化的益处

社区花园设计要点

在规划社区花园时，设计师和社区组织者将一起确定项目的目标。主要的设计目标是种植并收获蔬菜、水果和草药，确保园艺活动的安全性，以及所有人都可以使用花园。了解使用者的需求非常重要，使用者的年龄和能力可能各不相同，通过不同的设施满足不同的需求，不仅可以鼓励他们进行园艺活动，还可以促进学习和社交活动。必须强调的是，通用设计应该作为社区花园设计的指导原则，对于残障人士，不应只划定花园的"一部分"供他们使用，而是应该通过设计将他们的活动融入所有能在社区花园中进行的社交、农业和教育活动当中。

花园的选址

花园的理想选址是相对平坦的场地，入口连接着无障碍人行道、停车场和公共交通站。入口附近可以设置一些种植床，供那些残疾人和老人使用，也能让附近人行道上的行人经过时，感觉到这个花园是一个安全舒适的地方。

设施的布置

座椅可以放置于树荫下，场地中现存的树木都有可能营造出休憩的场所；现有的墙壁和围栏也可用作支撑垂直植栽的棚架；共享设施要让每个人都能使用；浇灌种植台需要水龙头和软管，因此工具棚、工作台和堆肥区可以设置在中心位置；可移动的座椅可以在举办聚会时利于座位的灵活安排；

图 10　一张新的种植台上，轮椅上的老人在种植一年生植物。通过共同参与可以增加社交联系

沿路的长椅可以作为休息点，当其安置于藤架下时，藤架既可以提供遮阴，又可以作为攀缘植物的支撑，摇椅轻缓的摆动能让人感到身心的放松；大型有盖顶的聚会区为社区提供了一个全年都可以进行庆祝的遮蔽场所；坡道的设置可以确保轮椅使用者进入不同的活动区域（图10）。

花园中的道路

花园中所有的共享部分，包括种植床、工具棚、水源、堆肥箱、温室和社区社交空间，都应配备适合轮椅通行的通道。通行单个轮椅，路径至少为3英尺（约0.9m）宽；通行轮椅和行人，路径应至少为5英尺（约1.5m）宽。能满足轮椅通行的道路铺装材料为混凝土、坚硬的石材、砖、混凝土砖或1/4英寸（0.5mm）砾石压实，以形成较为坚硬的表面。路面最小排水坡度为1%~2%，对于使用拐杖、助行器或者轮椅的人来说，坡度低于5%行走较为轻松，5%~8%的坡度行走费力，需要设置扶手。所有主要通道都需要设置扶手，以辅助那些有平衡障碍或其他运动障碍的人使用。在靠近入口处为需要扶手的人设置种植台，扶手不需要沿着所有的花园道路延伸，但是它们需要能够引导人们走向共享设施。

长时间站立会对背部和关节造成压力，因此，种植床周围的铺装应该尽可能是弹性材料。这就对设计师提出了挑战，因为道路必须是坚固且可通行的，但相比硬质路面，橡胶路面能提供更多的缓冲，并且也符合《美国残疾人法》的要求。铺砂、混凝土、石材或砖块比现浇混凝土或用砂浆砌筑的混凝土板要好，木材比混凝土更具弹性，但暴露在有土壤、水分和昆虫的环境中时，使用寿命较短。有机覆盖物通常被用作社区花园的道路表层，但这种道路不便于轮椅使用者和行人通行，因此要避免在其使用的道路上运用这种材料。

园艺种植床

种植床应设计成不同的高度，使不同能力和年龄的人群都能参与园艺活动。方便人们蹲着的种植台应高12~18英寸（约30~45cm），方便人们站着的种植台、儿童专用的应高24英寸（约60cm），成人专用的应高30~36英寸（约76~90cm）。种植台的最佳宽度是24英寸（约60cm），因此其总宽度不应大于4英尺（约120mm）。在设计过程中，不应该假设所有轮椅使用者都可以侧身耕作，因为许多瘫痪或背部受伤的人可能无法做到或维持这个姿势，而悬挑式种植台允许轮椅使用者将脚放在种植台下方，这样他们就可以直接面向种植台。当然，最佳的做法是将悬挑式种植台与传统种植台相结合，这样站立的人和使用轮椅的人就可以一起进行园艺活动（图11）。这种方法更具包容性，有利于更广泛的社会交流。同时，种植台的立面和水平面都应该留有空间悬挂或放置工具。排水孔应设计在种植台的底部，以便排水，因为精心挑选的植物可以在悬挑式种植土浅层土壤中苗壮成长，但它们依然需要时常浇水。此外，轮椅的类型和尺寸决定了种植台最合适的尺寸，这应该由轮椅使用者亲自进行测试。

图 11　专门为轮椅使用者设计的种植床，他们中有一些人不能在轮椅上转动身体，另一些人坐着扭转身体会感到痛苦或者是对其身体有害

种植台可以用多种材料制作，但每种材料都有其固有的优点和缺点。木材是一种常用的材料，在美国，常用的种植台尺寸是 4 英寸 ×4 英寸（约 10cm×10cm）、6 英寸 ×6 英寸（约 15cm×15cm）或 8 英寸 ×8 英寸（约 20cm×20cm）。木材的优点是触感相对柔和、不吸收热量，建造技术比较简单，所以它们可以由经过培训的志愿者来建造。高度是由所选工具模块的尺寸决定的，但也可以经过加工切割成更准确的尺寸以获得想要的高度。然而木材的缺点是其耐用性较低。大多数未经处理的木材只能使用 10~12 年，也有一些木材，例如杜松，具有天然的防腐性，能拥有更长的使用寿命。以前经过处理的木材含有砷，它是一种已知的致癌物质，现在在美国大部分地区已经禁用。铜铬砷（CCA）防腐木以铜作为主要成分，而铜对植物也有危害。

钢化的种植台越来越受到风景园林师的青睐。钢材具有高强厚度比，种植台的壁厚更薄，使用时更加方便。但是钢结构需要焊接，所以钢化种植台可能需要由制造商来制造。然而它的缺点是钢材传导冷热。因此天气炎热时，钢材表面可以用非导热材料（如木材）覆盖，以保证使用者的舒适。钢材可以涂漆或覆盖粉末涂层，粉末涂料非常耐用但价格昂贵。无论采用何种涂层方式，浅色是最佳选择，因为可以反射太阳光并减少热量吸收，提供温度舒适的使用体验。

社区花园中的种植台还常用烧结砖作为建造材料。当砖块平行砌筑时，墙壁会非常薄且不太坚固，所以其高度不应超过 18 英寸（约 45cm）。当砖块垂直砌筑时，墙壁更厚且更坚固，其高度可达到 32~36 英寸（约 80~90cm）。经烈火烧制的新砖会更加坚硬，且使用寿命更长。再生砖通常是温火烧制的，浸水后冬天易冻裂，且抗冲击性较差。然而铺砌砖块需要一定的技术，但通过适当训练，志愿者也可以做好这份工作。

干砌石具有较长的寿命，但是它比砖块更宽且更不规则，可能导致行动有困难的人难以接近种植区域。干砌石依靠石头的自重来保证稳定性，需要采取错缝堆砌使石头接缝紧密形成一个水平面，这种技术需要经过专业训练。但使用干砌石精心堆砌的景墙使用寿命很长，因此将会成为花园中一处赏心悦目的风景。

干铺预制混凝土砌块墙也是一种可以制作种植台的材料，砌块高度在 6~30 英寸（约 15~76cm）之间，12~14 英寸（约 30~35cm）是较为常用的尺寸。在干燥的砾石基础上砌筑砌块，操作较为简单，适合建筑志愿者建造。由于缝隙可以渗水，干铺预制混凝土砌块墙往往是自排水。

另外，混凝土空心砖（CMU）在美国的尺寸为 8 英寸 ×8 英寸 ×16 英寸（约 20cm×20cm×40cm），这种尺寸非常适合较为精准的铺设方式，能够建造出非常规整的种植台。混凝土空心砖不是很美观，但可以通过水泥抹灰并涂上油漆来改善其外观。然而它们需要铺设在扩底基础上，比组装木材或钢化种植台更费力。混凝土空心砖的顶层通常采用木材、预制或现浇混凝土加盖，以形成种植台的工作面，现浇的种植台很少用在社区花园，因为它们需要组装浇铸模板，造价昂贵并且建造起来需要更多的专业知识，但现浇混凝土可以使用很长时间，表面也可以涂漆或雕刻。

"Cob"是黏土、泥土和稻草的混合物，它是一种绿色产品，可以用作雕刻艺术品。壁厚可以薄至 4~6 英寸（约 10~15cm）。"Cob"建造技术很容易学习，非常适合志愿者建造。最佳做法是先铺设石砌或再生混凝土基础，再用现成的土块在地面上筑高，这样可延长其使用寿命。

对于那些因疾病或药物而对阳光高度敏感的人，遮阴必不可少，因此在设计过程中应该在阴凉处设置无障碍种植台，供那些需要尽量避免阳光直射的人使用。座椅应该满足不同使用者的需求，并且应该靠近无障碍种植床和道路两侧，方便那些有心脏或呼吸系统疾病的人，以及那些容易疲惫、在园艺活动过程中经常需要休息的人使用，同时还应该设置在阴凉的地方，如树下或棚架下。此外，还应尽可能在花园内为人们提供饮用水。

社区花园案例研究

位于西雅图的普吉特海湾退伍军人管理局的费舍尔住宅（Fisher House）是一个为需要医疗护理的退伍军人及其家庭而设的护理院。来自美国西北部及其他地区的家庭可以选择在这里接受 1 个月至 1 年半的治疗。花园的设计旨在提供一个舒适的环境，并为人们提供进行园艺活动的机会。居民可使用种植床来种植蔬菜和草药，种植台的高度为 12~30 英寸（约 30~76cm）不等，以适应不同能力和年龄的人的使用需求（图 12）。悬挑式种植台与传统的种植台相结合，使坐轮椅的人可以与其家庭成员或费舍尔住宅的其他宾客一起进行园艺活动。这些使用者可以在厨房里烹饪农产品，还可以一起做饭和聚餐，整个过程也能够让他们回想起自己的家和庭园。

图 12　社区花园中有不同高度的种植台，便于不同人群使用

该花园中种植台由不含化学防腐剂的杜松木材制成，种植台周围区域铺有浅黄色预制混凝土铺地，可供轮椅通行。园艺区周围有丰富的食用植物，包括蓝莓灌木丛、草莓，还有流水景观。工作台可以让每个人进行分类和清理、育种、移栽幼苗，以及其他季节性活动。同时，种植台还采用向下照明灯装饰路径，并创造一个视觉焦点，因为种植园也是一个通往费舍尔住宅周围治疗花园的入口。此外，这些种植台全年都可以使用，可轮作秋季、冬季、春季和夏季的植物。整个花园由一个名为费舍尔住宅之友（he Friends of the Fisher House）的志愿者组织维护（图 13、图 14）。

图 13　双杠整合到花园中，可供物理治疗师治疗病人

图 14　垂直绿化可用于身体和认知康复。蔬菜的种类、水果颜色和高度的变化都会吸引使用者

菲尔克瑞斯特学校（Fircrest School）是为大约"200名智障和发育障碍人士提供住宿服务"的学校[7]。该学校于1959年开放，由华盛顿州社会卫生服务部管理，现在采用以人为中心的照护模式。在2008年这里决定接收年轻人时，州法律要求在校园内住宅单元附近建立一个户外娱乐空间。菲尔克瑞斯特之友（Friends of Fircrest）和华盛顿大学采用了参与式设计的方式，让公众参与设计这个社区花园，参与者包括学生父母、学校的工作人员和管理人员。他们总结得出，积极的园艺活动将有利于提高社交技能，促进体育锻炼，激发认知推理，以及提供能够维持学生兴趣和关注的参与性活动。设计方案包括欢快的游乐区域、物理康复设施、感官路径，以及每栋住宅都配备的能够让学生进行种植活动的桌式种植台，花园内大多数植物都是可食用植物，工作台和工具棚可用以培育幼苗、收获和清洁农产品。花园特地设计得比较小，以适应学生的活动能力，还能够确保种植床能够一直种有植物并得到维护，而又不会使工作人员和学生负担过重。整个过程中工作人员与参与者密切合作，他们在协助学生和享受自然的过程中也能获得一种平静和满足，然而工作人员承担着巨大的责任，必须时刻关注被监护人的安全，因此在种植过程中减缓压力是他们幸福感的重要来源。当然，学生也很喜欢种植和采摘，许多人都喜欢他们自己耕种的南瓜和西红柿等作物。在夏季，许多人会在晚餐后回到花园里休息，并且观察鸟类、昆虫和鲜花，享受自然景物。

参考文献

[1]　Andrés Mantilla.Seattle Department of Neighborhoods[EB/OL].[2019-12-31].http：//www.seattle.gov/neighborhoods/programs-and-services/p-patch-community-gardening/about-the-p-patch-program.

[2]　Hou，Jeffrey Johnson，Julie M. Lawson，etc. Greening cities，growing communities[J]. 2009.

[3]　NYC Parks.GreenThumb[EB/OL].[2019-12-31].http：//www.greenthumbnyc.org/about.html.

[4]　StoryLenz.Cleveland Growing Strong 2016[EB/OL].[2019-12-16].http：//www.clevelandgrowingstrong.com/history.

[5]　Laura J. Lawson. City bountiful：a century of community gardening in America[J].Univ of California Pr，2005.

[6]　Elizabeth Peters.Community Gardening[J].Brooklyn Botanical Garden，2005.

[7]　Children's Administration[EB/OL].[2019-12-08].https：//www.dshs.wa.gov/dda/consumers-and-families/fircrest-residential-habilitation-cent.

医疗环境的康复花园

[美] 克莱尔·库珀·马库斯（Clare Cooper Marcus）

在医院里建造花园历史悠久的传统，最早可以追溯到欧洲中世纪修道院的疗养花园、19 世纪的精神病院以及受弗洛伦斯·南丁格尔（Florence Nightingale）启发而建的楼阁式医院里的花园 [1]。然而，随着高层建造技术的发展以及人们对医疗效率和汽车出行的需求，现存的户外空间逐渐被侵占，到 20 世纪，建造新的花园便被视为奢侈而非必要的存在。

压力缓解理论

1984 年，罗杰·乌尔里希（Roger Ulrich）发表论文《窗外的景色可能会影响术后恢复》（View Through a Window may Influence Recovery from Surgery）[2]，成为研究史上一个极具影响的转折点。乌尔里希通过观察胆囊手术病人术后恢复的医疗档案发现，比起病房窗外面向砖墙的病人，窗外面向绿荫的病人使用强镇痛药的剂量更少，呼叫护士的频率更低，而且更早康复出院 [2]。随后，乌尔里希和其他学者进行了进一步的研究，并通过监测血压、心率和唾液中皮质醇（压力荷尔蒙）的含量来衡量实验中的压力水平变化，结果表明，跟上述一样，当人在遭受压力后与自然景色接触，即使只有 5 到 10 分钟也可以缓解压力，减少疼痛感并增强免疫系统。

这引起了医学界的关注。乌尔里希早前在美国《Science》杂志上发表过的研究，采取医学界常用的实证方法证明了自然景观对人的健康具有显著影响。更重要的是，他建立了一套应用自然的商业模式，将所有促进健康的成效，即住院时长、镇痛剂的使用剂量和护理人员的负担等都转化为可以量化的成本。至少有两项研究表明，待在没有窗户的空间不利于病人的健康。住在无窗重症监护病房的病人，其产生精神错乱或幻觉的几率大概是正常情况下的两倍 [3, 4]。

从 20 世纪 90 年代中期开始，美国的医院开始崇尚以病人为中心的设计理念，不再突出医院的氛围，而是将室内打造成更加舒适的场所，配有充足的花园空间，并且强调病房对于周边自然景色的可视性设计。

医院花园的使用后评价

随着医院花园的发展，关于这些花园的使用及其作用的研究也开始出现，这些研究主要是在美国。1994 年，一项对美国旧金山湾区四个医院花园的研究表明，与设想不同，花园的使用者主要是医院的职员，而病人和探访者却占比很小 [5]。当问及使用者身处这些花园的感受时，他们反馈更加平静、放松且更有精力。总之，除了 5% 的人没有做出反馈，其他人都表示花园对于使用者的情绪具有积极作用。

当问及花园的哪些要素改善了他们的情绪，受访者提到了绿色植物，同样重要的还有花香和草坪修剪后的气味、鸟鸣、瀑布的声音，以及可以独处或者和好友交流的小空间。有些职员激动地强调花园的重要性："在重症监护病房工作时，就像待在地狱……当坐在阳光底下时，我似乎得到了治愈；""我像摩尔人一样在地下室的放射科工作，如果没有一个花园让我可以出来走走，去感受阳光、新鲜空气、鸟儿歌唱、绿树成荫……我想我可能会疯掉！" [5] 这些花园主要用于放松、吃东西、聊天、穿行、闲逛以及等待朋友，超过一半人提到了一些康复性活动，比如祈祷、冥想或者小憩。

这类研究调查被称作使用状况评价（POE），已经在不同的医院实施。几乎每一个案例中，花园主要的使用者都是职员。他们整日待在医院且工作压力大，花园便成为小憩片刻以逃离压力的重要场所。使用这些花园的病人较少，他们没有反馈户外空间对缓解压力的影响，可能因为有些病人病情严重无法外出，也可能因为美国医疗保险制度要确保人们进出医院的时长尽可能短。对于探访者来说，花园会是一个重要的场所。他们不仅可以和住院病人在这个私密场所见面，当朋友或家人正在进行治疗时，他们也可以处在轻松的环境中等待。

图 1　奥尔森家庭花园

使用状况评价的结果表明，花园设计的成败常在于设计的细节。例如，伊利诺伊州内伯维尔市的爱德华心脏医院（Edward Heart Hospital）花园里有许多长椅，人们可以在那里坐、休憩或者吃午饭等。但是这些黑色钢化座椅给人一种工业感，在伊利诺伊州的夏天它们被晒得很烫，总体只有 5% 的长椅被使用[6]。事实上，这些未被使用的椅子都暴露在众人的视野中，而一直被使用的长椅则是处于半私密位置、适当围合以迷人的植物，以及视线能看见瀑布的地方。由此可见，康复花园的设计常常忽视了私密性和半私密性的空间。

另一些会被忽视的事情是，需要告知潜在的使用者这个花园的可使用性，并要确保花园具有吸引力。芝加哥郊区的一个儿童医院里没有任何标识引导人们通向花园，医院的地图上也没有花园的信息。除此之外，花园里缺乏吸引儿童的元素，因此很少有儿童使用[6]。相比之下，圣路易斯儿童医院（St Louis Children's Hospital）美丽的且面向儿童的屋顶花园则会出现在为病人而写的文学作品中和医院病房里电视播放的广告中（图 1），因此 80% 的家庭和护理者都知道这个花园，探访者们、儿童患者、病人的兄弟姐妹以及职工都会来这里[7]。

医院花园的设计导则

随着关于已建成花园的研究越来越多，我们可以总结出一些设计方法，使得花园在压力减少和康复效果方面取得成功。乌尔里希在他的"康复花园设计理论"（Theory of Healing Garden Design）中建议康复花园应有以下积极效益：促进锻炼、控制感、社会支持和亲近自然[8]。调查显示，这些因素可以缓解压力、改善情绪、增强免疫系统，甚至在有些情况下可以减轻疼痛。需要强调的是，康复花园不可能治愈癌症或者治好一条骨折的腿，在这个意义上把它称为"疗养花园"（Restorative）和"疗愈花园"（Therapeutic）可能更为贴切，但至少在美国，"康复花园"（Healing Garden）是目前被广泛使用的术语。

锻炼：众所周知，锻炼能带来健康效益。一个花园如果能吸引人探索，那么就会鼓励人们进行运动锻炼，因为人们会探寻下一个转弯会出现什么，或者顺着可见目的地去寻路。一些现代医院的花园很小，便在建筑设施周围标出步行道路，以此扩充运动空间（如爱丁堡皇家疗养院）。

控制感：病人住院不同于居家，医院规定了他们的穿着、饮食、检查时间、噪声等级和温度等，这些都会成为除了手术和病痛之外的压力来源。身处花园可以暂时逃离这些压力，不知不觉地重获控制感，尤其是当人们拥有许多选择权，可以选择走哪里、坐哪里、看什么等。对职工来说，只要在花园里将椅子移进私密空间来获得短暂的独处时光，就能觉得自己重新拥有了控制感。

社会支持：许多研究表明患者的社会支持度越高，他们从疾病或手术中恢复的成功率越大。乌尔里希说道："……像吸烟一样，低社会支持度是导致死亡的重要因素。"[9]这一认识使很多医院延长探访时长，并设计方便家属过夜的病房。同样的，花园有利于促进社会支持，尤其是当病人可以很方便地走进花园，享受许多半私密的空间以及可移动家具的时候。如此，病人就可以与家属或护理人员在病房外舒适地相处（图 2）。

图 2 俄勒冈烧伤病人康复花园

亲近自然：亲近自然对康复具有重要性的观点已经不足为奇。基于所谓的"道德治疗"原则，19 世纪的精神病院在其周围开拓了广阔的场地。在自然环境中进行户外锻炼，在观赏花园中进行娱乐消遣，以及在农场和花园中工作，都有助于精神病患者的康复[1]。20 世纪后期以来，在急症监护区、临终关怀中心、老年中心和精神病中心里建设花园已经逐渐成为美国的设计标准。

一个花园要想具有缓解压力和康复的作用，它必须以绿色为主。经验证明绿色草木与硬质铺装的比例为 7：3 最适宜，如果可能的话，植物最好有多种感官的吸引力（嗅觉、触觉、听觉、味觉），并且能供四季观赏。可以通过对各种植物材料的颜色搭配、层次和高度的设计等吸引人们的兴趣。水也是自然的一部分，古代人们就认为水具有净化和治愈的功能。凝视平静的水面或波光粼粼的流水，倾听水流动的声音，能够得到心灵的抚慰。同时，野生动物也会被水吸引，它们让病人和失去亲人的人们意识到生命永不停息。

除了乌尔里希提出的四个基本要求以外，康复花园还有一些很重要的设计原则。花园应该方便人们进入，并且要有一定的存在感。在评估了得克萨斯五个儿童医院的花园后发现，由于繁忙的日程，探访者和职员们很难有机会游赏花园[10]，那些距离室内生活环境很近的地方，便成为人们经常去的场所。康复花园应尽量选择安静的环境，远离汽车噪声、空调机组以及其他干扰物，让人在心理和生理上感到舒适，为个人和小群体提供一些私密场所。花园内的装饰元素应该符合当地的文化并为使用者所熟识。有些人可能会认为，基于研究调查或者最佳实践经验的设计原则会限制园林设计师的创造力，但这种说法并没有在实践中得到证实，遵循基本原则所设计的康复花园仍然能呈现出各种各样的空间环境。

在 21 世纪，越来越多针对不同患者的花园层出不穷，比如针对癌症患者、烧伤患者以及不同类型痴呆症患者的花园。所有这些患者都有额外的需求。比如，正在接受治疗的癌症患者需要有充足遮阴和没有浓烈植物气味的环境，老年痴呆症和其他类型的痴呆患者则需要单一的花园入口、简单的线路规划、无毒的植物等。

如今，医疗保健机构外墙的立体绿化越来越多，这比建造和维持一个有活力的花园花费更少。"……有些研究表明这是一个逐步改善的结果，从几张有关自然的静止照片开始（与都市景观照片、抽象景观照片和无照片相对比），然后到会动的影像，再到真实的自然景观，最后被动或主动地进入真实的大自然当中"[11]。与只看自然风景的照片不同，自然的康复效益一部分来自于我们在户外体验时的各种感受[12]。

相比于医院室内环境，花园的重大意义在于更大的自由和更广阔的自然，很多现代医院的例子都证实了这点。澳大利亚墨尔本市重建的皇家儿童医院（Royal Children's Hospital）特意面向一个大型公园；新加坡的邱德拔医院（Khoo Teck Puat Hospital）被认为是"花园里的医院"，其设计旨在减少碳排放，有着大面积的露台和屋顶花园；利物浦的阿德尔赫儿童医院（Alder Hey Children's Hospital）则以毗邻的公园为借景，并在建筑物的两翼之间建造花园。

为医院职工而建的花园

乌尔里奇与其同事的研究方向主要是花园对压力的缓解作用，而史蒂芬（Stephen）、雷切尔·开普兰（Rachel Kaplan）等人则提出了注意力恢复理论[13]。这一理论认为，那些需要集中注意力的刺激物和任务会导致精神疲劳，如医院工作人员经常经历的那种长期精神疲劳会导致无法集中精神，并增加出错的可能性。研究显示，在一些环境中能有效促进精神疲劳的恢复，如自然环境。因此，对于医疗景观而言，为职工营造花园尤为重要。一些研究指出，观赏自然景观和接触花园的体验能明显减轻职工的工作压力，并且提高他们的警觉性和效率[14, 15]。

2000 年，美国医学研究所（现在的健康与医学部）公布的一组惊人数据显示，每年有 98000 例由于医疗过失而导致的院内死亡。然而，最近越来越多的报道说这个数据可能更高。2013 年《病患安全》（Patient Safety）杂志上发表的一篇文章指出，"对四项研究使用了加权平均法，医院里每年至少有 21 万例死亡与可避免的伤害有关"[16]。

护士处于医院护理工作的前线，他们可能因噪声、照明不佳、长时间工作、疲劳和缺乏接触自然而感到巨大的压力[15]。在很多国家，医院面临着员工短缺、高人事变更率以及员工对职业不满意等严重问题。尽管这通常与医院长时间轮班和短暂休息的政策问题相关，但工作环境的设计也能对职业满意度起到一定积极或消极的影响。

最近一项调查揭示了环境设计如休息区的位置和设计、通往户外的通道与改善压力、工作满意度和护理病患能力之间的关系[17]。一项对护士的线上调查显示：大部分人对自己的压力水平评估为

7/10 分甚至更高；休息室通常很小，并且不能通向室外，只有 40% 的休息室有窗户，且大多数只能看到建筑、标识和道路；人们对天空、树木、花卉和水景有着强烈的偏好。参与调查者指出，医院的设计往往更注重患者及其家属的空间，而忽视工作人员的空间。

一份摘要如下："……如果一个员工休息区更接近护士工作区，有远离患者和家属的完全私密的空间能提供独处以及与同事交流的机会，那么它更容易被人们使用。相比于窗外景色、艺术品或室内植物，房间有通向私密户外空间的通道（如阳台或走廊）更有利于注意力的恢复。"[17] 若花园靠近护士工作或休憩的区域，护士们就会成为那个花园的主要使用者。但如果这个花园很远，就很少有人去，因为他们吃饭的时间平均只有 28 分钟。

图3　研究表明了员工的特殊需求

舒适的家具（"能让我把脚搭在上面"）[16]、阴凉和丰富的自然景观是舒适的职员户外空间所需的三项内容 [16]。私密场所之所以对于员工来说至关重要，一是由于人们需要独处来减压；二是由于员工需要社交以及和其他职工交流病人信息（图3）。自从医院的建筑设计趋向于分散护理活动，医院的员工便感到更加孤立。私人休息空间提供了交换病人护理信息的机会，而这以前是在护士中心站进行的。

休息室通往花园的通道很重要，而工作区中有面向自然的视野也同样具有明显的减压作用。2001年，美国一项针对 4826 个护士的调查显示，超过七成的人说压力是他们三大忧虑之一 [18]。员工压力本身是一个相当大的负担，它还会给病人护理带来不利的影响[19]。有一项研究收集了两家亚特兰大医院32位注册护士在轮班12小时前后的急性应激、慢性应激和警觉性的数据[15]。在控制环境（如噪声、照明）、压力源和工作负荷的情况下，研究表明在警觉性不变或者提高的护士中，有近60%的人接触外部的自然景观；而在那些警觉性下降的护士中，有67%的人没有看到任何景色或接触的是非自然景观（如建筑物、街道等）。该项研究总结："视觉缓解可以对护理者产生积极影响，它可以提高人的警觉性，并使人在紧张的日常工作环境中集中注意力。从长远来看，它可能会提高员工的工作满意度和留职率，从而降低运营成本。"[15]

一项在得克萨斯某医院进行的研究询问了护士最近如何使用现有庭园，以及他们对重新设计庭园的建议[20]。庭院是一个被三层或四层的建筑包围的长方形空间，现有空间是建筑扩建后留下的，使用率很低，主要作为建筑物之间的通行，以及短暂休息和打电话的地方。尽管大部分人认为户外活动能够降低压力，这个空间也很接近肿瘤科和急诊科，能够让护士们进行必要的短暂休息，但仍然很少有人使用这个庭院。主要原因可能是它显得荒凉，混凝土家具使用体验不佳，没有树荫以及周围窗户所造成的"鱼缸效应"。对于一些人而言，他们一天中唯一的外出经历就是从停车场来回。

关于重新设计这个空间，设计者放弃了将其作为户外烧烤和音乐会的社区空间，而是选择满足护士对隐私场所的强烈需求。对护士来说，相比于以混凝土为主的环境现状，这个场地应该充满绿色，它应该提供多个半私密的小空间，以便于他们在此独处并摆脱工作环境的压力。从此调查及相关研究中可以清楚地看到，减轻压力最需要的是与现有环境形成鲜明对比。与医院里直线性、人造材料和卫生的环境不同，花园中应有柔软的路面、芳香的植物、多样的铺装纹理和斑驳的树影。

医院花园建造的障碍

自然景观和花园在医疗保健方面越来越被人们重视，那么在它们的建设和使用中会存在什么阻碍呢？

（1）**成本**：尽管建造花园的成本与新建或翻修医院建筑的成本相比微不足道，但有时也会被看作是一种"不必要的舒适设施"而从预算中剔除。由于涉及许多变量，很难通过成本效益分析来证明一个花园的价值。许多美国康复花园是由慈善机构资助。在英国，慈善机构也是疗愈花园主要的资金来源，包括埃维莉娜儿童医院（Evelina Children's Hospital）和美琪中心（Maggie's Centres）等康复机构。

（2）**场地紧缺**：19世纪的精神病院和疗养院所拥有的开阔景观，除了少数精神病医院以外，在今天医疗机构中是很少见的。许多康复花园位于庭院、屋顶花园或露台，这就要求建筑设计师与风景园林师紧密合作。当医院设置在人口密集的城市环境中时，如何为使用者提供面向自然的视野就成为一种挑战。以癌症门诊新泽西州蛋港镇大西洋护理肿瘤研究所（Atlanti Care Oncology Institute）为例，这个40000平方英尺（约3720m²）的癌症中心几乎被停车场所包围。敏锐的设计师们观察到室外有一片松树林，这可能是该场地与自然唯一的联系。设计师通过打造一个绿色阳台来遮挡车道，并使化疗输液站的景观视野朝向松树林[21]。如何在密集的城市地区中接触自然？另一解决方式是在建筑物内创造一个室内花园。波士顿马萨诸塞州的达纳法伯癌症研究所（Dana-Farber Cancer Institute）成功地做到了这一点，约 160m² 的斯通曼康复花园（Stoneman Healing Garden）占据着 5.5m 高玻璃墙的一角，横跨门诊癌症中心的第三层和第四层，设有郁郁葱葱的绿树、舒适的天然材料和许多可以选择的座位和景观视野[11]。

当医院坐落在密集的城市环境中，使其接触自然需要利用屋顶。康涅狄格州纽黑文市的斯米洛癌症医院（Smilow Cancer Hospital）七楼的霍兰德康复花园（Hollander Healing Garden）是个优秀的例子。在与癌症幸存者会面后，设计团队放弃了最初的当代审美设计，因为患者并不想看到那些有设计感东西，而是希望看到郊野别墅后门所看到的风景。曲线形花园小径旁有各种各样的座位和半私密空间，有灌木和草、四季常青的植物，还有溪流、倒影池，这些都是田园风格的花园风景[22]。在密苏里圣路易斯的圣路易斯儿童医院（St Louis Children's Hospital）里，奥尔森家庭花园（Olson Family Garden）也是类似的风格。位于八楼的花园约 740m²，有郁郁葱葱的绿化、曲折的小径和一些水景，可以选择坐在阳光下或者树荫下，有半私密的空间以及许多可以吸引各类使用者的景物。

医院花园使用的障碍

（1）**位置**：通过对医院花园的多次调查可以发现，靠近室内工作区域的花园使用率更高，比如入口门厅、主要的休息区域和咖啡厅等。如果使用者需要去寻找花园或者花园在特别远的地方，他们便选择不去。有时这是医院本身选址导致的问题。密集城市环境中的医院有时会为扩建建筑，不顾人们强烈的反对而拆毁现有的花园。尽管网上有 17000 人在线签署拯救花园的请愿书，有大量的媒体报道并进行了法律诉讼，波士顿儿童医院（Boston Children's Hospital）里历史悠久且受人喜爱的普劳蒂花园（Prouty Garden）还是因为医院扩建而在 2016 年被拆毁了。

（2）**遮阴**：天气炎热的时候，花园内缺乏树荫也会降低其使用率[10]。得克萨斯的一项研究表明，遮阴问题是人们抱怨最多的问题。在为癌症患者、烧伤患者或者艾滋病患者建造的花园中，阴凉的环境在任何一个季节都很重要，因为有些药物需要避光使用。

（3）**心理和生理上的舒适性**：人们在周围都是窗户的庭园里会感到不自在，这就是所谓的"鱼缸效应"，因此可以被窥视的庭院使用者都比较少，即使座位舒适且摆放位置明显，也很少有人使用。三家得克萨斯医院的员工都认为不充足或者不舒适的座位是降低花园使用率最常见的原因（除了缺少遮阴之外），因为他们一整天都在走路，希望找到一个舒服的地方坐下[10]。

（4）**设计概念**：苏格兰因弗内斯的美琪高地癌症关怀中心（Maggie's Highlands Cancer Caring Centre）的花园，以两个表示"细胞物质传递的动态平衡"的金字塔状土丘为主体，大多数人都无法识别出这是一个花园，除了在山坡上跑上跑下的孩子外，很少有人使用它。如果大多数使用者不能理解其含义，那么设计概念和隐喻可能并不成功。乌尔里希指出："……在设计医院花园时，'康复'这一术语从伦理上使园林设计师有责任去调整个人品位，去实现一个以使用者为中心的环境设计目标。"[8]

一些由公共财政拨款建造的英国国家卫生服务医院（例如诺维奇和爱丁堡）都拥有庭院"花园"，可能是为了尽量减少维修费用，这些花园的景观美化程度都很低或是没有开放。苏格兰海尔迈尔斯医院（Hairmyres Hospital）的诸多庭院，一部分可能是被设计成了花园，其中只安放了一些圆形的石头，也没有绿化，并且来往的通道也被长期封锁。

有些花园在设计时没有了解病人的需求，导致无人使用。它们可能是由不擅长室外空间设计的人士设计，比如建筑师、室内设计师或者艺术家。尽管这些专业人士可以作为设计团队的成员，但只有风景园林师接受过专业的花园设计训练。例如，在加利福尼亚伯克利，由建筑师设计的一个癌症中心花园，其中有巨大的、倾斜的花岗岩石板和极少的绿化，给人一种压抑而非平静的感觉，所以也很少被使用。

医院花园的未来

尽管存在这些障碍，但以使用者为中心的医院花园仍然越来越多，美国康复景观网站（www.healinglandscapes.org）储存有许多相关信息。自2003年以来，芝加哥植物园为风景园林师开设了一个康复花园设计认证课程。同年，美国的《绿色保健指南》（Green Guide for Healthcare）[23] 被纳入LEED面向医疗环境的评估体系，将"户外休息场所"和"走入自然"作为可持续场地部分的条例。英国医学协会在2011年发表题为《病人的心理和社交需要》的简报中指出，景观"设计应该体现其治疗价值"[24]。美国设施指南研究学会最新的《医院及门诊设施设计和建设指南（Guidelines for the Design and Construction of Hospitals and Outpatient Facilities）》（2014）提出了通向自然景观的视野和通道的最低标准，规定为工作人员设置独立的室外空间，并指出疗养花园应该由一个跨学科的团队进行设计，团队中必须要有在医疗环境设计方面有经验的风景园林师[25]。

景观建筑师杰瑞·史密斯（Jerry Smith）指出："医疗景观设计师不仅参与场所营造，也促进了协作设计的过程。在医疗机构中融入自然，需要一个由专业设计人员组成的综合团队，在设计和施工的所有阶段共同积极努力。通过在最初的规划会议上建立指导原则，且设计团队在整个过程中遵循并贯彻，从而建成一个能通过与自然互动来促进健康效益的场所。"[26]

参考文献

[1] Hickman C. Therapeutic landscapes：a history of English hospital gardens since 1800[M]. Manchester：Manchester University Press，2013.

[2] Ulrich R S. View through a window may influence recovery from surgery[J]. science，1984，224（4647）：420–421.

[3] Wilson L M. Intensive care delirium：the effect of outside deprivation in a windowless unit[J]. Archives of Internal Medicine，1972，130（2）：225–226.

[4] Keep P，James J，Inman M. Windows in the intensive therapy unit[J]. Anaesthesia，2010，35（3）.

[5] Marcus C C，Barnes M. Gardens in healthcare facilities：Uses，therapeutic benefits，and design recommendations[M]. Concord，CA：Center for Health Design，1995.

[6] Cooper Marcus，C and Barnes，M. A post–occupancy evaluation study of six Chicago area hospital gardens[M]. Consultant Report for Hitchcock Designs，Naperville，Illinois，2008.

[7] Sorensen K T. Effect of Time Spent in a Hospital Garden on Satisfaction with Hospital Care[D]. University of Illinois at Urbana–Champaign，2002.

[8] Healing gardens：Therapeutic benefits and design recommendations[M]. John Wiley & Sons，1999.

[9] Ulrich R S. Effects of gardens on health outcomes: theory and research. Chapter in CC Marcus and M. Barnes(Eds.), Healing Gardens: Therapeutic Benefits and Design Recommendations[J]. New York: John Wiley, 1999, 27: 86.

[10] Pasha S. Barriers to garden visitation in children's hospitals[J]. HERD: Health Environments Research & Design Journal, 2013, 6 (4): 76–96.

[11] Marcus C C, Sachs N A. Therapeutic landscapes: An evidence-based approach to designing healing gardens and restorative outdoor spaces[M]. John Wiley & Sons, 2013.

[12] Sternberg E M. Healing spaces: The science of place and well-being[M]. Harvard University Press, 2009.

[13] Kaplan S. The restorative benefits of nature: Toward an integrative framework[J]. Journal of environmental psychology, 1995, 15 (3): 169–182.

[14] Shureen Faris. Employees' use, preferences, and restorative benefits of green outdoor environments at hospitals[J]. Alam Cipta International Journal of Sustainable Tropical Design Research & Practice, 2012, 5 (2): 77–92.

[15] Pati D, Harvey T E, Barach P. Relationships between Exterior Views and Nurse Stress: An Exploratory Examination[J]. Herd, 2008, 1 (2): 27.

[16] James J T. A new, evidence-based estimate of patient harms associated with hospital care[J]. Journal of Patient Safety, 2013, 9.

[17] Nejati A, Shepley M, Rodiek S, et al. Restorative Design Features for Hospital Staff Break Areas: A Multi-Method Study[J]. Herd, 2015, 9 (2): 16–35.

[18] American Nurses Association. Health and safety survey[J]. Nursing World, 2001.

[19] Chaudhury H, Mahmood A, Valente M. The effect of environmental design on reducing nursing errors and increasing efficiency in acute care settings: A review and analysis of the literature[J]. Environment and Behavior, 2009, 41 (6): 755–786.

[20] Naderi J R, Shin W H. Humane design for hospital landscapes: A case study in landscape architecture of a healing garden for nurses[J]. HERD: Health Environments Research & Design Journal, 2008, 2 (1): 82–119.

[21] Jarvis, A. Designing natural vistas into urban cancer center environments[M]. Healthcare Design, 2013.

[22] Dombrowski, MM.Garden brings tranquility to cancer center's urban locale[M]. Healthcare Design, 2014.

[23] Green Guide for Healthcare[EB/OL].2003[2016–04–02]. www.gghc.org/.

[24] The British Medical Association.The psychological and social needs of patients (briefing document) [EB/OL]. (2011–01–14) [2016–01–02].www.ahsw.org.uk/userfiles/Other_Resources/Health_Social_Care_Wellbeing/psychol ogicalsocialneedsofpatients_tcm41–202964_copy.pdf.

[25] Facility Guidelines Institute.Guidelines for the Design and Construction of Hospitals and Outpatient Facilities[EB/OL]. Chicago, IL: American Hospitals Association, 2014[2016–01–02]. www.fgiguidelines.org/.

[26] Smith, J. Designing with nature[M].Healthcare Design, 2007.

山水健康社区——一次检验健康的社区景观评价实践

马晓晨　孙虎　关哲麟　廖培林　周伊萃

近年来，健康社区在理论研究与设计实践上已成为国内外研究的热点。健康社区是指在社区内各项设施正常运转，管理合理，环境良好；各社区组织和居民能协同开展各项社会活动，达到社区物质环境美好和人群身心健康良好等目的从而提高社区整体健康水平的社区[1]。国外在健康社区的发展上注重于安全智慧、社区参与、政策机制、交往合作和养老医药等方面；国内的健康社区建设工作则侧重于规划技术的标准制定、实体环境提升、社会治理和理论研究四个方面[2]。2019年，朱晨宇运用层次分析法建立了健康社区的评价指标体系，对该体系的建立和可行性展开了探讨[3]；2021年，蒙小英等针对当下疫情现状提出了基于运动心理健康提升的社区景观营造策略[4]；2022年，吕腾等从健康宜居的视角为青岛老旧社区进行活力更新提供了切实可行的优化方案[5]。

而当下的城市社区景观普遍存在着空间僵化、使用率低、自然体验感缺失等问题[6]，即便社区景观尝试用各种设计手法，希望更好地提高人们在其中的体验感，但抛开使用者健康需求视角的、注重视觉冲击的社区景观并不利于人类亲近自然，更无法发挥自然在居住区中对人类身体、心理健康的积极意义。这也就意味着在当今快速发展下的社会，城市居住社区需要一种可以检验社区对人健康效能的评价标准，进而为健康社区的设计提供参考依据。

基于社区景观中对健康评价标准的缺失，一种"新山水"思想下的健康社区评价方法可能成为潜在发展途径。山水健康社区是一种基于健康视角的社区景观设计方法，其目的在于创造更健康、更符合居民使用习惯的社区景观空间，并可以更长时间地引导居民在社区景观中更好地亲近自然，构建更为和谐的人与社区景观空间的关系最终使居民的健康受益[7]。同时，当居民在使用这类景观的时候，其身体状态可以在不经意间（或是被动的）得到提升。不同于社区中的体育场地设计，通过主动改变功能的方式去刻意强调其"健身"属性，健康社区的设计是包含功能、场所、多角度体验以及长期维护的，这需要更为系统与全面的评判准则，并通过这一准则衍生出相应的设计导则，才能更好地推动健康社区景观设计在行业的发展。这也就意味着，山水健康社区不仅关注的是社区中人的健康，还关注整个社区的健康，这包含着两个层次对"健康"的理解[8]。

健康社区景观这一议题的研究意义在于，在地产界，将社区景观从一种"锦上添花"的溢价工具的维度上升到为居住者、使用者，即以人为本的维度之上。在此维度之上，通过"健康社区景观"这一议题明确景观健康效益，肯定健康景观对于提高生活质量与幸福感的积极意义[9]，既符合中共中央、国务院印发的《"健康中国2030"规划纲要》，也符合"健康是幸福生活最重要的"重要指示精神，并可能成为景观行业改变人们生活方式的重要途径。

一种健康社区评价的方法

山水健康社区，是一种基于"新山水"思想下的健康社区评价方法，它包括健康社区评价途径、评价指标以及未来的研究方向：健康社区设计导则。评价途径是评价的模式，旨在建立一种思维逻辑和模式的建立，并确定评价指标体系；评价指标是各项社区设计中的定性、定量方法的合集以及对建成后社区健康景观效能的评估；健康社区设计导则则是为基于前二者的研究并进行设计语言转译后的参考。

山水健康社区评价途径

山水健康社区的评价途径分为桌面研究、实地考察、居民参与、实验与模拟四个大类（图1）。桌面研究除文献综述外，也会考察并交叉对比目标健康社区的设计与建成、图面反馈情况（即设计意图的实际落地效果与实际使用效果的静态图片对比），对比理论研究与设计时间落成的差异，并初步选取健康社区评价的指标。实地考察一是通过设计视角重点考察其中的景观空间、布局、设施、场所在社区居民生活中场景的使用，二是基于选取的健康社区评价指标进行现场实测。居民参与分为集体访谈、问卷调研和个人访谈，重点考察居民集体意志和独立个体对于健康社区景观相关的需求，并与选取指标的实测结果对比验证。实验与模拟主要是，模拟不同类型场景在空间上改变、不同设计元素类型调整、不同要素强度的变化等对人健康指标与感知的影响，同时在项目设计阶段，模拟人对于建成后场景不同时间的感知等。

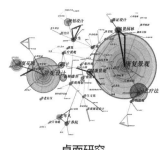   

桌面研究　　　　　实地考察　　　　　居民参与　　　　　实验与模拟

图1　山水健康社区的评价途径

所有的山水健康社区景观评价途径，均建立在对现有的健康景观理论框架的梳理上，以山水比德参与的设计项目为载体进行理论与实践的结合探索，并在健康景观的理论应用上进行多元化尝试。其中山水比德与华南农业大学在2020年和2021年先后举办了两次健康景观工作坊，对已有的理论进行了初步的验证与实践（图2）。

图2 山水比德与华南农业大学在2020年和2021年连续举办两次健康景观工作坊

山水健康社区评价指标

山水健康社区评价指标，是山水比德根据现有的健康景观研究基础，由102位设计师参与，经历6次研讨，总结了40多个经典案例后，针对具体实践操作调整形成的评价指标。

社区健康景观设计关键指标体系分为四个不同的要素子系统，每个子系统又包含不同的分支，所以社区健康景观设计关键指标体系本身是一个多层次的结构体系（表1）。

山水健康社区评价关键指标层次结构 表1

A	B	C	D
社区健康景观设计关键指标体系框架	疗愈环境 B1	绿化质量 C1	绿地率 D1
			绿化率 D2
			绿视率 D3
		植物景观 C2	植物物种多样性 D4
			植物审美特征 D5
			植物药用功效 D6
		水体景观 C3	水景质量 D7
			水景审美特征 D8
			水景参与性 D9
		感官环境 C4	气味舒适性 D10
			声音舒适性 D11
			视觉舒适性 D12
			温湿度舒适性 D13
		园艺环境 C5	园艺类型多样性 D14
			园艺区域面积 D15
	休憩环境 B2	休憩空间 C6	休憩空间布局特征 D16
			休憩空间的可观赏性 D17
			休憩空间的安全性 D18
		休憩设施 C7	休憩设施多样性 D19
			休憩设施安全性 D20
			休憩设施的舒适性 D21

A	B	C	D
社区健康景观设计关键指标体系框架	健身环境 B3	活动场地 C8	活动场地多样性 D22
			活动场地安全性 D23
			活动场地面积 D24
		康体设施 C9	康体设施多样性 D25
			康体设施安全性 D26
			康体设施分布 D27
		健身步道 C10	健身步道舒适度 D28
			健身步道铺地质量 D29
	交通环境 B4	交通道路 C11	步行系统安全性 D30
			步行系统便捷性 D31
			步行系统舒适性 D32
			步行系统铺地质量 D33
			步行系统照明质量 D34
		交通设施 C12	道路无障碍设施 D35
			道路标识系统设置 D36

疗愈环境 B1 主要指社区环境中能够对居民身心健康起到促进作用的景观环境因素，并且是一处可以诱发身体自体疗愈且具有正向转化能力以提升空间使用者身体、心理、精神完全健康的环境[10]。在指标体系中主要包括了绿化质量、植物景观、水体景观、感官环境及园艺环境几大类。

休憩环境 B2 主要指居民在社区中按自主、自发的方式进行，旨在提供能够缓解疲劳、随机交往等多种活动所需要的空间场所[11]，在指标体系中主要包括了休憩空间、休憩设施两大类。

健身环境 B3 是以居民身心健康为目的而建立的活动领域和一些有关的事物，需要有一定的自然和社会基础，最重要的是突出以健康为中心的建设理念。在指标体系中主要包括活动场地、娱乐设施、健身设施、健身步道几大类。

交通环境 B4 与居民日常生活和出行关系密切，是能够影响居民出行活动的空间环境要素之一。良好的社区交通环境能够提高居民出行的积极性，为居民创造更多户外体力活动机会，增加人群日常体力活动量，促进居民的身体健康[12, 13]。本评估指标体系主要针对社区居民步行出行的交通环境，分为交通道路与交通设施两大部分。

山水健康社区评价指标的使用，首先从收集项目设计文本、施工图纸及各类辅助文件开始，并根据包含绿地率、绿化率等 15 项评价指标进行项目的初步评选。在多个初选项目中选择出入围项目后，进行现场调研，并在现场测算 36 项评价指标的具体数据。最后，通过各类科学的数据分析方法，将数据进行分析处理并根据相应权重赋予分值，完成完整的指标测算（图 3）。

图 3　山水比德社区评价指标测算与数据处理

一次检验健康的社区景观评价实践——以漳州碧湖双玺为例

山水健康社区评选中，全国5个省份共选送了12个建成1~3年的地产大区项目参与评选（图4）。根据指标的权重等级及线上评价的可实施性，研究团队从完整的36个指标体系中抽取了15个主要指标（表2）作为初评指标，通过对各项指标的满足与否进行打分，最终评选出河源金麟府、漳州碧湖双玺、上海西岸公园三个项目进行进一步的场地健康数据实测（图5）。

初步评选
PRELIMINARY SELECTION

12 个参选项目
PROJECTS INVOLVED

图4　初评项目分布图

初评指标表　　　　　　　　　　　　　　　　　　　　　　　　表2

项目名称	金麟府	碧湖双玺	西岸公园
绿地率	满足	满足	满足
绿化率	满足	满足	不满足
植物药用价值	满足	满足	满足
水景参与性	满足	满足	满足
园艺类型多样性	不满足	满足	不满足
园艺区域面积	不满足	不满足	不满足
休憩空间布局特征	满足	满足	满足
休憩设施多样性	满足	满足	满足
活动场地多样性	满足	满足	满足
活动场地面积	满足	满足	满足
康体设施多样性	满足	满足	满足
康体设施分布	满足	满足	满足
步行系统便捷性	满足	满足	满足
道路无障碍设施	不满足	满足	不满足
道路标识系统设置	不满足	不满足	满足
总计分数	11	13	11

河源 金麟府　　　　　　　　　漳州 碧湖双玺　　　　　　　　　上海 西岸公园
HEYUAN AGILE PROJECT　　　　　　　ZHANGZHOU O&D PROJECT　　　　　　　ZHANG-HAI SEAZEN PROJECT

图5　最终河源金麟府、漳州碧湖双玺和上海西岸公园入围

　　研究团队在数据测算时，首先对每个场地进行初步的现场踏勘。在这个过程中，研究团队通过无人机等设备，粗略地了解场地情况，确定调研重点。然后通过多功能环境检测仪等仪器，开展对部分量化数据的实测。与此同时，访谈组在社区内随机抽取居民和物业工作人员进行问卷访谈，获取问卷调查数据。现场数据收集完成后需要在当天对数据进行整理及照片归档，以供后续查漏补缺。最终，研究团队在为期10天的现场调研中，实测了271个点位数据，现场取样了3079张照片，回收了312份有效问卷以及进行了数十次深度居民访谈，得出了三个项目的各项指标评分（表3）。通过加权计算，最终确定了每个社区的最终评分（表4）。

三个项目的各项指标得分　　　　　　　　　　　　　　　　表3

目标层 A	准则层 B	要素层 C	指标层 D	金麟府	碧湖双玺	西岸公园
社区健康景观设计评估	疗愈环境 B1	绿化质量 C1	绿地率 D1	1	3	1
			绿化率 D2	3	3	2
			绿视率 D3	4	4	4
		植物景观 C2	植物物种多样性 D4	3	4	3
			植物审美特征 D5	3	3	3
			植物药用功效 D6	3	4	3
		水体景观 C3	水景质量 D7	2	2	2
			水景审美特征 D8	2	4	2
			水景参与性 D9	2	3	3
		感官环境 C4	气味舒适性 D10	3	3	3
			声音舒适性 D11	2	4	3
			视觉舒适性 D12	3	3	2
			温湿度舒适性 D13	4	4	4
		园艺环境 C5	园艺类型多样性 D14	1	1	1
			园艺区域面积 D15	1	1	1
	休憩环境 B2	休憩空间 C6	休憩空间布局特征 D16	2	4	3
			休憩空间的可观赏性 D17	3	3	3
			休憩空间的安全性 D18	2	2	2
		休憩设施 C7	休憩设施多样性 D19	3	2	2
			休憩设施安全性 D20	3	3	3
			休憩设施的舒适性 D21	3	3	4

目标层 A	准则层 B	要素层 C	指标层 D	金麟府	碧湖双玺	西岸公园
社区健康景观设计评估	健身环境 B3	活动场地 C8	活动场地多样性 D22	3	3	3
			活动场地安全性 D23	4	4	4
			活动场地面积 D24	3	3	3
		康体设施 C9	康体设施多样性 D25	3	4	3
			康体设施安全性 D26	4	4	4
			康体设施分布 D27	4	4	4
		健身步道 C10	健身步道舒适度 D28	2	3	4
			健身步道铺地质量 D29	3	4	4
	交通环境 B4	交通道路 C11	步行系统安全性 D30	3	3	3
			步行系统便捷性 D31	3	4	4
			步行系统舒适性 D32	3	4	4
			步行系统铺地质量 D33	4	4	4
			步行系统照明质量 D34	3	3	4
		交通设施 C12	道路无障碍设施 D35	3	2	2
			道路标识系统设置 D36	3	4	4

三个入围项目的最终评分　　　　　　　　　　　　　　　　　　　　表 4

项目名称	分数（满分 4 分）
河源金麟府	2.61
漳州碧湖双玺	3.19
上海西岸公园	2.75

　　三个入围项目在满分 4 分的评价体系中，得分均可认定为山水比德健康社区中的二级健康社区，其中漳州碧湖双玺得分 3.19，接近 80%，可被认作是健康社区中的有代表性的实践案例。

　　漳州碧湖双玺项目位于福建省漳州市龙文区，项目面积 44075m²，建成时间为 2018 年 12 月。近 4 年来，漳州碧湖双玺在建成环境、小区质量、景观空间使用方面均获得居民的一致好评。而其在健康社区中的设计呈现，主要包括疗愈环境、休憩环境和健身环境三个部分。以下将以之为案例，分享其在健康社区中的设计呈现。

健康社区设计呈现

疗愈环境

　　山水比德健康社区团队在漳州碧湖双玺小区内布置了 23 个点位并对每个点位的 4 个人视方向进行绿视率的测算，结果较为满意，漳州碧湖双玺小区在只有 31% 的绿地率的情况下，依旧达到了

58%的绿化率和50%的绿视率，并且随着小区建成年限的增长，绿视率会呈现更为明显的上升趋势（图6）。合理的绿化配置与较高的绿视率，可以缓解城市中现代居民的紧张情绪和视觉疲劳，这对于慢性疾病减轻症状大有裨益。

图6　漳州碧湖双玺内测点绿视率展示

水体在健康景观中有重要的疗愈作用，漳州碧湖双玺中的水体包含假山跌水、景观水池、景观湖面与溪流跌水等多种。除常规水景的观赏功能外，漳州碧湖双玺的水体亦是可触碰、可感知和参与性强的，部分水体还积极地鼓励人们在其中互动玩耍。除了参与性设计外，水体定时造雾提高了水景周围的视觉多样性，并且创造了更丰富的声景观。这种集合触觉、视觉、听觉等多个感官的水体营造方法，可以唤起人们更积极的生活态度。

在声环境上，社区景观环境挑选了多个重要节点，并记录下相关位置的声音类型和分贝，结果较为满意（图7）。嗅觉上，精心设计的植物配置方案，对部分芳香植物的选择（选用或规避）让居民几乎在各个季节都能有很好的嗅觉体验。

图7　健康社区景观团队记录下的重要节点的声音类型和分贝

休憩环境

一个良好的休憩环境不仅可以更好地为居民提供休憩的空间，更重要的是可以促进人与人之间的交流[14]，可以很好地提升居民的安全感、场地归属感、幸福感。基于人体工程学和人体尺度的空间设计逻辑，漳州碧湖双玺很好地与人的行为进行结合，以人的活动为前提在不同的区域采用不同的空间设计手法营造差异化的方式。更重要的是，每个空间的形式只是一种从属于功能的载体，不去限定每个空间的具体用法可以更大限度地将空间还给居民，这对居民的身心健康和空间利用率的最大化都有正向的促进作用。在社区的活动空间中，绿化空间占比达到 60%，并且通过问卷与访谈，有 63% 的居民认为该社区休憩空间的体验丰富。

健身环境

健身环境是健康社区的重要评价指标之一（但绝不是唯一），漳州碧湖双玺在南侧设计了一个完整的健身跑道环，跑道环中布置了户外健身系统、儿童攀爬设施、儿童滑梯、运动器械、老年康体设施等适合全年龄段人群使用的健身设施（图 8）。在健康社区的评判中，健身器材的专业度和类型数量并不是那么重要，其中的健身空间的合理配置、安全性、自由度、不同年龄层的健身运动需求评判、潜在的运动健身冲突的解决逻辑才是健康社区健身环境的考察重点。基于设计师对健身活动的充分理解和对空间的合理规划，漳州碧湖双玺在以上的考察类型和各项指标中取得了不错的成绩。

图 8　漳州碧湖双玺的健身环境

结论与展望

漳州碧湖双玺在健康社区中的各类评选指标都取得了令人较为满意的结果，而其在疗愈环境、休憩环境和健身环境三个方面设计端的呈现只是健康社区未来设计需要考虑的部分内容。这些在山水健康社区评价途径下经过评价指标论证的社区可以被认为是通过了山水健康景观社区评价认证社区，这类社区的评选将有利于进一步地提升健康景观在行业的影响力并持续产生效能。

基于山水健康社区评价途径和指标的健康社区研究工作还有很多可以提升和优化的地方，但现有的途径和指标已经证明了其方向的正确和发展的潜力。通过对过往项目的重新思考，在设计技术层面，我们如何利用社区景观营造的手法更好地完成社区环境的塑造与更新。通过持续评选出的各类符合健康社区标准的社区，在设计研究层面，可以反思并根据这类社区的设计图纸进行重点优化山水健康社区相关的标准和规范，从这些角度不断完善山水健康社区的标准和导则。山水健康社区设计导则研究的推动不仅能够给行业内设计师在进行社区健康景观设计时提供明确可行的参考，更能为客户和社区带来更为科学的健康效益。

致谢：邢子蕴、陈卓然和陈子怿参加本次现场调研及数据整理！

参考文献

[1] 宁杨．健康社区评价指标体系和实证研究 [D]．合肥：安徽建筑大学，2020.

[2] 孟丹诚，徐磊青．基于场景理论的健康社区营造 [J]．南方建筑，2021（3）：36-44.

[3] 朱晨宇．健康社区评价指标体系建立与可行性研究 [D]．沈阳：沈阳建筑大学，2019.

[4] 蒙小英，冯亚茜，朱宇．基于运动与心理健康提升的社区景观营造策略研究 [J]．风景园林，2021，28（9）：36-41.

[5] 吕腾，刘学贤，栾学臻．健康宜居视角下老旧社区更新策略研究：以青岛市为例 [J]．建筑与文化，2022（3）：145-146.

[6] 孙虎，孙晓峰．基于互动理论的山水社区景观设计实践：以珠海新光御景山花园为例 [J]．南京林业大学学报（人文社会科学版），2019，19（1）：78-88.

[7] 王一．健康城市导向下的社区规划 [J]．规划师，2015，31（10）：101-105.

[8] 孙文尧，王兰，赵钢，等．健康社区规划理念与实践初探：以成都市中和旧城更新规划为例 [J]．上海城市规划，2017（3）：44-49.

[9] 丁国胜，黄叶琨，曾可晶．健康影响评估及其在城市规划中的应用探讨：以旧金山市东部邻里社区为例 [J]．国际城市规划，2019，34（3）：109-117.

[10] 王雪峰．"疗愈环境"在医院公共空间中的设计应用研究 [D]．重庆：西南大学，2017.

[11] 赵强．城市健康生态社区评价体系整合研究 [D]．天津：天津大学，2012.

[12] 谭少华，雷京．促进人群健康的社区环境与规划策略研究 [J]．建筑与文化，2015（1）：136-138.

[13] 谢劲，全明辉，谢恩礼．健康中国背景下健康导向型人居环境规划研究：以杭州市为例 [J]．城市规划，2020，44（9）：48-54.

[14] 陈璐瑶，谭少华，戴妍．社区绿地对人群健康的促进作用及规划策略 [J]．建筑与文化，2017（2）：184-185.

教育花园与校园花园

[美]艾米·瓦根费尔德（Amy Wagenfeld）

[美]塔米·布莱克（Tammy Blake）

[美]卡罗尔·伯顿（Carol Burton）

[美]香侬·菲尼克斯（Shannon Fenix）

[美]雷切尔·弗里曼（Rachel Freeman）

[美]道恩·利奇（Dawn Leach）

[美]艾琳·纳瓦（Irene Nava）

  美国儿科学会建议儿童每天在户外玩耍或锻炼 30 至 60 分钟，但最近一项由坦顿、周和克里斯塔克斯[1]完成的对 8950 名学龄前儿童的研究发现，几乎一半的学龄前儿童甚至没有每天在户外玩耍、锻炼或学习的时间。然而，无论孩子的活动能力如何，他们都应该参加户外活动，户外活动的缺乏会威胁到儿童的健康状况，例如心脏、新陈代谢和心理状况[2]。园艺活动有许多好处，其中之一就是它可以作为一种儿童户外运动，改善儿童的健康状况[3]。校园教育花园（请注意，校园花园和教育花园这两个词将在这一章中交替使用）将为儿童提供有效并且全方位的户外锻炼机会，让他们在日常生活中提高健康水平。除了锻炼，饮食也会影响健康，校园花园项目在一定程度上也可以改善儿童的饮食情况。这些项目可以向孩子们提供新鲜的食物，孩子可以在花园中享用也可以带回家中。因此，学校和社区园艺项目也逐渐被视为一种解决食品安全问题、贫困和肥胖问题的有效途径[4]。究其原因，校园花园可能会在学生对蔬菜的食用频率、选择和品种方面产生积极的影响[5, 6]，参与校园花园项目会显著改变年轻人对食物的选择。基于以上的积极影响，教育花园在美国各地的学校中越来越受欢迎。2015 年一项由美国农业部进行的调查显示，42% 的美国学区表示，他们有在学校活动中开展农事活动。这意味着超过 2300 万学龄儿童有机会了解他们食物的来源，养成健康的饮食习惯，减少肥胖的发生率。

  无论是发达国家还是发展中国家（可能不那么严重）都同样需要面对儿童肥胖问题，儿童肥胖比例的增加已成为一个世界性的公共卫生问题，因此需要引起公众关注并采取行动，以减少肥胖对儿童健康成长和发育的影响[7, 8]。1980 年以来，美国的儿童肥胖率已经增加了两倍[9]，据估计，2~19 岁的青年人中，有近 32% 的人肥胖或超重[10]。肥胖或超重不仅仅是因为进食过多或缺乏锻炼，对于贫困中的年轻人来说，原因比较复杂。通常最便宜的和现成的食物都含有高脂肪和高热量，并缺乏营养价值，因此食不果腹的低收入家庭便经常面临食品安全问题。在"食物沙漠"（食物贫乏的地区）中，人们更难获得农产品这样价格合理、材料新鲜健康的食品，附近的食品来源可能只有便利商店，而便利商店通常不售卖营养丰富的新鲜食品。"食物沙漠"通常存在于服务水平低下、极度贫困或少数族裔聚居的社区。生活在一个没有户外空间（更别说是否安全）用于种植植物的地方，也会使贫穷和肥胖联系在一起。一种"绿色处方"就是参与校园花园项目，这将有助于缓解此类问题，因为越来越多的证据表明校园花园具有积极、持久的生理、认知和心理健康效益[11-13]。

在参与校园花园项目时，年轻人可以了解并喜爱上水果和蔬菜，这有利于培养他们自己及家人的理智消费观念[14, 15]。在这种情况下，孩子们可能会成为父母的老师，和父母分享他们带回家的农产品知识，告诉父母这些农产品是如何种植的。现成的新鲜农产品除了是改变饮食习惯和减少肥胖的催化剂之外，对于那些因为饥饿或营养不良而无法发挥最大学习潜能的年轻人来说更是至关重要[16]。

校园花园的价值不可低估，它还有助于将孩子和场地联系在一起。布莱尔（Blair）认为"花园是高度本土化的。除了一些植物和种子可能是购买的，其他所有的东西都是当地自然环境的一部分"[17]。通过与本土自然的联系，校园园艺和烹饪项目可以"提高学生的参与度和信心，增加体验性和综合性学习、团队合作和社会技能的机会，并且增强学校和社区之间的联系"[18]。校园园艺项目还可以为年轻人提供学习阅读、分析和科学探索的机会，减少种族和社会阶层之间的成绩差距[19, 20]。同时，课后花园俱乐部也可以有效地提高学生的学习成绩和专注度，培养学生对事物的好奇心，并且改善他们的行为能力[21]。

教育花园为增加校园绿色元素作出了重要贡献。校园花园项目为学生提供了学习、运动、锻炼和探索的机会，让他们在健康的自然环境中培养社会能力和建立与社区的联系[22, 23]。在本文中，笔者将探究校园或教育花园在提高学生整体健康水平、发育水平和学习技能方面的作用，以及有关运营、选址和设计方面的思考。

理解使用者

学龄儿童的概念涵盖了大跨度的年龄段和能力水平。许多学区允许孩子在5岁前开始接受学前教育。一般来说，青少年从美国主流公立学校系统毕业时大约在17或18岁。唯一的例外是接受特殊教育的青少年，公立学校可以提供其21周岁前的特殊教育课程。在公立和私立学校就读的学生，一般都是发育正常的，不需要额外的特殊支持服务。但有一些人可能接受了提供超前学术培养的"天才计划"。还有另外一些孩子们可能需要特殊教育服务，其中包括患有以下病症的孩子：学习障碍，如阅读障碍或非语言学习障碍；智力（发育）障碍，如自闭症、唐氏综合征或胎儿乙醇综合征；身体或运动障碍，如脑瘫或肌肉萎缩症；感官障碍，如失明或失聪；心理问题，如创伤后应激障碍、躁郁症或抑郁症。

一些孩子可能会有肥胖、心脏或其他代谢问题，一些孩子可能生活在贫困或富裕的环境中；一些孩子可能母语并非英语或将英语（或其他特定国家或地区的语言）作为第二语言。任何一所学校的孩子都可能来自不同的文化、宗教和种族背景。有些孩子可能有多种残疾或其他不利的条件和情况，阻碍他们学习和充分参与学校生活。创造一个能够满足绝大多数儿童需求的校园花园是设计团队首先需要考虑的问题，只有达到这个要求，才能让每个孩子都有机会积极地参与到种植的过程中去。

校园花园的影响和作用

正如查尔斯·李维斯[24]所指出，对参与园艺以及相关活动而言，最关键的是在这个不断被评价的世界里，植物对照料它的人是毫无威胁且不会有所歧视的。无论你是谁，不管你能做什么或不能做什么，植物都愿意接受你的照顾。无论花园里人们的种族、智力或体能有何不同，植物都会回应人们给予它的关注。因此，当我们尊重学校中孩子们的多样性和差异性，寻求教育的共同点时，校园花园便是这样一处无关差异的场所。

与之相应的，人们也有这样的共识，随着植物的茁壮成长，园丁也随之健康成长。基于亲命性假说——人类会受到生物体吸引并与之产生联系，当看到一棵植物在我们的照料下发芽、生长、结果和开花时，我们很容易感到满足。而且，如果校园花园能够提供可衡量的目标以及全面发展的机会，那么一同工作的儿童和成年人都将会有更为持久的收获。

参与学校花园项目还会促进孩子的整体发展：感觉运动、认知和社交情感（图1）。每个发展领域还包含一系列具体的能力，而校园教育花园项目能够对这些能力的改善产生积极影响。我们将会从感觉运动方面开始探究这些领域。

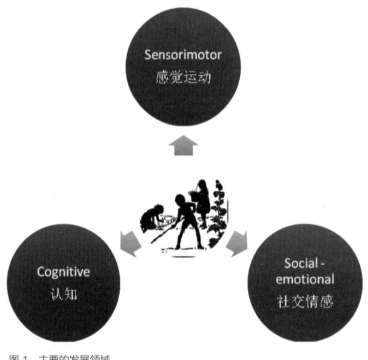

图 1　主要的发展领域

感觉运动发展：让我们运动

运动：在花园中活动时，孩子们在不知不觉中进行了运动。每次进行园艺活动，他们都会在教室和花园之间往返，根据不同活动的内容，他们可能在户外待 30 至 60 分钟，恰好符合美国儿科学会提出的每天进行 60 分钟户外活动的倡导。园艺活动也隐藏了很多锻炼的机会。在一定时间段内持续的伸手、弯腰或转身去采摘农产品并不是一件容易的事，但这样的活动所带来的挑战将会吸引许多孩子。在园艺活动中，孩子们会站着或蹲着去种植或除草，即使是坐着，他们也会向前伸手、抬手、向下伸手去做同样的动作。

推着装满泥土的手推车，装满并搬运水罐子，用或大或小的水罐子浇灌植物，这些活动都可以增强上半身和手臂的力量。无论坐着还是站着，孩子们都要向下或向上伸手去采摘蔬菜、草药和水果。他们要把肥料装满罐子并推回堆肥箱，当活动结束时，还要把园艺工具带回仓库并且进行整理，好让下一个园艺小组方便使用。最后，孩子们还要拿着装满果实和蔬菜的袋子或篮子，或者推着收获颇丰的推车回到教室，在教室里清洗食物，用于后续的食用、烹饪或出售。

感觉：园艺也提供了无数触动感官的机会。虽然我们对基本的五感都很熟悉，如味觉、嗅觉、听觉、视觉和触觉，但其他感官也是需要考虑的。实际上还有四种隐藏的感官，如触觉（一种多重的感官）、本体感觉或动觉、前庭觉和内感受。本体感觉或动觉的感受器位于关节和肌肉中，使人能够了解自身在空间中的位置，并在环境中移动。前庭感觉器位于中耳，它使人们能够保持直立，并对人的平衡感有很大的影响。内感受系统位于我们的内部器官中，调节着我们的身体机能，如口渴、排汗、呼吸以及肠胃和膀胱功能。一个完整的、运转良好的感觉系统对于人的全面发展和生活所需是至关重要的。

校园花园为增强感官系统提供了不可估量的帮助。例如，采摘一批成熟的西红柿需要运用触觉、嗅觉、味觉、视觉，甚至是本体感受和动觉系统，以估量不伤害植物的其他部分而成功摘取西红柿所需要的力量。当把西红柿从茎上摘下来并把它们放到篮子里时，前庭系统会被唤醒，使孩子们能够在站立时双脚保持直立平衡，或者使他们坐着时能够坐直。在校园花园里，听觉感受可以通过编钟和其他乐器来增强，又或者仅仅通过聆听风吹过植物叶子时瑟瑟作响，和水经过水管和滴灌系统时潺潺做声来丰富听觉感受。此外，当有令人感到舒适的事物出现在校园花园附近时，也会触动内感受系统。本文的下一节将讨论支持感官发展和功能的设计所需要注意的事项。

认知：让我们思考、学习、交流

教育花园有利于认知能力的发展。校园花园可以作为传统四面墙壁教室的一种补充，或者作为一门额外的课程。在一些学区，核心课程内容已经改为在校园花园中的教学或体验，还有一些学区则开设了独立的花园课程，以丰富学生的学习体验。花园是一个发展认知思维能力的理想场所，不管是作为一种补充还是独立的课程，在校园花园可以学到的知识可以说是无限的，涵盖了数学、科学、语言、历史和社会科学等，视觉艺术和表演艺术也可以通过教育花园中的活动来培养。应用更为广泛的认知与沟通技能，如职前教育和创业精神，也可以通过参与学校花园活动来获得。接下来我们将探究与认知发展相关的各个领域并列举一些有力的证据。

数学：让孩子用 10 个成熟的辣椒装满篮子，共装 8 篮。首先他们要能够辨别出成熟的辣椒，其次还需具备计算能力。同时，辣椒采摘任务也培养了视觉感知技能，而且他们还需要考虑怎样才能把 10 个辣椒放进篮子里而不掉出来？孩子们在花园里还可以用尺子测量植物每天和每周的生长状况，并绘制图标展示植物的生长状况。除此之外，数学也可以应用在现实生活中，比如当孩子们需要估算种植面积时，或是向教职员工和访客出售农产品，需要管理"资金流动"时。孩子们还需要利用数学知识来计算和管理，思考如何通过赚到的钱购买下一季所需要的种子、植物或其他维持花园运营所需要的物品。

科学：孩子们需要考虑天气状况和变化趋势对植物生长的影响，还需要考虑如何根据光照条件和种植区域的限制，在花园的适当位置种植适当的植物，这些科学技能都是可以在花园中培养的。通过花园中的植物或各种昆虫来学习生物周期，难道不是一种最好的学习方式吗？除此之外，在园艺活动中，孩子们还可以随时学习如何进行环境管理，他们可以认识到，尊重我们的地球以及尊重彼此是何等重要（图2）。

语言：在园艺活动中，通过谈论植物名称、颜色和辨识植物可以增强孩子们的语言和沟通能力。孩子们也可以安静地坐着、思考、记录植物的生长周期，并在花园里创作诗歌，来表达他们对小动物的喜爱与厌恶。

社会科学和历史：在校园花园中，孩子们可以了解当地的民俗习惯和历史园林。他们可以与社区的长者交谈，了解他们年轻时的成长过程。

职业技能和创业技能：鉴于目前大家对于职业技能的重视，花园还可以通过种植和销售产品，培养人们的职业和商业技能。

艺术：显而易见，花园是一个艺术创作的摇篮。孩子们可以用种子豆荚、树枝和落叶这些花园里的物品来画画和创作拼贴画，花园、种植床中的植物以及其他小园丁都可能成为他们绘画或雕刻模拟的对象。除此之外，孩子们还可以在花园里唱歌、玩乐器和跳舞。

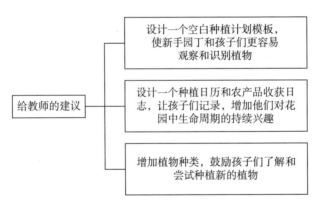

图2　给教师的建议

社交情感

当花园是为了满足特定学校孩子们的特殊需求时，花园就成了一个均衡器。在花园中孩子们可以感受到人与人之间的差别不一定是一种障碍，反而是一个了解自我和他人的机会。总之，一个人是否需要帮助才能走路、说话，或者在课堂上是否优秀并不重要，即使在学业上表现不佳，也可以在花园中体验成功的喜悦。他们在学习健康成长和饮食习惯的同时培养了自信，并与食物来源和环境建立联系。如果我们期望这些学生能够成为地球未来的管理者，就需要培养他们对地球的热爱，建立并增强他们与地球的联系。

社交媒体正改变着儿童的生活，教育花园有助于儿童学会欣赏自然，而不会因为长时间接触社交媒体而变得过度商业化。校园花园项目为学生们成为自然的保护者奠定了基础，让他们认识到农业对维持他们（以及他们的家庭）生活的价值和重要性。总而言之，孩子们参与校园花园活动能够受益匪浅，例如学会了如何选择健康的食物、培养了耐心和坚持、收获了快乐和失落，以及如何向其他生物表达善意和敬重。

运营的注意事项

开展并维持一个校园花园项目涉及许多运营方面的问题，以下将对此问题展开讨论。首先应该确定项目的组织者，并明确花园的目的。根据哈泽德（Hazzard）及其同事们的说法，一个可持续的校园花园项目依赖于四个方面的共同作用：管理人员、教师、园艺协调员和家长/社区志愿者[24]。指导委员会可能由以下成员组成：对此感兴趣的大学生或教师、合作推广代理和园艺俱乐部成员等社区园艺专家，以及营养师和作业治疗师等医疗保健提供者。尤其重要的是，因为教师们通常工作繁忙，所以还需要争取社区志愿者和园艺专家的参与，并依靠外界的支持来保证可持续发展。此外，在学校停课期间，还需要学校行政部门对花园进行维护。

指导委员会的任务包括确定校园花园的使用者、形式、选址和建造目的。委员会还需要共同出谋划策，以获得社区（学校）的资金投入。以下有一些指导性的问题，建议指导委员会与利益相关方进行讨论，并且我们也会提供通常能够获得这些信息的途径。首先要问的问题是，建造花园的目的是什么？指导委员会需要明确花园是对所有儿童开放的，还是仅对某些年级的孩子开放。其他需要考虑的问题包括：

● 将花园设计成可以接纳特殊需求儿童的场所，还是为特殊需求的儿童设计一个独立的、与其他儿童分开的花园？设置独立花园是不可取的，因为花园几乎是将所有孩子聚集在一起的最好场所。我们将会在设计注意事项中对此进行更加详细的讨论。

● 谁是花园的主要使用者？应该设计一个集中的校园花园为每个班级划分专门的种植床，还是设计一系列分布在教室周边的小花园？

● 如何使用花园？只在上课期间使用，还是作为课外活动的一部分？这些农产品是否会被带入课堂？是否会有额外的农产品让孩子们带回家，或者卖给员工及社区？

● 如何为花园筹集资金？是否需要寻求资助？谁来负责拨款？是否需要寻求家长或社区以外的资助？当地学区是否有资助？为花园扩建和可持续发展的运行资金计划是什么？

● 谁来设计花园？是由孩子们和其他相关人士参与设计，还是由一名"专家"主持设计？如果采用参与式设计，将如何收集信息？是通过建造模型、绘画、故事讲述、卡片分类，还是设计偏好记录板？

● 谁来建造这个花园？家长或社区服务团体是否会建造花园，还是会雇佣一个承包商来承担这项工作？孩子们会参与到建造过程中吗？

● 如何确定种植方式？是由孩子们和老师民主决定，还是由花园的负责人决定？

- 花园将成为课程的正式或非正式部分吗？是将核心课程的内容放到花园中进行，还是开设一门独立的花园课程？
- 花园的使用时间是怎么样的？花园是可以每天使用，还是在特定时间使用？孩子们在户外进行园艺活动的时间有多长？有多少个班级可以同时使用？
- 谁将协调志愿者的时间？制定一个时间表，详细说明谁将在学期期间负责运营，以及谁在学期结束后负责维护，这一点很重要。

如何使志愿者付出的时间和专业技能得到认可？项目开始之前应该进行志愿者培训。首先应教会志愿者如何使花园繁盛起来。这些培训将会激励志愿者，并为他们提供资源。这些培训对志愿者自身和花园都会产生有益的影响。这样做也认可了他们对花园的奉献，并让人们知道，志愿者所做的工作是比学校更宏大的，是项目的一部分，他们的角色是帮助创造出新一代健康、积极、有创造力和好奇心的孩子。

- 怎么在社区里推广花园？在学校的博客和网站上发布图片和视频。邀请当地媒体和官员参观花园。

选址和维护的注意事项

在学校范围内建造花园可能并没有很多选址的可能性。实际上，它可能建造在校园内唯一可以建造花园的地方，否则只能放弃建造。当然，上文中我们已经探讨过建造校园花园有许多的积极作用，因此能够建造一个花园远比不建造要好得多。当有较多建造的位置可以选择时，就有一些注意事项需要考虑。这些选址的注意事项包括：

选址
- 花园应该位于一个阳光充足的地方，每天至少有 6~8 小时的光照。
- 尽可能选择平坦的场地，最大坡度在 1%~3% 范围内最佳，避免超过 5% 的坡度，以确保所有的孩子都能参与到花园的活动中来。
- 花园应该建造在水源附近，或者方便接入水源的地方。
- 在水源附近建造花园，或者把水源引到花园。如果有可能，还可以通过人工浇灌，这将是孩子们非常乐于承担的一项任务。
- 将花园设置在尽可能远离公众视野的地方，以确保私密性，谢绝未经邀请的游客访问。

提高可达性
- 把花园建在远离操场的地方，远离篮球等体育器材的误伤和分散影响注意力的噪声。
- 将多种种植床进行组合，有供人站着使用的固定种植床、高位种植床，还有让人可以坐着把膝盖直接放到下面的桌式花园，避免躯干部位过于用力产生痛苦，不利于人们的健康。
- 避免在道路表面铺设有机覆盖料，它们很难维护，而且不利于轮椅或其他辅助设备通过。

保证安全

- 将花园设置在通往学校的路上，这样更容易保证安全。
- 使用栅栏阻止未经邀请的人和有危险的动物进入。栅栏也可以设计得具有吸引力，可以种植葡萄或展示艺术作品。

健康花园实践

- 使用有机肥料，避免化学物质
- 设计堆肥和养殖蚯蚓的场地。

风险测算

- 尽量种植当地植物。虽然选用一些非当地的植物品种可以满足孩子的好奇心，但是不应该将那些不适合在当地种植的高风险植物列入种植计划。种植有生长优势的植物，以保证丰富的收成。

设计的注意事项

首先，校园花园的设计应该尽量满足儿童的需求。这意味着，那些有生理、心理、感官和智力问题的儿童，与那些正常发育的儿童一样，无须为了参加活动而适应环境或做出改变。在为广泛的儿童群体设计学校花园时，采用通用设计的原则有利于优化设计意图。20世纪80年代末北卡州立大学的建筑师罗恩·梅斯和他的同事们在无障碍环境运动中提出了通用设计的原则，提倡无论使用者的年龄、能力、偏好或在生活中的地位如何，所有的产品和建筑环境设计都应该以不显眼的方式最大限度地满足所有人的审美和使用[25]。通用设计包含了大量的人性化设计方法，将可用性整合到环境之中，提供一个可以使用的、方便和安全的环境。如果做得好，通用设计的特征可以很好地融入空间或产品设计之中[26]，以适应不同的使用者。

在通用设计原则下设计的花园所传达的理念是所有孩子都能在这个校园花园茁壮成长，就像花园中的植物一样。通用设计的原则如下所示，每一项都具体说明了适用于该原则的设计注意事项。值得注意的是，这些原则并不是单独运用的，只有将这些原则融合在一起，才会形成具有包容性的空间。

原则1：使用公平。设计对具有不同使用能力的人都很友好。任何设计的元素都体现公平，保持善意。

在校园花园中的具体应用：种植床能够满足站立或坐的需求，使用者可以坐着或站着进行园艺活动，人们不会因为有生理缺陷而不能参与活动。

原则2：使用灵活。设计可以满足广泛的个人喜好和使用能力。

在校园花园中的具体应用：通道流畅、平坦、宽度合宜，由易于通行的材料铺砌，方便轮椅，有轮助行架、手杖或腋杖使用者通行。

原则3：使用简洁直观。设计易于理解，不受使用者的经验、知识、语言技能或者当前的注意力水平的影响。

在校园花园中的具体应用：花园入口有欢迎标志，易于人们识别。

原则 4：信息可感知。无论用户的感官能力和外界环境如何，设计都能将必要的信息有效地传达给使用者。

在校园花园中的具体应用：引导标识包含简洁的单词、大的无衬线字体、易于理解的图标和盲文。

原则 5：容错能力。设计可以最大限度地减少危险和由于意外行动而造成的不良后果。

在校园花园中的具体应用：抬升的种植床使坐着的使用者可以直接面向花园，并有足够的空间移动膝盖、脚踝和脚。通道要清除杂物和工具，（必要使用的）化学物质在不使用时需要安全地储存在一个带锁的柜子里。

原则 6：低体力劳动。设计元素可以被舒适地使用，尽可能减少使用者的疲劳。

在校园花园中的具体应用：提供令人舒适的事物，如遮阴篷、座椅、饮用水，甚至是卫生间。在炎热的气候条件下，喷雾降温是一个有吸引力的功能。同时，还需要提供一系列园艺工具，满足不同年龄孩子的需要。

原则 7：利于接近和使用的尺度和空间。合适的尺度和空间有利于接近、接触、操作和使用，无论使用者的身体尺度、姿势或移动能力如何。

在校园花园中的具体应用：花园种植床有不同的高度，以便使用者坐着或站着使用。

以上是通用设计原则在学校花园中的应用，接下来我们再来探讨一些设计的细节。首先，提供座位、遮阴和水（人类和植物都需要！）是必不可少的。其次，能正常运作、可达性强、可用于洗手和冲洗农产品的洗手池也是十分必要的设计元素。这些设计提供了内感受的适应性，并且让所有人都能公平地使用。可达性是一个重要的因素，由碎石或贝壳铺成的道路，平坦、通畅、宽度适宜，对那些使用轮椅或其他辅助设备的人来说是易于通行的。选择适合使用者能力并且轻巧的园艺工具是另一个重要的需要考虑的因素，要设置一个专门存放工具的地方，以防它们被错放或丢失。

如果还有场地，可以考虑设计一个有顶棚的户外教室，一个灵活的学习空间，里面有可移动的家具，还有一块黑板，可以在那里教授重要的课程。如果需要出售额外的农产品来维持花园的运营，还可以设计一个色彩鲜艳的农产品摊位来展示花园的珍宝。

如果谨慎细致地设计，校园花园将成为人们的聚集地，一个"自然"的社交场所，一个探索、运动、学习和满足好奇心的地方。在这里孩子们可以有不同的选择，不断充实自我。花园可以属于所有人，而且也应该属于所有人！

将校园花园纳入现有的教育课程，有助于引导学生更好地进行营养选择，培养更健康的饮食习惯[27]，同时也有助于促进他们的全面发展。作为教育者、设计师和热心公民的我们需要做更多的工作，以确保所有的儿童，特别是那些处境困难和弱势的儿童，能有机会接触到学校花园所能提供的营养食物和乐趣，并在其中运动、学习和社交，使得自身变得有创造力，成为更好的环境保护者。为了确保每个学校都能够建立校园花园，并使之成为学术课程的中心，我们有必要进行更深入的循证研究，以证实校园花园的价值。因此，基于它的健康效益，我们需要更加重视学校花园。

参考文献

[1] Tandon P S, Zhou C, Christakis D A. Frequency of parent-supervised outdoor play of US preschool-aged children[J]. Arch Pediatr Adolesc Med, 2012, 166（8）: 707-712.

[2] Mark S Tremblay, Allana G LeBlanc, Michelle E Kho, et al. Systematic review of sedentary behaviour and health indicators in school-aged children and youth[J]. International Journal of Behavioral Nutrition&Physical Activity, 2011.

[3] Park, S., Lee, H., Lee, K., Son, K., & Schoemaker, C.A.The metabolic costs of gardening tasks in children[J]. HortTechnology, 2013, 23（5）: 589-594.

[4] Castro D C, Samuels M, Harman A E. Growing healthy kids: a community garden-based obesity prevention program[J]. American Journal of Preventive Medicine, 2013, 44（3）: S193-199.

[5] Parmer, S.M., Salisbury-Glennon, J., Shannon, D., & Barbara Struempler, B.School gardens: An experiential learning approach for a nutrition education program to increase fruit and vegetable knowledge, preference, and consumption among second-grade students[J]. Journal of Nutrition Education & Behavior, 2009, 41（3）: 212-217.

[6] Ratcliffe, M., Merrigan, K.A., Rogers, B.L., & Goldberg, J.P.The effects of school garden experiences on middle school-aged students' knowledge, Attitudes, and behaviors associated with vegetable consumption[J]. Health Promotion Practice, 2011（1）: 36-43.

[7] Kime N. Children's eating behaviours: the importance of the family setting[J].Area, 2008, 40（3）: 315-322.

[8] Wang Y, Lim H. The global childhood obesity epidemic and the association between socio-economic status and childhood obesity[J].International Review of Psychiatry, 2012, 24（3）: 176-188.

[9] Centers for Disease Control and Prevention[EB/OL].National Health and Nutrition Examination Survey.2012[2007-2008].http: //www.cdc.gov/nchs/data/nhanes/nhanes_07_08/overviewbrochure_0708.pdf.

[10] Ogden, Cynthia L. Prevalence of High Body Mass Index in US Children and Adolescents, 2007-2008[J]. Jama, 2010, 303（3）: 242.

[11] Dyment J E, Bell A C. Active by Design: Promoting Physical Activity through School Ground Greening[J]. Childrens Geographies, 2007, 5（4）: 463-477.

[12] Mccracken D S, Allen D A, Gow A J. Associations between urban greenspace and health-related quality of life in children[J]. Preventive Medicine Reports, 2016（3）.

[13] Wells, N. M. At Home with Nature Effects of "Greenness" on Children's Cognitive Functioning[J]. Environment & Behavior, 2000, 32（6）: 775-795.

[14] Berezowitz C K, Bontrager Yoder A B, Schoeller D A. School Gardens Enhance Academic Performance and Dietary Outcomes in Children[J]. Journal of School Health, 2015, 85（8）: 508-518.

[15] Heim S, Stang J, Ireland M. A Garden Pilot Project Enhances Fruit and Vegetable Consumption among Children[J]. Journal of the American Dietetic Association, 2009, 109（7）: 1220-1226.

[16] Spies T G, Morgan J J, Matsuura M. The Faces of Hunger The Educational Impact of Hunger on Students With Disabilities[J]. Intervention in School & Clinic, 2014, 50（1）: 5-14.

[17] Blair, Dorothy. The Child in the Garden: An Evaluative Review of the Benefits of School Gardening[J]. The Journal of Environmental Education, 2009, 40（2）: 15-38.

[18] Block K, Gibbs L, Staiger P K, et al. Growing community: the impact of the Stephanie Alexander Kitchen Garden Program on the social and learning environment in primary schools[J]. Health Education & Behavior, 2012, 39（4）: 419-432.

[19] Rashawn Ray, Dana R. Fisher, Carley FisherMaltese. SCHOOL GARDENS IN THE CITY: Does Environmental Equity Help Close the Achievement Gap?[J]. Du Bois Review Social Science Research on Race, 2016（2）.

[20] Jeremy Winters, Tracey Ring, Kathy Burriss. Cultivating math and science in a school garden[J].Childhood

Education，2010，86（4）.

[21] McArthur, J., Hill, W., Trammel, G., & Morris, C..Gardening with youth as a means of developing science, work and life skills[J]. Children, Youth and Environments, 2010, 20（1）: 301–317.

[22] Hazzard E L, Moreno E, Beall D L, et al. Best Practices Models for Implementing, Sustaining, and Using Instructional School Gardens in California[J]. Journal of Nutrition Education & Behavior, 2011, 43（5）: 409–413.

[23] Walter，K.Gardening，nutrition programs bloom[J]. Health Progress, 2014, 95（2）: 38–43.

[24] Charles A. Lewis. Green nature human nature[J]. Illinois University，1996.

[25] Mace，R.Universal design，barrier free environments for everyone[J].Designers West, 1985, 33（1）: 147–152.

[26] Young，D.Universal design and livable communities[J]. Home & Community, 2013.

[27] Graham H, Zidenberg–Cherr S. California teachers perceive school gardens as an effective nutritional tool to promote healthful eating habits[J]. Journal of the American Dietetic Association，2005，105（11）: 1797–1800.

本文部分内容改编自: Wagenfeld, A. & Whitfield, E. Going, doing, gardening: School gardens in the underrepresented communities of Lake Worth，Palm Springs，and Greenacres[M]. Florida: Children，2015.

监狱环境中的花园

[美] 朱莉·史蒂文斯 (Julie Stevens)

近几十年来，人们对于监禁的观念发生了转变，从强制犯人在一个缺乏人性化的环境中赎罪，转变为通过教化课程、咨询和改善监狱环境来帮助服刑者恢复正常生活。风景园林专业人员和其他环境设计师对推动创造健康的监狱环境起到了重要作用，改善了监狱中生活和工作的人群的生活质量。本文主要探讨亲生命性疗愈景观的原则，并通过一个美国女子监狱的真实案例研究，说明这些原则在监狱环境中的应用。

监狱是什么样子的？它们是如何工作的？

大多数监狱建筑都是用混凝土、砖块或石头建造的，而建筑之间一般是草坪、泥土和硬质铺装。在美国和其他国家，监狱中历来有用于生产食物和囚犯忏悔的花园。监狱管理人员将园艺和农业作为一种手段，让囚犯保持忙碌避免其他事端的发生，同时还能为服刑人员提供食物以控制成本。然而，由于日益复杂的安全政策、人员短缺和食品安全问题，这些农场和花园逐渐消失了。"现在，人们支持在监狱建造花园和农场是源于亲生命性的心理效益方面的研究，而不是因为园艺工作具有潜在的康复作用。"

当你走进今天的美国监狱，你可能会发现囚犯们在做许多我们日常生活中的事情：烹饪、清洁、学习、社交和工作。但是监狱里的生活远比表面看起来复杂。囚犯们面临失去自由、与亲人分离、复杂的人际关系，以及社会情感过剩等问题。

环境如何影响人们？景观如何影响人们？

监狱是冷酷无情的、死气沉沉的，对于那些被关在监狱里的人来说，他们可能会感到自己被社会抛弃了。当他们每天环视冰冷的混凝土和死气沉沉的景观时，他们也许会放弃对目标和价值的追求。

"一个社会的文明程度可以通过监狱来评判。"

——陀思妥耶夫斯基 (Fyodor Dostoevsky)，来自《死亡之屋》(*The House of the Dead*)

监禁带来的压力，以及缺少亲近自然的机会，会导致抑郁、焦虑、攻击性行为甚至暴力行为。大多数监狱管理人员正寻求可以减少囚犯斗殴和破坏行为的方法，以保证工作人员、狱警和囚犯的安全。但是，大多数监狱的环境只有冰冷的建筑、昏暗的灯光，人们很少能够接近自然，这些都无助于减少纪律问题和攻击性行为。"无法融入自然，无法接触自然，甚至无法看见自然，这就抹去了一个能适应并减缓压力和精神疲劳的重要选择。囚犯不仅承受着许多压力，还无法像普通人一样使用很多方法来应对压力。"

"如果我们想减少囚犯的敌意和压力，支持他们通过教育、治疗或培训来帮助自己，那么提供更好的环境，通过窗户、照明、视野、颜色和设计使他们能够接触自然和阳光尤其重要。"另外，为工作人员提供安全和健康的环境也同样重要。

安全问题

保证安全并防止监狱内部人员受到伤害是至关重要的。安全问题可以分为三类：视线和隐蔽处，违禁品，潜在武器。

视线和隐蔽处

狱警和管理人员通常需要视线开阔的景观，因为景观中的障碍物可能具有潜在的危险性。遮挡视线的地方可能为囚犯进行不法行为创造机会。美国监狱对监狱中的性关系采取零容忍政策，该政策被称为《监狱强奸禁绝法》（Prison Rape Elimination Act，PREA）。

违禁品

典型的监狱操场几乎没有可以藏匿违禁品的地方，而那些可以藏匿物品的地方大多数时间是禁止囚犯进入的。违禁品包括毒品、武器、金钱，甚至是监狱里难以得到的食物或个人物品。交易违禁品是一项严重的罪行，特别是毒品和武器，为了避免被发现，许多囚犯在公共区域进行交易。违禁品可能由访客、志愿者甚至是雇员带进监狱。

潜在武器

无论室内还是室外，大多数监狱都坚持使用必需且安全的设施和物品。例如，桌椅通常是金属的，并固定在地面上，避免它们成为武器。许多像剪刀这种日常生活中使用的东西，在监狱中都可能被当作武器。

为什么关注监狱的环境改善？

囚犯需要的不仅仅是环境改善，他们还需要获得治疗课程、教育和咨询服务，需要更多时间与亲人在一起，以及更健康的食物等。由于预算有限且越来越少，监狱管理人员只能有选择地向监狱内的人提供服务。这些都是复杂的决策。在爱荷华州和美国各地，监狱依靠志愿者填补治疗项目和其他教育与精神服务方面的预算缺口。

为什么倡导健康和治疗的监狱景观？如何去做？

首先，正如斯蒂芬·凯勒特（Stephen Kellert）所说，"人们一直以来都依赖于接触自然环境来保持身心健康，即使在现代城市社会中，自然环境也是实现健康满足生活的必需品而非奢侈品。"疗愈性监狱景观也可以成为一种治疗形式，即使人们可能不会意识到他们渴望把自然体验作为缓解压力和精神疲劳的手段。治疗既可以由辅导员指导，也可以由个人自我实现。因此，在疗愈性户外环境中待一段时间，可以是心理治疗和自我保健的一种形式。考虑到咨询人员的数量不能满足大量囚犯的需求，为囚犯提供自我保健的机会便至关重要。

合作—开端

这一长期合作关系始于 2011 年，当时爱荷华州惩教部（IDOC）联系了爱荷华州立大学（ISU）风景园林系，询问爱荷华州立大学的学生能否参与位于爱荷华州米切尔维尔市的爱荷华女子惩教所（ICIW）的扩建工作。这个爱荷华州唯一的女子监狱打算投资 6800 万美元进行扩建。为了使其成为一个最先进的以治疗为导向的机构，管理人员希望改善其景观，但尚不清楚如何挖掘其中的潜力。

花园建造课程

在第一学期的课程中，学生们与监狱管理人员、设计师和服刑女性一起，为这座占地 32 英亩（约 13hm²）的园区制定总体规划。早期的一些想法包括疗愈花园、户外教室、瑜伽和娱乐空间，以及蔬菜生产花园。通过专家研讨会和汇报，我们解决了安全和后勤方面的问题。在课程设计结束后，决定与其继续合作并进一步实现我们的想法。自 2011 年以来，学生在爱荷华女子惩教所已经完成了 7 个以监狱花园为主题的工作坊和研讨会课程（图 1），其中 3 项设计建造项目已经完成，目前第 4 个项目正在建设中。

花园的建造

这个通过设计建造项目而建成的花园包括：
多功能户外教室：它可用于个人、小型或大型团体咨询，还可以作为花园和聚会场所（图 2、图 3）。

图1　监狱景观工作坊和研讨会课程

复杂性　不同景观类型结合多样化的植被有助于创造复杂性

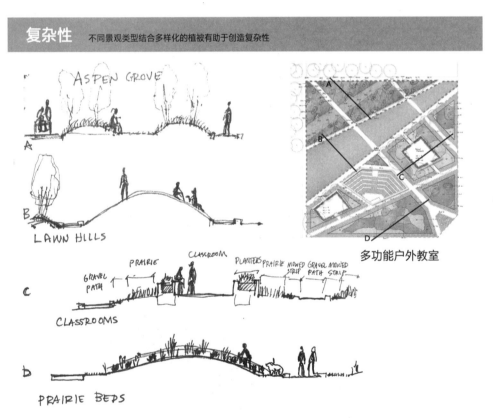

图2　多功能户外教室的不同空间

减压区位于职员入口附近，旨在让惩教人员和狱警在此休息、会议或社交聚会等。

图 3　爱荷华女子惩教所的减压区

康复花园专为生活在严重和一般严重心理问题牢房的女性而设计。它适用于个人和小团体咨询，也可作为一般聚会场所（图4）。

图 4　服刑女性坐在草坪上

儿童花园（目前）与探访室相邻，供探访母亲的儿童和探访亲人的家属使用。该空间设有各种游戏活动和疗愈空间，可以促进亲人之间的交流（图5）。

图5　儿童花园设计效果图

参与的过程

　　多年来，参与式设计的过程得到了大力发展。一开始是由服刑女性和工作人员组成的简单焦点小组，现在已经发展成由学生和服刑女性组成的正式团队，他们共同完成设计过程的每一个步骤。

参与的成员

　　大学生在监狱里度过他们的学期和暑假似乎并不常见，但这种合作关系已经发展成一段非凡而有益的经历，组成了一个非常优秀的团队（图6）。

建造的现场

　　建造花园的注意事项不仅仅只有安全，还有很多因素需要考虑。我们在这个每天24小时运营的机构内工作。施工时必须遵守监狱的规章制度，这带来了许多问题，需要花费很多额外的时间来解决（图7）。一整天的建造过程经常会被监狱的后勤工作所打断。女性成员必须在特定的午餐时间和清点人数时停下工作。

图 6　2016 年的成员

图 7　建造康复花园

该如何应用亲生命性原理

亲生命性，即"对生命或生物的热爱"，这一术语最初由埃里克·弗洛姆（Erich Fromm）提出，而后由爱德华·威尔逊（Edward O. Wilson）和斯蒂芬·凯勒特所推广。这一原理认为，我们不仅被自然吸引，而且接触自然对我们的生存和心理健康是必不可少的。这一理论后来进一步演变为"亲生命设计"，其重点是将自然引入建筑环境以满足人的亲生命性需求，尽管人类已经远离自然很长一段时间，但亲近其他生物仍是人的内在需求，亲生命设计旨在满足人类的这一需求。亲生命性作为一种治疗的原则，还可以用来减缓心理压力。

亲生命设计强调将自然元素引入建筑和城市。"亲生命设计是指有意将对亲生命性，即人类对自然与生俱来的亲近感，转化为建筑环境的设计。"将自然融入建筑中通常是设计师的预期效果，但成功地将自然引入室内可能是困难且昂贵的，而且还需要长期的精心维护。虽然绿色建筑能提升人类的健康和福祉，但没有什么比在自然中待一段时间更能使人容光焕发。我们想要置身于自然，与自然接触，"……亲生命性是指人类天生具有亲近自然的倾向，尤其是非人类环境中的生命和其他类似生命形式"。

感官推动了人类在适应自然的过程中不断进化，自然界"主要由光、声、味、风、天气、水、植被、动物和景观等关键环境特征构成"。无论我们是否意识到这一点，我们仍然依赖环境来满足我们的生存需求：食物、住所和安全。当一个人长时间待在一个无法满足生存需求的环境中，或者用今天的话说，无法获得最佳的身心健康和幸福时，他就会感到压力或不安。"所以，我们创造的人造环境结构既可能满足人类亲近自然的亲生命需求，也可能起到阻碍作用。"

亲生命性如何影响设计？

凯勒特概述了两种类型的亲生命设计，一种是有机或自然的亲生命设计，另一种是基于场地的亲生命设计。第一种是"……由建筑环境的形状和形式所定义，这种建筑环境能直接（Direct）、间接（Indirect）或象征性（Symbolic）地反映人类与自然天生的亲近感"（Kellert，2008：5）。

直接 = 非结构化的联系

间接 = 需要人为构成的联系

象征 = 没有实际联系，只有表象——形象、隐喻等

第二种"……是基于场地的亲生命设计，定义为与所在地理区域的文化和生态相联系的建筑和景观"。凯勒特接着讨论了场所归属和个人或社会认同。对于监狱来说，这一点似乎不合常理，但监狱很大程度上是一个小型社会。

长期监禁或终身监禁的囚犯会产生更多的场所归属感，并从中获益。监狱就像一个家，对许多被监禁的女性罪犯来说，这是她们最安全的家。她们的日常生活和我们很相似，但遭受着被持续监控的压力，其中一些人还会担心人身安全，担心家里发生事情。被监禁的人患慢性病的几率比普通人群高，而这种几率可以通过增加与自然的互动来降低。

在监狱社区内，许多囚犯在维护设施及其日常运作方面发挥着重要作用。她们承担食品服务、

维护和健康服务等工作，有的还是教育和精神课程的导师。她们还在监狱内以亲人相称，扮演母亲、姐妹、女儿或祖母等角色，这个社区中的人和物理空间成为她们所认同的一部分。

在监狱死板且严密监控的室内空间中，创造一种场所归属感可能是困难的，但景观可以让囚犯去设计、创造和照料一个生命系统。这不仅对于提升囚犯的幸福感很重要，而且对监狱管理人员也同样重要，因为他们肩负着维护这个大型社区的稳定，以及满足日益增多的自然需求的重任。"除非人们对当地的文化和生态有强烈的归属感，否则他们很少有足够的动力去充当负责任的建筑环境管理者。"园艺给人一种自豪感和归属感，此外，"园艺带给我们一种支配着一小块土地的感觉，尽管这只是巧合……"

支配环境可以让人们产生对环境的归属感，还可以促使人们关心并推动环境的健康、维护和美化。在监狱中，我目睹了所谓的相互管理：花园和女性囚犯之间产生一种共生关系，即女性在照料花园的同时可获得治疗效益。弗朗西丝（Frances）和海丝特（Hester）指出："支配带来了对管理或土地的责任和义务。我们观察、感知并直接参与自然过程。"

资源可用性和安全性

人们在安全且能够满足其需求的环境中感到最舒适。"安土重迁反映了人类在进化过程中产生的地盘性倾向，这种倾向已被证明有利于获取资源、保障安全和避免危机。"在监狱中获取的资源不同于正常社会生活的资源。食物、衣服和住房等资源只能满足基本需求，要想与成百上千的人区别开来，就需要获得其他的私人物品、地位或身份。

此外，在监狱中想要获得安全保障远比外人想象得复杂。在我们首次向管理人员、惩教人员和其他工作人员介绍设计方案时，女罪犯们最能够畅所欲言的是学生设计中关于对个人安全构成威胁的区域。他们指出，即使是一个18英寸（约45cm）深的环形下沉会议空间，也有可能发生虐待事件，罪犯们也有可能在其中参与非法行为。尽管存在安全方面的问题，但女士们仍然赞赏设置一个公平和民主的空间的想法，而这些词语在监狱中很少出现。

对于一些人来说，监狱就是家，甚至在现代社会中，"……大多数人在身心上仍然强烈需要将某个地方称为'家'。"因为监狱管理部门正在准备将罪犯迁入新的机构，我们讨论了许多关于适应新环境的问题，我们希望将旧社区中的一些东西融入新社区，以追忆旧社区中原有建筑和花园的景象。一位女士提出重新利用旧建筑物的砖块去建造花园路径和墙壁的想法，她说："这是我的家，你知道吗？我在这里待了25年，我在这里长大，而现在他们要拆掉我的家。"

大多数被监禁不到一年的女性并没有场所归属感。在此期间，她们几经转折，而且正面临与犯罪和再入狱相关的家庭和法律问题。因此，许多女性对监狱内外的维护都表现出冷漠态度。凯勒特认为，归属感就是人们关心周围环境的主要原因，"相反，如果缺乏归属感，人们通常对建筑环境漠不关心"。此外，无场所感会导致心理和行为问题。

凯勒特概述了六个亲生命设计元素：

环境特性

自然形态

自然模式与过程

光线与空间

场所关系

建立人与自然的关系

让我们回顾一下爱荷华女子惩教所的设计中如何使用环境特征：

凯勒特定义了 12 个属性，"涉及人造环境中所应用的相对有序的自然特征"。它们是颜色、水、空气、阳光、植物、动物、自然材料、视野和远景、立体绿化、地理或风景、栖息地和生态系统、火。

颜色是囚犯对我们提出的第一个也是最普遍的景观要求之一。监狱通常没有色彩，只有墙壁和地板有柔和的色彩，意在给囚犯带来平静。据凯勒特说，人类逐渐凭借颜色来定位资源和识别危险。例如，我们常常被鲜艳的花朵所吸引，因为它们会变成果实。而从进化的角度来看，当果实成熟时，我们会更容易找到那种植物。

水是监狱环境中一个棘手的元素，但它具有强大的作用。在设计评审中，管理员和囚犯都同意监狱内点缀一些水景。虽然目前雨水流动是唯一的"特色"，但设计师们正计划使水在景观中更富有变现力。

空气在亲生命原理中可分为自然空气或经过偏好处理的空气。空气质量，比如气味，在监狱室内外都是一项具有挑战性的问题。监狱内的空气普遍弥漫着一种独有的令人厌恶的气味。引入芳香植物有助于改善囚犯的景观体验，但需要进一步研究引入气味的影响，因为气味可能会唤起人们对过去愉快或痛苦的回忆。

阳光。"单纯引入自然光而不是使用灯光，可以提升斗志、舒适度、健康水平和生产力。"光线和阳光是惩教界备受关注的话题，因为人们长时间待在室内会变得不健康，而且保证安全也需要充足的光线。"（对阳光的）偏爱反映了这样一个事实：人类基本上是白天活动的动物，在获取资源和避免危险方面严重依赖视觉。"多项研究指出了光照对认知表现、情绪、生理和心理效应的影响。在监狱里，白天和晚上长时间待在人工照明下，会打乱昼夜节律，并可能导致缺乏维生素 D 等健康问题。那么如何才能通过更多地接触户外的自然光来减轻人工照明的负面影响？

"植物是人类生存的基础，是食物、纤维、饲料以及生计和安全方面的来源。"多年来，我们在花园中种植，看着植物生长，从中收获食物和种子，发现植物对我们日常生活很重要，尤其是当你对环境几乎没有管理权的时候更是如此。女士们对新增的食物和开花植物表现出极大的兴趣、好奇和欣赏（图 8）。我发现有人用草原花去做花冠，由此看来编织是人类的一种本能活动，但事实证明这是一种抚慰人心的方式，一种非常真实的接触自然环境的方式。事实上，"当被迫与自然分离时，那种想要接触一些生命的渴望是强烈的"。

许多狱警可能会对动物皱眉头，尤其是在院子里工作的狱警，但它们却能给这个死气沉沉的地方带来生气，让这里的景色变得生气勃勃。"动物是人类生存所需的食物、资源、防御和友谊……的基本来源。"虽然大多数园丁会将兔子赶出花园，但女性囚犯则会竭尽全力保护和养育误入监狱的兔子和它们的后代，我们和女囚犯一起把兔子养在草地上，不让它们进入生产菜园（图 9）。

图 8　服刑女性正亲近植物

图 9　女性囚犯和兔子宝宝

自然材料。"人们通常更喜欢自然材料而不是人工材料……"幸运的是，当地采石场捐赠了一大批风化石灰岩给我们（图10）。采石场的这批石材因为其色泽而卖不出去，但它对我们的项目来说是完美的。"这种经过时间而形成的色泽，可能会让一些人对自然系统的营养物质和能量流动所带来的好处有一种直观的认识。"学生们模仿当地爱荷华州的景观来设计花园的形式，就像来自天空的拼图，这些石头则构成了隐喻的田野和山谷。

图 10　石灰石墙

卡普兰夫妇和瑞安（Ryan）认为，视野和远景是宝贵的资源，对于囚犯来说，待在这样的景观中是一种别样的体验。望向外界的风景可以让他们在精神上得以逃脱。服刑女性坐在警车后部进入监狱，许多人不知道也不关心她们周围的环境，因为坐在警车的她们一旦进入监狱就会丧失方向感。然而爱荷华女子惩教所的位置坡度适中，妇女们可以俯瞰设施内部和外部环境，正如卡普兰夫妇和瑞安指出的那样，这在寻路方面可以发挥重要作用。

卡普兰夫妇和瑞安提出设计或管理视野和远景时需要考虑的四种模式：足够的景物、视觉引导、超越视觉和畅想的视野。能够看到监狱的大部分环境可能会带来安全风险。"大片草坪不太可能是人们喜欢的景象。相比之下，树则提供了兴趣点和形态。"作为景观设计师，我们的主要设计元素就是植物，尤其是树木。虽然我们知道树木在景观中的许多有益功能，但我们必须能够证明，栽种树木的好处大于其潜在风险，还需找到创造性的解决方案来使安全风险最小化。沃申多夫（Wachtendorf）监狱长提醒我们，"要像安全主任和囚犯那样思考。"承担这一责任而非怀着怜悯之心。出于对囚犯和工作人员的安全和福祉的重视，我经历了许多不眠之夜，提出了设计干预的建议。事实上，我们最容易从女性囚犯那里获知潜在风险，因为她们会毫不吝啬地分享她们对设计方案的意见，无论好坏。

第二需要考虑的是视觉引导。大多数情况下，监狱环境是建立在主要建筑物、服务性建筑和监狱内外通道基础上的。"为了使远景具有吸引力，它必须具有连贯性和焦点。"植物组团、视觉变化和焦点被认为是视觉引导的手段。对植被高度的限制可能会将植物组团对景观的影响降到最低。为了在视觉上形成变化，我们在菜园运用了多种原生草原植物和有趣的组合形式。除此之外，通过添加适当的雕塑元素也可以构建视觉的焦点。然而，在可能的情况下，应考虑借景，这也将引出第三种模式——超越视觉。

"当远景吸引观众的注意力，它可以使观众在想象的空间中畅游，还可以引起观众对于隐藏在视野之外的景观的联想。"学生们为爱荷华女子监狱有特殊需要的女性设计和建造了康复花园，充分利用了面向爱荷华州农业景观的视线（图11）。石灰岩座椅位于小路的尽头，可以看到排列在远处的谷仓，这里也被称为爱荷华城堡。一个囚犯如果能够想象监狱外的生活，那么她可以最大限度地减缓压力和精神疲劳。

图 11　从康复花园看到的远景

立体绿化是在紧凑或难以种植的位置创造绿色空间的一种手段。在许多监狱中，隔离室仍然被用来隔离那些不能与他人友好相处的囚犯。这些空间通常是只有排水管的混凝土房间，有时还有一个很高的窗户，便于让新鲜空气进入房间。在其他监狱中，生活区内通常有庭院空间。然而这些庭院一般也是由混凝土组成，而且显得缺乏生机。我们建议使用绿化墙和种植器等立体绿化，为这些原本死气沉沉的空间引入生命。

地理或风景——或可称为地域性设计？

历史上的监狱大多是由地方材料建造的，而且具有本土的形式，但现在却难以看到考虑这些因素的监狱设计。今天的监狱普遍是死板的砖混结构，不同建筑几乎没有什么变化，建造成本日益上升和监狱人口不断增加都阻碍了建筑设计的创新。为了解决这一问题，我们在爱荷华女子监狱创建的景观空间在美学和生态上的灵感都源于草原风格，而本土石灰岩墙和小径则反映了平原和爱荷华州漫长的地质历史。

栖息地和生态系统："建筑和景观与本土栖息地和生态系统有密切联系，也往往给人以深刻的印象，深受人们的欢迎。"当地的草原植被浪漫地再现了过去的时光，也为被监禁的女性提供了一个认识当地生态系统的机会。然而，将草原景观引入人造环境时遇到了一些阻力，许多人觉得它看起来杂乱无序，并且对这个需要维护的景观感到不满。这是人们对引入草原景观的典型看法，但这也让学生能够重新思考如何只使用本地植物开创出新的设计方法（图12）。前些年监狱的维护强度并不成问题，因为人手充足，每人的工作负担不重。然而一年过后，这个将近1英亩（约4050m²）的草原景观看起来就像一个典型的大草原。这些经验教训可被吸取成为专业知识，监狱中的体验也让囚犯在重返社会之前能够接触本土自然。

图12 一年之后的草原景观

火：凯勒特指出，火的应用对人造环境的设计提出了挑战，除了在工作人员减压区中放几个烤架外，这是一个我们从未在监狱环境中使用过的元素。

进化的人类—自然关系。

以下来源于凯勒特的《环境价值类型学》（*Typology of Environmental Values*）。

1. 瞭望和庇护

正如艾普顿（Appleton）和希尔德布兰德（Hildebrand）所说，庇护是人在环境中获取安全的能力，瞭望是看到阻碍危险和潜在资源的能力。换句话说，就是看与避免被看的能力。瞭望强调畅通无阻的视野是安全的首要条件。相反，无论监狱有没有树木和构筑物，在这个摄像头全天候监控的环境中，几乎不可能找到庇护之处。当一个人习惯了生活在一个资源稀缺、人身安全受到威胁的环境中，他就会对周围的环境有更深的认识。我几乎每天都在观察女性因犯，我发现她们的观察和评估技能水平很高。她们的肢体语言表明，她们在观察周围环境之后，会尽可能地待在一个视野最佳的地方，同时，第一个向警察或罪犯发出警告的人通常更受尊重，并且她们知道每个军官的位置和每个摄像头的方向。

2. 秩序和复杂

令人满意的景观实现了秩序和复杂的平衡，这种平衡形成了一种组织（主要与寻路有关），同时通过不同的景观体验为人们提供刺激。

详细内容可查阅卡普兰相关文章。

爱荷华女子监狱总体规划确立了整体的布局策略，交通路线在很大程度上决定了整体的结构。花园中的道路与建筑和消防通道形成了有意的对比，体现了一种更具激情的运动形式。学生设计的路径形式将具有吸引力的景观节点连接在一起，同时让因犯们经过这些节点时能欣赏到富有生机的植被景观。

3. 好奇心和诱惑

"好奇心反映了人类对探索、发现、神秘和创造力的需求，这些都是解决问题的工具。"爱荷华女子监狱的总体规划利用人们的好奇心来鼓励女性更频繁地到户外活动，探索监狱的不同区域。设计通过设置多种类型的景观和植被来实现这一目的，而且随着时间的变化，这些景观也具有季节性的观赏价值。

这将引导我们走向下一个空间。

4. 变化和蜕变

捕捉季节、时间以及生长周期的变化：长期或终身监禁的妇女将会看到重复的景象，例如金翅雀（爱荷华州的州鸟）的到来，它们十分擅长寻找紫锥菊和黄金菊美味的种子（图13、图14）。

图 13　学习如何收获草地种子

图 14　花园丰收

5. 安全与保障

监狱的设计必须优先考虑囚犯、工作人员、探访者和志愿者的健康和安全。凯勒特警告说，在一个典型的建成环境中，我们不应该"将人与自然完全隔离"。"在监狱中实现安全与疗愈环境的平衡，对设计师来说是一种挑战。这种平衡并非不可能，但需要创新，还需要设计师和管理部分紧密合作。"从一开始，我们就采用了蒂姆·布朗（Tim Brown）所提出的设计思维策略，蒂姆·布朗是《设计改变一切》（*Change by Design*）一书的作者，也是艾迪欧（IDEO）公司的联合创始人。IDEO 公司认为，"设计思维是一种自信，相信每个人都能参与创造更美好的未来，是在面临困难挑战时采取行动的过程"。

设计思维的第一步是明确问题，而且要提出最重要的问题，这些问题将会产生一个想法，并最终形成解决问题的措施。该理论对于策划最理想的景观设计方案至关重要，同时可实现最高级别的安全性。当学生开始设计时，我鼓励他们把它设计得不像一座监狱。一旦他们的想法相对完善，我们就向监狱管理人员介绍方案，他们会提出一些有关安全和保障的问题。然后再要求学生调整他们的设计，以消除监狱长、安全主任和囚犯的担忧，毕竟当这些人发现潜在的安全威胁时，他们往往是最愿意发声的。

6. 掌握和控制

"建筑和人工景观反映了人类对控制的渴望。"

花园体现了这样一种矛盾，我们把花园与自然联系在一起，然而花园却是人类支配自然的表现。园艺作家亨利·米切尔（Henry Mitchell）解释，所有园丁天生都是鲁莽的，是因为这些人必须与天气、土壤和瘟疫做斗争，这才能使植物生长。他说，"挑战是造就园丁的要素"。"在失控的极端情况下，比如战争期间，人类表现出支配某些事物的能力，提醒着我们，我们有能力承受情感上的绝望和混乱的力量。"

"适度且满怀敬畏地掌控自然，有助于提高人类智慧，从而培养人类的自尊和自信。"

重要的是，我们必须把疗愈性监狱景观视为一种必要的存在，而非可有可无的休闲设施。我们需要把在新建惩教设施和改造现有设施时引入疗愈景观作为一种规定，与惩教专业人士、建筑师和工程师合作，将更多的自然景观带进监狱之中。

为了将现状景观转变为更健康的监狱景观，我们必须理解和尊重在监狱中创建疗愈景观所涉及的安全问题和潜在风险。我们需要通过研究和推广去总结和分享更多设计依据，以促进监狱环境的改变，这是在监狱景观设计和使用方面实现持久和深远转变的关键所在。总之，要使监狱景观发生真正的变化，就需要我们带着同理心和尊重去实践。

参考文献

[1] Wener R. The environmental psychology of prisons and jails: Creating humane spaces in secure settings[M]. Cambridge University Press, 2012.

[2] Kellert S R. Dimensions, elements, and attributes of biophilic design[J]. Biophilic design: the theory, science, and practice of bringing buildings to life, 2008: 3-19.

[3] Wilson E O. Biophilia[M]. Harvard University Press, 1984.

[4] Kellert St R, Wilson E O. The biophilia hypothesis[J]. 1993.

[5] Kellert S R. Dimensions, elements, and attributes of biophilic design[J]. Biophilic design: the theory, science, and practice of bringing buildings to life, 2008: 3-19.

[6] Jewkes Y, Moran D. The paradox of the 'green' prison: Sustaining the environment or sustaining the penal complex? [J]. Theoretical Criminology, 2015, 19 (4): 451-469.

[7] Helphand K I. Defiant gardens: Making gardens in wartime[M]. San Antonio, TX: Trinity University Press, 2006.

[8] Kaplan R, Kaplan S, Ryan R. With people in mind: Design and management of everyday nature[M]. Island press, 1998.

后疫情时代健康街道空间营造

孙虎　杨牧梦　侯泓旭　安菁

后疫情时代人们对街道空间的新需求

2019年末，一场突如其来的新冠肺炎疫情彻底改变了人们的生活方式。在疫情高发期间，各国纷纷采取了居家隔离、减少非必要出行等防疫措施以降低流动性和聚集性，避免交叉感染。这些措施对城市街道产生的影响尤为显著：2020年4月，处于疫情第一波高峰期的美国交通量下降了41%[1]。英国关停了除能提供外卖食品和饮料的商店外任何不属于"生活必须"的店铺[2]。一时间，街道失去了往日的活力。

疫情封锁解除后，复工复产的人们为城市街道空间重新带来了生机。然而，街道却难以满足后疫情时代人们各项新的需求：一方面，出于避免接触人群与公共物品、增加病毒感染风险的心理，人们乘坐公共交通的频率下降、使用私家车比例上升[3]。为了避免车辆过多所造成的道路拥堵、污染加重的局面，结合保持社交距离、避免群聚感染的考量，世界卫生组织（WHO）倡导居民采用骑行或步行的方式进行日常通勤[4]。但是长期以来"以车为本"的街道空间却难以及时应对越来越多的骑行与步行活动——狭窄的人行道无法让人们保持安全距离，过快的车速与被车行道分割得四分五裂的自行车道也难以为人们提供友好的骑行环境[5]。另一方面，长期的居家隔离给缺乏户外活动空间的城市居民身心健康带来了负面影响[6]。解除隔离后，人们希望能走出家门进行一些短时间、短距离的户外锻炼及社交活动，呼吸新鲜空气并保持身体与精神健康，驱散心中阴霾。但居民最触手可及的街道却由于缺乏能保障安全社交距离的措施而难以承担起这一重任。与此同时，疫情期间客流量骤减、门店停摆导致商户现金回流艰难，餐饮、零售等临街个体工商户首当其冲。疫情缓和后，受到保持社交距离规则的影响，一些商铺即使开门营业也生意惨淡，在开门与关门之间焦灼摇摆[7]。面对上述种种情况，加之时起时伏的疫情仍给城市不断带来许多不确定性，街道空间亟须适应后疫情时代的新需求，为人们提供一个安全、健康的出行、社交、消费环境，帮助人们从疫情的阴霾中快速恢复并创造更加健康与美好的生活。

国外健康街道营造实践

保障身体健康的街道空间营造——新西兰"创新街道 COVID-19"项目

　　疫情防控进入常态化阶段后，新西兰交通局通过对街道空间的评估发现其普遍存在着无法为步行、骑行或是在营业场所外等候的人们提供足够的空间来维持 1~2m 的安全物理距离，以及自行车道网络被车行道割裂等问题（图1）。为了避免后疫情时代交通流量增加可能带来的病毒传播与交通安全风险，新西兰交通局迅速制定了《创新街道 COVID-19 指南》（*Innovating Streets COVID-19 Guidance*）以帮助各地快速地对街道进行更新，满足人们的出行需求（图2）[8]。

图 1　后疫情时代新西兰街道空间中的常见问题
图片来源：新西兰交通局（WAKA KOTAHI NZ TRANSPORT AGENCY）官方网站：https://www.nzta.govt.nz/roads-and-rail/innovating-streets/covid-19-guidance/，图中中文由作者改绘。

营造方法

　　新西兰交通局提出了若干措施供各地议会参考以创建更加安全与健康的街道（表1），同时强调应结合街道状况、使用频率和措施持续时间考虑路障、标识等材料的运用，诸如避免在容易受到撞击的区域使用移动式的路障或是在打算长期实施变更的地方使用临时性材料。

新西兰《创新街道 COVID-19 指南》中提出的营造方法　　　　　　　　表 1

应对措施	适用街道	具体举措
创造安全与健康的步行空间	主干道、人流量大或慢跑、步行活动多的街道	①设立路障，利用路边停车位或车道拓宽人行道空间； ②限制车速； ③加设无障碍坡道； ④依循交通控制设备规则（Traffic Control Devices Rule）设置指示步行方向的标识
创造安全与健康的等候空间	有行人通行及等候人群的商业街道	①设立路障，占用部分车行道作为等待或步行空间； ②限制车速； ③加设无障碍坡道； ④依循交通控制设备规则设置指示步行方向及顾客等候区域的标识
连接自行车道	骑行与车行空间未明确划分的道路	①临时占用路边停车位，串联自行车路线； ②使用耐撞击的柱形路障分隔骑行与车行空间

除此之外，新西兰交通局对具体如何降低车速也提供了详细的指导，如设置临时减速带、在交叉路口设置路障使驾驶员执行更严格的转弯动作、临时减少道路宽度、设置限速标牌给予驾驶员视觉提示等（图3），并鼓励完全或局部地临时封闭学校外、公园旁、商业性的街道以为人们提供更多行走、等候、娱乐的空间（图4）。

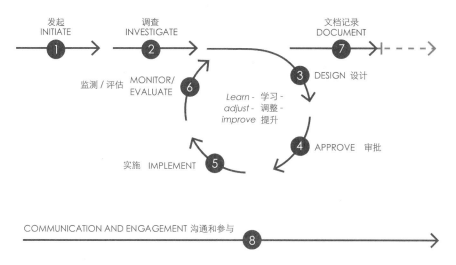

图2 "创新街道COVID-19"项目流程[12]
图片来源：新西兰交通局（WAKA KOTAHI NZ TRANSPORT AGENCY）官方网站：https://www.nzta.govt.nz/roads-and-rail/innovating-streets/covid-19-guidance/，图中中文由作者改绘。

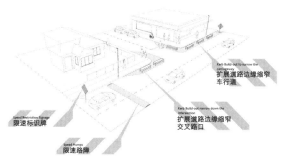

图3 限制车速的方法
图片来源：新西兰交通局（WAKA KOTAHI NZ TRANSPORT AGENCY）官方网站：https://www.nzta.govt.nz/roads-and-rail/innovating-streets/covid-19-guidance/，图中中文由作者改绘。

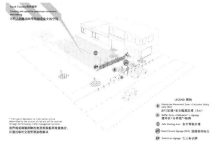

图4 封闭道路的方法
图片来源：新西兰交通局（WAKA KOTAHI NZ TRANSPORT AGENCY）官方网站：https://www.nzta.govt.nz/roads-and-rail/innovating-streets/covid-19-guidance/，图中中文由作者改绘。

组织流程与参与者

考虑到反复的疫情，新西兰交通局制定了一系列措施以保障街道营造能够安全且快速的实施。第一步，由当地社区成员所担任的社区领导者将线上收集到的信息快速向议会传达，协助项目团队制定包括当地问题、居民愿景、设计原则、项目目标、建造风险等在内的战略以指导项目的实施。第二步，由项目主管、临时性交通管理方面的专家等组成的团队对项目区位、背景进行分析并考虑周边更广泛的交通网络和安全隐患。第三步，项目团队根据场地的特征与待解决的挑战，制定设计方案。第四步，政府按照官方流程对方案进行审批。第五步，团队利用传统标识并探索和运用生活中其他常见材料和资源，如人行道上的粉笔画、街边橱窗等，对街道进行改造。第六步，团队成员在保持安全距离的前提下快速进行现场观察、录像，或采用对社区居民进行在线调查的方式，及时评估项目的有效性，了解是否需要对其进一步更改。第七步，以文件的形式记录项目值得推广、学习的内容，供其他地区进行参考并确认紧急或临时做法是否具有转化为长期项目的潜力（表2）。此外，政府认为在项目前期应了解各利益相关方的需求并广泛寻求观点与建议，并在建设过程中尽可能带动社区居民共同参与，但新冠肺炎疫情却使得这一切难以实现。为了加强各方沟通，新西兰交通局委任沟通和参与主管、社区领导者向议会与团队传递居民的需求与愿景。同时，他们需要及时向居民解释街道发生的变化，阐明要解决的问题、意图和紧迫性并获取社区反馈，从而避免沟通受阻所导致的社区居民感觉权利丧失、项目无法满足需求等问题[9]。

健康街道营造从紧急向长期的转变   表2

项目类型	紧急性	临时性	长期性
做法及目的	使用锥形路障等材料，快速创造步行或骑行空间	作为交付项目的一部分，测试未来的布局	使用永久性的材料；构建被批准的设计
建设周期	天 / 周	周 / 月	月 / 年

促进心理健康的街道空间营造——美国"游乐纽约"活动

研究表明，居家隔离会对不能与他人接触也无法去公园跑步和玩耍的儿童的身心健康造成较大的负面影响[10]，因此许多专家学者呼吁在解除隔离后为儿童提供更多户外活动的机会[11]。考虑到公园、游乐场等场所中的活动可能无法保证孩子们处于安全社交距离之中，为了帮助儿童及社区及时恢复健康，纽约非营利组织"街头实验室"（Street Lab）于2020年7月在一些社区中开展了"游乐纽约"（PLAY NYC）活动，希望为儿童提供安全、短时间内可达的户外活动场所。

图5 可灵活拆卸与组装的设施
图片来源：街道实验室（Street Lab）官方网站:https://www.streetlab.org/programming-nyc-public-space/

营造方法

"游乐纽约"活动倡导临时封闭车道后将其转化为儿童活动场所。街头实验室的工作人员利用班克罗夫特设计（Bancroft Design）公司为此活动专门设计的可拆卸彩色障碍物、栏杆、平衡木和弯梁等设施进行自由组合并布置出玩耍路线，创造出既有趣味性同时也能使儿童保持安全距离的游戏和体育活动区域。同时，街头设置带有洗手液和口罩的卫生站以保证人们的健康（图5）。此外，"街头实验室"组织使用特制工具和粉笔，在地面上划分出可以保持社交距离的图形（图6），让儿童可以分散而不是成群结队地骑自行车、滑旱冰或跳房子之类的单人游乐项目[12]。这些措施使得一片灰色的街道在短短几分钟内就能变成家庭和儿童快乐活动的地方，既可帮助人们安全地进行体育与娱乐活动，同时对促进疫情后心理健康的恢复和重新连接邻居之间的关系也具有积极作用。

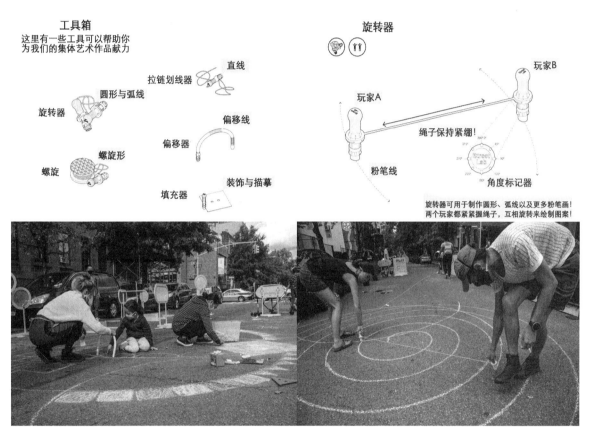

图6　使用特制工具与粉笔绘制图案以保持安全的活动距离
图片来源：街道实验室（Street Lab）官方网站:https://www.streetlab.org/programming-nyc-public-space/，图中中文由作者改绘。

组织流程与参与者

"游乐纽约"活动主要由"街头实验室"负责，其项目资金主要来源于各行各业的赞助。在活动筹备初期，组织中的工作人员会与社区取得联系，让街道上的每个居民填写一份申请设置路障以临时封闭街道的表格。在得到警察部门、公共交通部门、消防部门和卫生部门的批准后，该路段会在特定时段禁止汽车通行以方便项目的实施与进行。在实施期间，"街头实验室"的工作人员负责指导居民安装设施、绘制图案并监督所有工作，同时鼓励所有人保持安全距离。

提升社会健康的街道空间营造——英国利物浦"无墙户外用餐计划"

遵循保持社交距离的规则，英国利物浦市许多餐厅、酒吧与咖啡馆在重新营业时不得不减少其室内顾客容纳量。但这会影响商户营业收入，使因疫情而亏损的餐厅雪上加霜。利物浦市议会认为，创建令人愉悦的露天就餐区以吸引与容纳更多人就餐是餐馆生存的关键[13]。为了帮助餐馆更好地营业，利物浦市议会与奥雅纳（Arup）工程顾问公司共同制定了"无墙户外用餐计划"（Without Walls Outdoor Dining Plan）。

营造方法

出于使商户安全运营与增强当地特色、地方感的考量，奥雅纳设计了由可移动桌椅、种植池等模块化元件组成的户外用餐"小公园"（Parklet）。它可以安装在停车位、人行道或更大的开放空间中。由植物与有机玻璃构成的"卫生屏风"将座位分隔开，消费者可以在此安全地饮酒与用餐。可灵活移动的家具便于进行清洁和冲洗，商户也能够根据用餐团体的规模灵活地对间隔进行调整(图7)。这些"小公园"需要6~8周的时间来建造与安装，并可使用长达五年之久。疫情结束之后，市议会还可以将他们转移到新的地点继续使用[14]。

图7　奥雅纳设计的户外用餐"小公园"
图片来源：Dezeen 建筑与设计杂志官方网站：https://www.dezeen.com/2020/07/02/arup-liverpool-without-walls-parklets-coronavirus-lockdown-social-distancing/

组织流程与参与者

户外用餐计划将利物浦市中心的伯德街（Bold Street）和城堡街（Castle Street）作为首批试点。从2020年7月开始，这两条街道禁止车辆通行，以最大限度地增加街道上户外用餐的空间、设置更多的座位。同时，利物浦市为商户提供了一系列资金支持，该市所有的独立餐厅都可以申请最高

4000英镑的补助金来采购材料及设施，具体的补助金额取决于餐厅可增加的户外座位数量[15]。约600英镑的街头咖啡厅牌照申请费用也被免除以减轻商户在重新经营时的负担。此外，市议会鼓励商户对户外用餐区域的绿化进行养护，并允许他们根据自身的需要进行种植，如可以种植用于烹饪的食用草药或草莓。市议会也会对这些"小公园"进行观察与评估，如果效果良好，类似的做法将在整个利物浦市范围内进行推广。

后疫情时代健康街道空间营造思考

快速反应，从临时性项目中汲取经验

街道基础设施通常需要花费较长的时间进行规划和建设，而后疫情时代的特殊性与紧迫性要求决策者与建设者较快作出决定并立即采取行动，使街道空间能够快速适应人们健康与安全出行的需求。面对这一矛盾，政府相关部门可先采用价格低廉、临时便捷的材料在短时间内对街道空间中的问题作出快速反应，使人们能安心用餐、放心出行。但值得注意的是，后疫情时代城市建设的目的不应仅仅是恢复"正常"，而是要塑造一个更好、更具可持续性和复原力的城市[16]。因此，政府部门、规划师和居民可把城市当作实验室，将根植于当地问题与特色的街道营造项目作为一场场试验。通过观察与评估，具体、形象地了解建设的有效性，研究和探索哪些方法、材料与布局可以营造安全、健康与可持续的街道空间，并为下一步决策与行动提供科学有效的指导，将街道空间建设转化为一个动态可变而不是一劳永逸的过程，使其不断变得更好。

抓住机会，打造以人为本的街道空间

各国所采取的诸如鼓励自行车与步行、封闭街道将其转化为社交活动空间等措施，实际上在疫情来袭之前就被认为是可以促进城市可持续发展、解决交通拥堵等"城市病"的良方。然而长久以来受"以车为本"的交通发展模式的限制，这些措施一直难以顺利实施。解除封锁后，面对街道空间人车争夺路权、街道商业失活等新旧"危机"，政府应把握机会，将其转化为推广绿色出行方式、营造健康街道的"契机"，对街道空间进行重塑，建设"以人为本"的街道。一方面，在规划街道交通时应综合考虑步行、骑行、公共交通、机动车等多种出行方式，并根据道路类型、等级、出行量的不同，对街道空间资源进行合理分配。这样既能逐步解决人车路权争夺的矛盾、促进街道空间的安全与公平使用，也能带动居民改变出行方式、降低碳排放。另一方面，可采用能够灵活组合与移动的街道设施，结合对街道的分时段利用，打造小规模、多功能、高连续性的街道公共空间。在减少街道功能调整建设成本的同时提升使用率，为人们提供便捷可达的休闲放松空间，促进其疫情后身心的康复。

图8 中轴大道两侧宽阔的人行道　　　　　　　　　　图9 局部扩宽人行道保障通行

作为前海深港现代服务业合作区门户的前海大道便是这一方式实践的典范。为了保障与促进人们的安全出行，设计团队在三条城市中轴大道两侧皆设置了总体宽度为6m的人行道。靠近机动车道一侧利用沿路的种植区形成隔离带，对步行者的活动空间进行围合，以减少骑车尾气、噪声等对行人健康的不利影响。同时，在人行道中央间隔布置绿化带，可适时地将行人隔开，避免大量人群拥挤的现象（图8）。除此之外，一些街区单元内原本僵直的人行道规划使得步行空间过于狭窄，这不仅会增加行人感染的风险，同时会带来消极的步行体验，降低人们的步行积极性。因此，设计团队大胆突破原有红线，将局部的人行空间进行适当扩宽，打造更加舒适、便捷的人行道路系统（图9）。这一系列举措不仅能够促进街道空间快速地适应后疫情时代变化的社会及环境状态，也极大地提升了作为新时代国家改革开放战略平台的前海城市合作区形象。

完善流程，鼓励多主体参与街道建设

由于目前仍处在疫情时起时伏的特殊时期，国外街道空间营造实践大多是由政府领导并实施的，但从案例中亦可以发现企业、社会团体、居民等在街道秩序的重建中也扮演着至关重要的角色。街道空间规划、设计与更新既不是专业从业人员的"专利"，也不是政府的"专利"[17]，多元主体共同参与才能更好地提升街道空间的安全性、公平性与合理性。因此，政府相关部门应不断完善多元主体参与街道设计与建设的流程，赋予其参与权、决策权与监督权。在日常交流沟通受阻的特殊时期，更应利用互联网保持各方发声渠道的畅通以更好地了解人们对于街道空间的需求与惯有健康空间营造的想法。同时，应汇集和协调多方力量，以人们的需求为导向建立适应性的解决方案，创建街道空间快速、健康、可持续的发展路径。让城市街道不仅只是具备交通运输、社会交往功能的物质空间，也是能够将人们联结起来，增强社会凝聚力与责任感的重要精神空间。

结语

新冠肺炎疫情催生着未来城市街道的需求特征和供给方式向着更加健康、安全的方向发展，我们亟须寻找能让街道空间快速满足这些需求的有力工具。国外后疫情时代街道空间的营造不仅为街道长期以来存在的人车路权争夺、社交人文属性缺乏等问题提供了解决思路，也为建设更加健康、弹性与可持续性的街道空间提供了参考。未来，如何为人们规划一个公平、可持续的街道空间环境来应对这百年一遇的健康危机，仍需要更多学者进行更深入的探索。

参考文献

[1] Hydrocarbon processing. gasoline consumption nears pre-pandemic level[EB/OL]. （2021-05-21）[2022-03-05]. https：//www.hydrocarbonprocessing.com/news/2021/05/us-gasoline-consumption-nears-pre-pandemic-level.

[2] 新华网.当英国遭遇"取消圣诞节"[EB/OL]. （2020-12-22）[2022-03-05]. http：//www.xinhuanet.com/world/2020-12/22/c_1210940322.htm.

[3] 潘芳，黄哲娇.新冠疫情防控期间国外街道空间治理的应对与启示 [J]. 北京规划建设，2020（5）：96-101.

[4] World Health Organization Europe. Moving around during the COVID-19 outbreak 2020[EB/OL]. （2020-04-29）[2021-04-15]. https：//www.euro.who.int/en/health-topics/health-emergencies/coronavirus-covid-19/publications-and-technical-guidance/environment-and-food-safety/moving-around-during-the-covid-19-outbreak.

[5] Rojas Rueda D, Morales-Zamora, E. Built Environment, Transport, and COVID-19：a Review. Current Environmental Health Reports，2021，01：1-8.

[6] ROBERTS D. How to make a city livable during lockdown：From wider sidewalks to better balconies：tips from a long-time urbanity[EB/OL]. （2020-4-22）[2021-04-15].https：//www.vox.com/cities-and-urbanism/2020/4/13/21218759/coronavirus-cities-lockdown-covid-19-brent-toderian.

[7] 新华网.好政策"看得见"，更要"摸得着"[EB/OL]. （2020-04-09）[2021-04-15].http：//www.xinhuanet.com//fortune/2020-04/09/c_1125830483.htm.

[8] WAKA KOTAHI NZ TRANSPORT AGENCY. Innovating Streets COVID-19 Guidance[EB/OL].[2021-04-18]. https：//www.nzta.govt.nz/roads-and-rail/innovating-streets/covid-19-guidance/.

[9] WAKA KOTAHI NZ TRANSPORT AGENCY. Communication and engagement under COVID-19[EB/OL].[2021-04-18]. https：//www.nzta.govt.nz/roads-and-rail/innovating-streets/covid-19-guidance/planning-your-response/communication-and-engagement/.

[10] Mental Health Foundation. Impacts of lockdown on the mental health of children and young people[EB/OL].[2021-04-18]. https：//www.mentalhealth.org.uk/publications/impacts-lockdown-mental-health-children-and-young-people.

[11] Playing Out. Play streets and covid-recovery[EB/OL]. （2020-04-07）[2021-04-19]. https：//playingout.net/covid-19/play-streets/.

[12] Street Lab. Street Marker：exploring new ways to mark streets for COVID response and beyond[EB/OL].[2021-04-19]. https：//www.streetlab.org/programming-nyc-public-space/street-marker/.

[13] LEVY N. Outdoor dining "last chance" for many restaurants says Ben Mastert on Smith[EB/OL]. （2020-06-29）[2021-04-23]. https：//www.dezeen.com/2020/06/29/outdoor-dining-coronavirus-interviews-ben-masterton-smith/.

[14] WHELAN D. Liverpool launches outdoor dining initiative[EB/OL]. （2020-06-22）[2021-04-23]. https：//www.placenorthwest.co.uk/news/liverpool-launches-outdoor-dining-initiative/.

[15] Liverpool BID Company. Liverpool Without Walls pilot scheme to help restaurants re-imagine outdoor eating[EB/OL]. （2020-06-22）[2021-04-23]. https：//www.liverpoolbidcompany.com/liverpool-without-walls-pilot-scheme-to-help-restaurants-reimagine-outdoor-eating/.

[16] DUTCH TRANSFORMATION FORUM. Together Shaping a more Resilient, Sustainable, and Cohesive Society after Covid-19[R/OL]. （2020-09-01）[2021-04-25]. https：//assets.kpmg/content/dam/kpmg/nl/pdf/2020/services/dtf-2020-.pdf.

[17] 张翀，宗敏丽，陈星.多方参与的综合性城市更新策略与机制探索 [J]. 规划师，2017，33（10）：76-81.

3

第三部分

健康景观与不同人群

贯穿生命历程的自然和健康

[美] 伊丽莎白·迪尔（Elizabeth Diehl）

近几十年来，人们对自然在人类健康恢复方面的作用有了很多了解。许多花园和园林项目被设计及建造，以服务于有需要的人群，相关研究也证明人们长期以来的直觉是正确的。在许多层面上，接触自然是对人类有益的。越来越多的证据表明，自然可以帮助人们在生理上、情感上、认知上和精神上恢复健康并强健身体。

康复花园和园艺治疗已经开始服务于多个重要群体：退伍军人、问题青少年、癌症病人、抑郁症患者、运动障碍者、生理或发育障碍者以及其他疾患的群体。此外，还有很多没有特定疾病的人，因为技术进步和社会发展所带来的生活方式的变革而感到持续性的压力与疲惫，这类日益增长的人群也同样可以利用花园和自然来促进健康。

人生历程中有四个重要阶段：童年、成年初期、中年和老年时期，这期间面临着各种特殊挑战和压力，随着人生轨迹的转变，每个阶段面临的健康挑战也各不相同。然而，将自然带进生活所产生的积极影响是不会改变的，它帮助人们在每一个阶段保持健康，并促进人与人之间、人与社会之间的交往。

健康的定义

《牛津字典》将"wellness"定义为："一种健康的状态，一种积极追求的目标。"[1] 世界卫生组织将"health"定义为"健康是一种生理健康、心理健康和社交健康三者健全的状态，而不仅仅是没有疾病或不适"[2]。一个叫作"健康提议"（Wellness Proposals）的美国健康咨询公司，将健康定义为"一个积极的过程，让人们意识（Aware）到并学会做出选择（Choices），从而走向更长久、更成功的生活"[3]。

虽然这三个定义都是相关的，但第三个定义尤为相关。"过程"这一词的使用提醒我们，进一步的改善总是有可能的；"意识"（Aware）暗示人们可以探寻更多的知识，而"选择"（Choices）表明人们在众多考虑中的最佳选项。这个定义强调健康不是一个终点，而是一个持续的过程，随着人们不可避免的人生阶段的改变而发生着变化。

健康的历史

健康是一个流行的术语，并且被运用在许多产品和服务中，例如：健康中心、健康指导、健康项目和健康产品等。回顾历史，许多古代文明的医疗方式也将人视为一个整体，试图平衡思想、身体和精神三者之间的关系。古希腊的希波克拉底（Hippocrates，460—377 BC）提出了一些健康原则："以食为药，以药为食"和"行走是人类最好的药物"，时至今日我们依旧能够与之产生共鸣[4]。

瑜伽发源于 5000 年前的古印度，是一种以冥想和精神为核心的身体锻炼体系[5]。如今，瑜伽作为一种健康锻炼的方式已经完全被人们所接纳。中国古代有着一套令人难以置信的整体医学体系，包括草药、饮食、针灸和气功，也是一套人体内部能量管理系统[6, 7]。

19 世纪到 20 世纪初，美国迎来一种更为全面的健康措施。19 世纪 40 年代顺势疗法和自然疗法从德国传入美国，顺势疗法和自然疗法则于 19 世纪后期在美国诞生。疗养院在这段时期蓬勃发展。1906 年，约翰·哈维·凯洛格（John Harvey Kellogg）在密歇根州的巴特克里克市开设了一家疗养院，希望它成为帮助人们"寻找失去的健康"、学习并实践健康生活方式的地方，并因此闻名于世。接触阳光和户外活动被认为是健康的基础，因此，医生们鼓励病人在户外睡觉。

然而，1910 年《弗莱克斯纳报告》（*Flexner Report*）在美国发表，其目的是确定最有效的医疗系统[8]。以化学药物为基础的对抗疗法被认为优于其他以自然健康为基础的疗法，其中一个重要原因是化学药物可以进行大规模生产。从此，美国人不再重视通过生活方式来保持身体健康。医疗系统的重点不再着眼于人的整体调养，而是基于症状的药物治疗方法。这种医疗体系被一些人称为"疾病文化"[9]，而这种状况或许会持续 100 年。

疾病—健康的连续统一体

在《弗莱克斯纳报告》发表 60 年之后，霍普金斯的一位住院医师约翰·特拉维斯博士（Dr. John Travis）提出了一个新的健康概念，称作疾病—健康连续统一体[10]。如图 1 所示，从中心向左侧移动表示健康状况的恶化，向右侧移动表示健康状况改善。特拉维斯表示，对抗疗法或现有的治疗范式只能使病人达到一个中性点，这一位置代表病症已经减轻，因为这就是现有医疗系统设计的目标。健康模式贯穿于疾病—健康连续体（图 1），以帮助病人获得更高水平的健康。从图中可以看出健康的一个重要方向是"自我负责"，因为越来越多的人需要更多地为自己的健康负责。

得益于特拉维斯博士早期的工作，如今人们已经重新回到了关注人的总体健康的理念上，这一点可以从医疗保健项目、媒体以及美国文化日益重视人的整体健康中看出来。

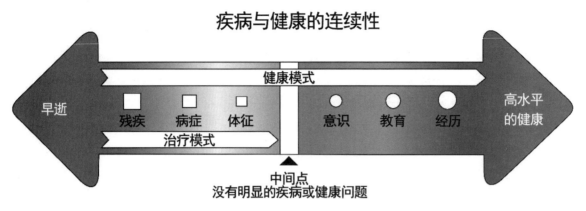

图1 疾病—健康连续统一体

生命历程的视角

生命历程视角是一个理论模型，用于研究年龄、人际关系、生活转变和社会变迁如何影响人的一生。这一视角探讨了在不同生命阶段影响一个人经历的不同因素，它还可以用于探究健康、教育和家庭生活轨迹等。

生命历程可以被看作是一条道路，但这条道路很少是笔直的；相反，它通常是迂回曲折的。生命历程观点认为，每个人都经历了一系列以角色或地位变化为标志的转变[11]，比如，上学、工作、结婚、面临重大疾病和退休等。这些经历使一个人沿着特定的轨道前行。这条轨道将一直延续下去，直到另一个转变出现，然后导致人生转向另一条轨道。

生命历程视角是一个很好的理论框架，因为它与特定的生命阶段相关，所以它可以用于探索生命历程中存在的重要问题和挑战，以及如何利用自然来支持和加强健康。这一章节将探讨在生命历程中四个不同的阶段（童年、成年初期、中年和老年时期）与自然互动的益处。

童年

威尔逊（E.O. Wilson）的亲生命理论（1986年）被广泛认为是人类与植物之间联系的基础[11]。没有什么比孩子们在户外玩耍更能清晰地体现这一理论了。该理论指出，人类具有一种与其他生命形式产生联系的强烈欲望，人类天生具有对自然界的亲近感。然而，家庭生活和科技在过去的二十年里发生了巨大的变化，孩子们如今待在荧屏前的时间更长，他们花更多的时间面对电视、电脑、智能手机，而不是到户外去玩。

最近的一项研究表明，英国0~8岁的孩子每周会在电子屏幕前花费15~16个小时[12]，而8~12岁的孩子平均每周大概在荧幕前花费42小时[13]。孩子们在公园、乡村或沿海地区等自然区域的平均休闲时间为每天16分钟[14]。如果孩子不接触自然，在人生早期不培养他们对自然的亲近感，他们可能会对自然产生反感。人生早期缺乏与自然的接触，随着年龄的增长，孩子们将无法学会利用自然来增进健康。

有大量关于大自然对儿童积极影响的研究。2012年的一项研究发现，花园为儿童提供始端发育的最佳区域。研究还指出，儿童主动在花园里进行非结构性游戏，会促进更多的亲社会行为，如分享、帮助他人和进行协作[15]。日常接触自然能够提高孩子专注力和增强认知能力[16]。自然游乐对于培养孩子解决问题的能力也很重要[17]，经常有机会到户外自由玩耍的孩子能够和别人相处得更和谐、更快乐（图2）[18]。

图2　大自然对儿童成长具有积极影响

除此之外，儿童参加户外科学项目可以使他们的科学考试成绩提升27%[19]。最近的一项研究发现，非正式地、直接地接触自然对孩子们理解生物学有积极的影响[20]。

根据贝尔和戴蒙[21]的研究，在花园里种植食物的孩子更有可能喜欢吃水果和蔬菜，并且他们在生活中会有更健康的饮食习惯[22]。同时，绿色校园还可以促进体育活动。瑞典的一项研究发现，当校园非常宽敞并且含有树木、灌木和软质地面时，学龄前儿童行走的步数会明显增多[23]。

研究还表明，儿童与自然互动，尤其是野外环境，可能会让一个孩子走上一条通往环保主义的人生道路[24]。那些在童年时期就玩搜寻游戏的人——例如收集橡子、海龟或箭头，在他们的青少年时期对生物多样性有更好的理解[25]。

童年亲近自然的另一重要方面在于，它帮助儿童在以后的生活中与自然和他人保持良好的关系（图3）。比如，一个老年人回忆起捉萤火虫的事，能够使他对自然保持积极的态度，同时也维持他的认知能力和记忆能力。此外，聊一聊这些回忆可以促进社交互动和与他人的联系，这是老年人感到幸福的关键一点。

图3　童年亲近自然有利于成年之后的自然体验和人际交往
图片来源：https://www.colorhub.me/photos/W4LLNm/

　　孩子们有大量户外活动时间是很重要的，其中一些时间是有规划的，但大部分时间是未经规划的，这样他们就可以自己探索和发现事物。研究指出，在自然中度过的未经规划的时间在这一人生阶段可能比有规划的时间更有价值。

　　有哪些方法可以让孩子接触自然？创造一个藏身之处——可以是建造起来的，也可以是藏在灌木丛下面的。当建造或清理这个空间，或者当它坍塌时修复它，就可以提升孩子们解决问题的方式。如果与兄弟姐妹或朋友一起玩耍，会增强团队合作能力，并且可以促进孩子的创造力和想象力。小空间也会对一些孩子产生镇静或调节作用。可以鼓励孩子画一幅藏身之处的地图，这有助于他们理解自己与自然之间的联系，并且培养他们的空间思维能力。

　　自然游戏可以边走边玩，比如找10种小动物，它们可能是哺乳动物、鸟类、昆虫、爬行动物、蜗牛或其他动物。油漆板可以让孩子们将颜色与自然界中发现的物体相匹配。可以让孩子制造有颜色和纹理的盒子，这一活动包括了收集、整理、展示和分享。

　　孩子们可以发现一个隐藏的宇宙，将一块荒废的木板或是大石头放置在裸露的泥土上，一两天之后当他们掀起这块木板，就能看到许多种不同的生物把这块木板当成了栖息之所。在野外指南的帮助下，孩子们可以辨识这些生物，并通过日记记录下这些发现。孩子们每月观察一次这个宇宙，可以认识生命周期并获得新的发现。还可以重拾旧日，例如在傍晚时捉萤火虫，在拂晓时释放它们。

收集叶子，或者捉一些毛毛虫放在放有叶子的罐子里，观察它们在叶子上钻洞。穿上雨靴，或者最好光着脚，在水坑里戏水。

让"绿色一小时"成为一个新的家庭传统。每天的绿色一小时是一个自由玩耍和与自然界互动的时间。即使只有15分钟，也是一个探索房子周边新地点的好开始，只要保证安全，可以鼓励孩子去进行一些独立的探索。记住，所有对孩子的健康益处都来自于成年人将孩子带到自然中去。孩子和父母在自然界中待上一段时间后会感觉更好，即使只是在他们家的后院中。

成年初期

成年初期指的是一个特殊的发育时期，其年龄范围大约在18~29岁之间。这一人生阶段指的是那些不再是青少年，但尚未完全成年的年轻人。确切地说，他们正处于成为成年人的发育过程中。因为对许多人来说，如今结婚和生育已经被推迟到二十多岁末期，年轻人不再像以前那样容易适应自己的成人角色。

成年初期是一个频繁变化的时期，因为对于人际关系、工作和世界观的看法都在不断探索中。对于许多刚成年的人来说，尽管这种人生探索成为生命中一段十分充实和热烈的阶段，但这些探索经历并不总是愉快的。对爱情的探索有时候会带来失望；对工作的探索有时候会找不到一份理想或满意的工作；对世界观的探索有时候会发现其与儿时的信仰或家庭价值观相冲突。

此外，在很大程度上，刚成年的人通常都是独自探索自我的，他们缺少家人的日常陪伴。在美国，除了老年群体之外，刚成年的人是较多独自度过闲暇时间的群体[26]。当成年人以后细想他们生命中最重要的事件时，通常会说出这一时期发生的事件。对于正在成长的成年人来说，接触自然很有价值，因为他们可以在这个过程中找到自我认同的发展方向，制定个人目标，并发现身心健康在生命中的重要性。

一个人的价值追求或人生抱负会影响他的人生决策和人生道路。成年初期是许多价值观形成的时期，开始与特定的价值观相联系。追求分为两种主要类型——内在追求和外在追求。内在追求把重心放在如个人成长、社区参与、人际关系、身体健康上；外在追求则重视金钱、名利和形象。研究表明这两种类型的追求与幸福感有不同的联系。

2009年一项针对大学毕业生的研究表明，那些重视并实践内在追求的初期成年人更容易拥有积极的心理，而那些重视并实现外在追求的人则鲜有积极心理。事实上，外在追求的实现与不健康的指标呈正相关[27]。

另一系列研究将这些发现与自然联系起来，提出了一个猜想[28]：与自然环境接触的人会表现出更重视内在的价值观，他们更容易与他人建立紧密的联系，也更体贴他人。这些研究的研究对象是平均年龄为20岁的男性和女性，研究将含自然或非自然环境的影像与鼓励受试者参与情景的剧本相结合。研究表明受试者在面对自然环境影像时，会重视内在追求而忽视外在追求。受试者越沉浸于自然环境中，他们对内在的追求越强烈；相反，沉浸于人造场景，则会导致他们重视外在追求而忽视内在追求。

另一项研究则评估了人们沉浸在自然环境中是否会影响慷慨程度，实验为受试者提供 5 美元作为礼物，并记录面对不同场景后，受试者选择将礼物保留还是赠予他人[28]。研究显示，沉浸于非自然环境的受试者不太慷慨，更有可能会把钱留下来给自己。沉浸在自然环境中的受试者可能会做出更慷慨的决定，会捐赠这笔钱。

继这两项研究之后研究人员又进行了类似的研究[28]，实验利用有植物或没有植物的实验室环境代替自然场景，实验结果与之前的研究一致。总的来说，这些研究表明沉浸于自然环境中可以通过培养社交能力、亲社会行为和慷慨行为，从而产生更人性化的影响。

接触自然是引导处于成年初期的人成功起航的一个重要组成部分[29]，盖冈（Guéguen）和斯蒂芬（Stefan）测试了其对社会行为和人际关系的影响。这项研究内容是，研究人员在城市绿色公园中散步时故意将一只手套落下，观察路人是否会捡起并归还。分别观察一组进入公园前的路人和一组进入公园后的路人。研究人员发现，进入公园后的路人更有可能捡起手套并将其归还回去。

研究人员进行了第二个相关的研究[29]，同样是落下手套的实验，但这一次如果路人真的归还了手套，归还者则会被要求进行一个简短的调查，以评估他们的心情和帮助他人的欲望。结果同样表明，沉浸于公园环境后人们的心情和帮助他人的欲望都会得到提升。研究人员发现，短暂地沉浸于自然环境中已经足以引起积极的社交关系，特别是促进帮助他人的行为，即使是面对陌生人。

综上所述，重视和实现内在追求，如个人成长、社区参与、积极关系、帮助他人等，有助于促进健康。认同这一点对成年初期的人来说特别重要，因为这是一个处于探索价值观和产生归属感的阶段。应该鼓励刚成年的人重视内在的追求，通过加强与自然的接触可以实现这一点。接触天然的绿色环境能产生人性化的效果，促进亲社会的、乐于助人的和慷慨的品质，而并非单纯的关注自我。这些内在追求有益于自身健康，同时也创造了一种价值取向，使刚成年的人在迈向另一个重要人生阶段的过程中保持健康。

鼓励刚成年的人亲近大自然或多或少有些困难，因为这与他们的童年是否有接触自然的经历相关。如果童年时期大自然就是他们日常生活重要的组成部分，那么利用自然来促进健康会更加容易。如果他们的童年被电脑和电子游戏所占据，而社交媒体主导着他们当前的生活，那么再转而接近自然或许会更加困难。

如今社区服务和志愿服务正在兴起，并且成为学生生活的重要部分（图 4）。寻找主要在户外进行工作的志愿者或社区服务工作是与自然联系的一个很好的方式，维护和修复公园、自然保护区和自然区域的机会是非常多的。也有很多机会在公共花园、社区花园、越来越多的小型有机农场和合作社做志愿者。人们还有机会去建造和维护小学中的蔬菜花园、老年中心或其他辅助生活机构中的培育花园。参加自然俱乐部、儿童营地和童子军组织也是与他人和自然产生联系的机会。这些机会不仅仅使人接触自然，也表达了人们的内在追求——亲社会、亲社区和与人互动的倾向。

图4　社区志愿服务也可以成为联系自然的一种方式

徒步旅行、骑自行车、登山等户外运动都是很好的保持体形的方法，而冒险运动在这一生命阶段很受欢迎。这些都是绿色运动，研究表明它们比室内运动更有益健康[30]。

最后，这一生命阶段对于健康的自我意识和责任感开始产生，对刚成年的人来说认识健康并且对自己的健康负责是很重要的。如果他们现在开始关注健康，那么将更有可能获得健康的生活，而不是等到更老了之后才采取行动。

中年时期

《牛津英语词典》将中年定义为"生命中介于青年和老年之间的时期——通常认为是在45~64岁之间"。多数人认为中年时期是人生四个阶段中的第三个阶段。

中年时期面临的挑战，会因第一个阶段结束时的状态而有所不同。

从身体角度而言，人会有老化迹象，如皮肤、头发、视力的改变等。这是一个某些疾病开始出现的生命阶段，包括癌症、糖尿病和高血压。更容易疲惫，不仅仅是身体上的疲惫，也包括认知和情感上的疲惫。

从家庭生活角度而言，人们在这一人生阶段通常家里有孩子，因此他们要兼顾工作、家庭和个人时间，不断地忙碌和奔波。或者，也有可能已经进入了空巢阶段，面临着与孩子分离。这也意味着他需要为支付一个或多个孩子的大学学费而努力奋斗。年迈的父母也是这一阶段人群的压力源，因为他们需要付出体力和金钱去照顾他们。所有的这些压力都会导致身体、认知和情感的疲惫。

从工作角度来看，人们在这一生命阶段会面临很多工作压力，以努力争取下一次的升职。质疑自己的职业选择，对工作感到不满或者想去做其他不同的事，这些都是很常见的事情。但是家庭经济责任可能会阻碍这一阶段的人们冒着风险去改变，有人甚至可能怀疑生命的意义。同时，这一阶段可能发生一些重大事件，比如患上重危疾病、配偶去世、父母生病或失业以及去世。对大多数人来说，这往往是一生中压力最大的时刻，同样也是最让人的身体、感情和认知感到疲惫的时刻。

在这个年龄段的另一个问题是相对幸福水平。2011年一项针对72个国家的研究发现，大多数受访者在40多岁和50岁左右幸福感最低[31]。另一项报告称，快乐和幸福在中年时被埋藏，悲伤在中年时略有增加，忧虑在中年时达到顶峰[32]。

但并非所有都是坏消息，中年也有一些好处。数据表明，人们在50多岁和60多岁时死亡的可能性比他们一生中任何时期都要低[33]。工作领域，如办公室、建筑工地、运动场和教育场所，掌权的通常都是中年人。

在这个阶段，人们往往更自在而不在乎别人是怎么想的，特别是女性，往往会在40~50岁时变得更加自信[34]。研究表明，大多数人在中年时期更善于解决问题[35, 36]。另外，人们在这一阶段可能会有更灵活的财政状况，并且可以担负得起年轻时无法购买的东西。

只要他们重视自己的健康，为面对经常性疲惫和极端压力做好准备，中年对很多人来说是一个强大的时期。就健康而言，中年时期三个需要担心的问题是压力的加大、疲劳感的增加和幸福感下降。幸运的是，这些都可以通过接触自然来解决。

人人都知道感到疲惫和不开心是怎么样一回事，并且习惯性的疲惫和不愉快会影响一个人的身心健康。许多中年人不曾与糖尿病、心脏病或癌症等特殊疾病做斗争，也没有患帕金森、双重极端性格障碍或身体残疾。一方面他们因为没有患病而感到很幸运，他们无须克服疾病或学会与之共存。另一方面，他们也没有达到自己想要的健康状态，他们想要变得更强壮、更有恢复力和充满活力。那么，阻止他们更健康的原因是什么？压力——每天都需要面对看不见的疾病，不论是在工作中还是在家里。

压力是一种无声的、严重的威胁。很多人可以察觉到压力对他们情绪健康的影响，但很少意识到它对生理健康的影响。2006年世界卫生组织指出，压力是一个需要引起全球关注的问题，它是引发心脏病、II型糖尿病和抑郁症等疾病的危险因素，也是导致过早死亡的主要原因之一。根据研究，压力会从不同方面影响身体的器官，如果这种压力长时间存在而没有机会释放的话。

压力也会导致精神疲惫，伴随而来的是思考、学习和社交能力的下降[37]。换句话说，如果人们找不到释放压力的途径，就会对健康产生巨大的负面影响。对女性来说更是如此。最近一项研究发现，50岁以下的女性由精神压力引发心肌缺血症的概率是普通人的两倍[38]。尽管老年女性的心脏病发病率在降低，但55岁及以下女性的心脏病发病率却没有下降，研究认为压力是造成这一问题的部分原因[39]。

越来越多的人关注于用自然疗法来缓解压力，越来越多的证据表明接触自然可以减少压力[40, 41]。瑞典纳普的一项干预计划，已经把这一证据运用于治疗与压力相关的疾病上，并且已经成为该国医学领域的共识。他们研究发现，采用自然疗法的纳普人，严重压力症状得到了明显的改善，重返工作岗位的人数明显增多。许多参与者表示他们有意识地利用自然来恢复精神，并放慢生活的节奏[42]。

纳普的另一个定性研究表明，丰富多彩的花园在人感受到压力时有特别功用。花园本身不仅是一个很好的减压环境，同时也是一个尝试运用策略来增强日常机能和提高健康的实验室[43]。

尽管大多数美国人意识到了压力的危害，但很少有人从医学的角度去解决这个问题。最常见的应对压力的处方是一些建议：少工作、多休息或者培养一个爱好。这些都是好主意，但是很难在这个快节奏、技术驱动的社会得到实现。相反，许多人不得不靠依赖药物来解决问题。

如果更多的人重拾他们的园艺手套或穿上步行鞋，将其作为缓解压力的药方，社会或许会更加健康。想象一下，老板们鼓励绿色休闲和补偿员工的保健费用，比如为员工提供公共花园。无论是对员工福利还是企业根基来说，都是一个明智的投资。大多数人通过接触社区里的绿地而使压力得到释放。但是像药物一样，如果人们不服用它，他们就得不到好处。因此人们必须到自然中去才能获益。

那么这一人生阶段的其他两个主要问题——疲惫和不愉快又怎么解决呢？自然可以缓解这些中年阶段面临的常见难题吗？

"爬山吧，听听自然美妙的音信。当阳光洒在树梢时，自然的宁静会浸入你心中。微风会将清新拂进你的体内，风暴赐予你充沛的力量……"[44]

这首诗说明通过自然来恢复健康并不是一个新概念。缪尔强调自然可以赋予人一种健康和活力的感觉，沉浸于自然环境中可以让人感到振奋。充满活力是这一人生阶段的理想状态，活力被定义为一种生机勃勃和精力充沛的品质，以及一种体力强健和精神饱满的状态。当一个人充满活力时，他会感到富有热情、朝气和力量。

研究认为，活力与积极的压力反应机制、更恰当的应对技能以及更好的健康状况三者密切相关[45]。研究表明，经常接触自然对避免疲劳和避免丧失活力是必不可少的，它能让人更有活力，更融入这个世界。一系列研究调查了自然与人的活力之间的关系[46]。五个研究结果相似，户外或自然环境对人的活力有积极影响，其影响超过了体育活动和社会交往对人的活力的影响。这一点很重要，因为活力被认为是幸福和健康的重要组成部分，而这些研究表明，即使一个人独自生活且缺少运动，与自然互动也会使他充满活力。

自然关联度指的是人们对接触自然的兴趣、着迷和渴望的程度。两项相关的研究主要探究自然关联度与幸福感之间的联系是一种一般意义上的联系（如社会或社区联系）还是与自然的特定联系[47]。这两项研究显示，有别于其他联系，自然关联度对提高幸福感有明显益处。这项研究支持以下观点：与自然建立联系可以成为人们提高幸福感的手段，而这是这一生命阶段的重要事项。

在这一通往健康的旅途中，中年人有什么方法可以在生活中增加接触自然的机会呢？这是一个挑战——确切来说，人们十分需要接触自然，但这一阶段的人们非常忙碌、过分受束缚、经常备受打击并且身心疲惫。当人们处于这种状态时，给他们的生活再增加一些事情是一种挑战。从小事开始是个好方法：明确目标，把它们写下来，然后坚持到底。

在工作日期间，不要总是在室内，而是去户外的树下休息一下。举行一个散步会议而不是围坐在会议桌前。午餐时间，放下智能手机，在城市公园或其他绿地里寻找一下野生动物、有趣的植物或自然景观。

在家里，早上在室外喝杯咖啡，听听鸟鸣。晚上去散散步，而不是在家看电视或上网。参加当地绿化组织的志愿活动，这是一个既有利于个人也有利于社区的举动。

生活在城市中的人可能需要寻找在大自然的微观体验，例如城市公园、口袋公园、绿色走廊、绿色内装和中庭。利用来自同伴的积极压力以及来自朋友、同事和家人的支持，走出家门，走近大自然。

2013 年，大卫·铃木基金会在加拿大发起了"30×30 自然挑战"的项目，超过 1 万名加拿大人和 250 个企业参加了这个活动[48]。这个挑战项目要求人们连续 30 天每天在自然环境中活动 30 分钟。该基金会提供了如何在日常生活中融入自然的建议，利用社交媒体来鼓励人们参与，每周还会奖励一些拍户外活动照片的人。

活动期间收集了相关数据，这些数据揭示了一些重要的结果：参与者户外活动的平均时间几乎翻了一倍，每周对着屏幕的时间至少减少了两个小时[49]。其他结果显示，参与者感到自己的活力和能量增强，更加平静和安宁，感到的压力和消极情绪减少，睡眠质量提高。人们在大自然中度过的时间长短是有差异的，但是人们与大自然接触越多，他们就越感到快乐[49]。

老年时期

最后要探讨的人生阶段是老年时期。老年期通常被认为是从 65 岁开始并且持续到生命的终结，这一人生阶段通常伴随着退休。

对很多人来说，老年这一人生阶段会有重大的挑战。生理挑战通常包括肌肉力量下降、骨骼强度降低、关节僵硬和疼痛等。视力和听力下降，并且所有感官的灵敏性都会有所下降。认知反应和生理反应速度变慢，记忆力衰退。

抑郁症被认为是老年人最常见的心理疾病，尤其常见于那些社交联系较少、孤独的老年人。塞兰尼的报告提到，15% 的老年人患有重度抑郁症，25% 的老年人患有轻度抑郁症[50]。因为衰老的过程通常伴随着社会角色的逐渐丧失，社交联系对美国的老年人来说尤为重要。亲近牢固的邻里关系可能会帮助老年人获得新的社会角色，从而对提高他们的幸福感有积极的影响。

这一人生阶段的三大问题是：生理机能降低、所扮演的社会角色减少以及患抑郁症几率增加。积极理论是成功老龄化理论之一[51]，该理论认为一个人必须积极地保持高质量的生活。那些在生理上、认知上和社交上保持积极态度的人能够更好地适应衰老过程[52]。

研究将自然的利用与这些概念联系起来。一项研究调查了日本农村老人去户外活动的频率[53]。研究人员发现，即使在控制基线差异的情况下，那些经常到户外活动的老人的机能和智力都显示出明显提升。这些老人在日常活动和提升健康方面的自信心也显著提高。那些很少去户外的人，相应比分会大幅度减少。

研究还揭示了老年人进行户外活动对身体的好处。美国的一项大规模调查发现，与日常行走距离较短的老年女性相比，经常走较长路程的老年女性在未来 6~8 年中认知能力下降的可能性较小[54]。瑞典的一项对老年人进行了 9 年的研究发现，那些积极参加活动的人往往认为自己的生活状况更好[55]。在老年社区中经常进行户外体育活动超过 30 分钟的老年人，较少出现抑郁症状，也不太会畏惧摔倒[56]。

博金斯基[57]等人发现，那些比较活跃的老年人相比起那些不怎么活跃的同龄人，具有更好的白质（脑及脊髓的）结构，而白质可塑性的增强与认知能力的提升相关[58, 59]。

研究同样揭示了老年人参加户外活动对心理健康的好处。一项研究发现，那些参加了7周园艺项目的老年人，在心理健康方面相比起没有参加的老年人来说有显著提高[60]。英国的一项研究表明，园艺活动能增加老年人的成就感、自信心和满足感（图5）[61]。老年园丁可能比其他人更乐于吃蔬菜[62]。

图5　园艺活动有利于老年人健康状况的改善

荷兰的一项研究显示，社区绿地的数量与老年人的健康状况呈正相关。附近开放空间的绿化程度与老人使用的频率有关，其会促进老年人之间的社交联系[63]。社交联系对处于这一人生阶段的老年人的幸福感来说非常重要[64-66]。一项在日本和美国进行的大规模调查表明，有较多社交联系的老年人较少有抑郁症症状[67]。

有什么办法可以促进老年人与自然的接触？保证户外空间的安全性是至关重要的，提高户外环境质量有助于减少人们进行户外活动的顾虑。参加活动小组可以促进老年人接触自然，比如观鸟小组、园艺小组或者户外手工艺小组。户外茶会是一个很好的社交机会，可以为有痴呆症状的老人带来一些熟悉感。越来越多的老年人参加了瑜伽课程、太极运动和水中健身操等活动，当课程在室外进行时会更有利于促进他们的健康（图6、图7）。

图6 适合不同能力老人的户外活动方式

图7 通过户外课程促进老年人与自然接触
图片来源：https://www.sohu.com/a/375992311_416654

社区花园对老年人来说是一个很好的户外环境，因为它们提供一个可以种植食物和花卉、进行锻炼、与新旧朋友们集会和社交的地方，它们也为老年人与其他年龄段的人交往提供了很好的机会，有助于激发他们的社会角色。

户外散步对老年人来说也是一项很好的活动。定期散步有助于保持独立生活能力和提高活动水平。散步是一个简单的活动，它不需要特殊的设备或技能，方便且容易融入一个人的日常生活。步行可以自我调节运动强度，所以很安全。

一项关于在公园散步活动的研究显示，在花园中散步结合自省性协作，对处于抑郁状态的老年人有显著有益影响[68]。研究结果称，在美丽的自然环境中散步和思考能够带来一种平静的感受，有助于缓解抑郁情绪。

不管一个人是否患有疾病，与自然接触都是有益的。无论是哪一个生命阶段，自然对他的生命历程来说都是一位重要的导师。这一章节指出，自然能促进创造力、合作精神、解决问题能力的提升，并且能提高注意力和认知能力。它有助于提高内在品格、关怀行为、慷慨程度和心理健康。自然能缓解疲劳和压力，增加活力、快乐、平静和社交联系。它同样也增强了人体机能、生理健康和对生活质量的感知。虽然这一章节将特定生命历程与特定的益处联系起来，但毫无疑问，一些益处是重叠的而且它们对每一个阶段都是有益的。

在大自然中，万物都可以自由地感受和表达，无须评判。自然可以帮助人们控制情绪、痛苦和弱点。大自然接纳人类的存在，而又包含着人们在日常生活中无法接触到的空间。自然的纯粹和多样使人产生对生命和环境的崇敬和感激。自然从来不命令，它允许万物自由生长。在这个意义上说，自然是健康的旅途中不可或缺的伙伴。

参考文献

健康

[1] Wellness.In Oxford Living Dictionary[EB/OL].[2018-03-24].https：//en.oxforddictionaries.com/definition/wellness.

[2] World Health Organization Preamble to the constitution of WHO. Official Records of WHO，1948（2）：100.

[3] Wellness Proposals.Definition of wellness[EB/OL].[2018-03-25].http：//wellnessproposals.com/wellness-articles/definition-of-wellness/.

[4] Kleisiaris, C.F., Sfakianakis, C., & Papathanasiou, I.V.Health care practices in ancient Greece：The Hippocratic ideal[J].Journal of Medical Ethics & History of Medicine，2014（7）：6.

[5] Basavaraddi, I.V..Yoga：Its origin，history and development[EB/OL].2015[2018-03-20].http：//www.mea.gov.in/in-focus-article.htm?25096/Yoga+Its+Origin+History+and+Development.

[6] Voigt, J.The man who invented "Qigong"[J].Journal of Traditional Eastern Health & Fitness，2013，23（3）：28-33.

[7] Carr，K.History of Chinese medicine[EB/OL].[2017-03-22].https：//quatr.us/china/history-chinese-medicine.htm.

[8] Flexner，A..Medical education in the United States and Canada[EB/OL]. Carnegie Foundation Bulletin Number Four，1910[2018-03-20].http：//archive.carnegiefoundation.org/pdfs/elibrary/Carnegie_Flexner_Report.pdf.

[9] Nilchaikovit T，Hill J M，Holland J C. The effects of culture on illness behavior and medical care：Asian and American differences[J]. General Hospital Psychiatry，1993，15（1）：41.

[10] Well People.A new vision of wellness：Wellness inventory[EB/OL].2011[2015-01-12].http：//www.wellpeople.com/What_Is_Wellness.aspx.

童年

[11] Wilson, Edward Osborne. Biophilia[M]. Harvard University Press, 1984.

[12] Rideout, Vicky, VJR Consulting Inc. The common sense census: media use by tweens and teens[J]. Education Week, 2015.

[13] Rideout, V.The Common Sense census: Media use by kids age zero to eight[J].San Francisco, CA: Common Sense Media Inc, 2017.

[14] Office for National Statistics.Children's engagement with the outdoors and sports activities, UK: 2014 to 2015[R]. Office for National Statistics, United Kingdom, 2018.

[15] Laaksoharju T, Rappe E, Kaivola T. Garden affordances for social learning, play, and for building nature-child relationship[J]. Urban Forestry & Urban Greening, 2012, 11 (2) : 195-203.

[16] Wells, N. M. At Home with Nature Effects of "Greenness" on Children's Cognitive Functioning[J]. Environment & Behavior, 2000, 32 (6) : 775-795.

[17] Kellert, S.Building for life: Designing and understanding the human-nature connection[J]. Washington, DC: Island Press, 2005.

[18] Burdette H L, Whitaker R C. Resurrecting Free Play in Young Children[J]. Archives of Pediatrics & Adolescent Medicine, 2005, 159 (1) : 46.

[19] American Institutes for Research. Effects of outdoor education programs for children in California[R]. AIR report. Palo Alto, CA: American Institutes for Research, 2005.

[20] Longbottom, S.E., & Slaughter, V.Direct experience with nature and the development of biological knowledge[J]. Early Education & Development, 2016: 1-14.

[21] Bell A C, Dyment J E. Grounds for health: the intersection of green school grounds and health - promoting schools[J]. Environmental Education Research, 2008, 14 (1) : 77-90.

[22] Morris JL, Zidenberg-Cherr S. Garden-enhanced nutrition curriculum improves fourth-grade school children's knowledge of nutrition and preferences for some vegetables[J]. Journal of the American Dietetic Association, 2002, 102 (1) : 91-93.

[23] Boldemann C, Blennow M, Dal H, et al. Impact of preschool environment upon children's physical activity and sun exposure[J]. Preventive Medicine, 2006, 42 (4) : 301-308.

[24] Wells, N.M., & Lekies, K.S.Nature and the life course: Pathways from childhood nature experiences to adult environmentalism[J]. Children, Youth and Environments, 2006, 16 (1) : 1-24.

[25] Chipeniuk, R. Childhood Foraging as a Means of Acquiring Competent Human Cognition about Biodiversity[J]. Environment & Behavior, 1995, 27 (4) : 490-512.

成年早期

[26] Arnett, Jensen J. Emerging adulthood. A theory of development from the late teens through the twenties[J]. American Psychologist, 2000, 55 (5) : 469-480.

[27] Niemiec C P, Ryan R M, Deci E L. The path taken: Consequences of attaining intrinsic and extrinsic aspirations in post-college life[J]. Journal of Research in Personality, 2009, 73 (3) : 291-306.

[28] Weinstein, N., Przybylski, A.K., & Ryan, R.M.Can nature make us more caring? Effects of immersion in nature on intrinsic aspirations and generosity[J]. Personality & Social Psychology Bulletin, 2009, 35 (10) : 1315-1329.

[29] Gueguen, Nicolas, Stefan, et al. "Green Altruism": Short Immersion in Natural Green Environments and Helping Behavior[J]. Environment & Behavior, 2016.

[30] Gladwell, V.F., Brown, D.K., Wood, C., Sandercock, G.R., & Barton, J.L.The great outdoors: How a green exercise environment can benefit all[J]. Extreme Physiology & Medicine, 2013, 2 (3) .

中年时期

[31] Blanchflower D G, Oswald A. International Happiness[J]. CAGE Online Working Paper Series, 2011.

[32] Stone, A.A., Schwartz, J.E., Brodericka, J.E. & Deaton, A.A snapshot of the age distribution of psychological well-being in the United States[J]. National Academy of Sciences of the United States of America, 2010, 107（22）：9985-9990.

[33] Kiersz, A.This is when you're going to die[J]. Business Insider, 2014.

[34] Zenger, J. & Folkman, J.How age and gender affect self-improvement[J].Harvard Business Review, 2016.

[35] Blanchard-Fields, F., Mienaltowski, A., & Seay, R.B.Age differences in everyday problem-solving effectiveness：Older adults select more effective strategies for interpersonal problems[J]. The Journals of Gerontology：Series B, 2007, 62（1）：61-64.

[36] Mienaltowski A. Everyday problem solving across the adult life span：solution diversity and efficacy[J]. Ann N Y Acad, 2011, 1235：75-85.

[37] Kei, Mizuno, Masaaki, et al. Mental fatigue caused by prolonged cognitive load associated with sympathetic hyperactivity[J]. Behavioral & Brain Functions, 2011.

[38] Vaccarino, V., Shah, A.J., Rooks, C., Ibeanu, I., Nye, J.A., Pimple, P., ···Raggi, P.Sex differences in mental stress-induced myocardial ischemia in young survivors of an acute myocardial infarction[J]. Psychosomatic Medicine, 2014, 76（3）：171-180.

[39] Vaccarino, V., Wilmot, K., Al Mheid, I., Ramadan, R., Pimple, P., Shah, A.J., ··· Quyyumi, A.A.Sex differences in mental stress-induced myocardial ischemia in patients with coronary heart disease[J]. Journal of the American Heart Association, 2016（3）.

[40] Bowler, D.E., Buyung-Ali, L.M., Knight, T.M., & Pullin, A.S.A systematic review of evidence for the added benefits to health of exposure to natural environments[J].BMC Public Health, 2010（10）：456.

[41] Largo-Wight, E., Chen, W.W., Dodd, V., & Weiler, R.Healthy workplaces：The effects of nature contact at work on employee stress and health[J]. Public Health Reports（Washington, D.C.：1974）, 126 Suppl 1, 2011：124-130.

[42] Stigsdotter, U.K. & Grahn, P. What makes a garden a healing garden?[J]. Journal of Therapeutic Horticulture 13, 2002：60-69.

[43] Adevi, A.A.Supportive Nature – and Stress：Wellbeing in connection to our inner and outer landscape（Doctoral thesis）[EB/OL].2012[2019-03-16].http：//pub.epsilon.slu.se/8596/1/adevi_a_1202131.pdf.

[44] John Muir. Our national parks[M]. The University of Wisconsin Press, 1981.

[45] Rimer, S.The biology of emotion – and what it may teach us about helping people to live longer[J]. Harvard Public Health, 2011.

[46] Ryan R M, Weinstein N, Bernstein J, et al. Vitalizing effects of being outdoors and in nature[J]. Journal of Environmental Psychology, 2010, 30（2）：159-168.

[47] Zelenski J M, Nisbet E K. Happiness and Feeling Connected：The Distinct Role of Nature Relatedness[J]. Environment & Behavior, 2014, 46（1）：3-23.

[48] Results of the David Suzuki Foundation 30×30 Nature Challenge English Survey, May 1-31 2013, [EB/OL]. 2013[2020-09-05]. https：//davidsuzuki.org/science-learning-centre-article/results-david-suzuki-foundation-30x30-nature-challenge-english-survey-may-1-31-2013/.

[49] Nisbet, E.K. 30x30 Nature Challenge survey findings（Published report）[M]. Montreal, QC, Canada：David Suzuki Foundation, 2013.

老年时期

[50] Serani D. Depression in Later Life：An Essential Guide[M]. 2016.

[51] Havighurst, R.J.Successful aging[J]. The Gerontologist, 1961（1）：8-13.

[52] U.S. Department of Health and Human Services. Centers for Disease Control and Prevention. Physical activity and health older adults：A report of the Surgeon General.[EB/OL].1999[2020-09-05].https：//www.cdc.gov/nccdphp/sgr/.

[53] Kono, A., Kai, I., Sakato, C. & Rubenstein, L.Z. Frequency of going outdoors：A predictor of functional and psychosocial change among ambulatory frail elders living at home[J]. Journal of Gerontology：Medical Sciences,

2004, 59A（3）：275-280.

[54] Yaffe, K., Barnes, D., Nevitt, M., Lui, L.Y., & Covinsky K.A prospective study of physical activity and cognitive decline in elderly women：Women who walk[J]. Archives of Internal Medicine, 2001, 161（14）：1703-1708.

[55] Silverstein M, Parker M G. Leisure activities and quality of life among the oldest old in Sweden[J]. Research on aging, 2002, 24（5）：528-547.

[56] Kerr, J., Marshall, S., Godbole, S., Suvi Neukam, S., Crist, K., Wasilenko, K., ⋯ Buchner, D.The relationship between outdoor activity and health in older adults using GPS[J]. Journal of Environmental Research and Public Health, 2012, 9（12）：4615-4625.

[57] Agnieszka, Z, Burzynska, et al. Physical Activity Is Linked to Greater Moment-To-Moment Variability in Spontaneous Brain Activity in Older Adults.[J]. Plos One, 2015.

[58] Fields R D. Change in the Brain's White Matter：The role of the brain's white matter in active learning and memory may be underestimated[J]. ence, 2010, 330（6005）：768.

[59] Metzler-Baddeley C, Foley S, De Santis S, et al. Dynamics of White Matter Plasticity Underlying Working Memory Training：Multimodal Evidence from Diffusion MRI and Relaxometry[J]. Journal of Cognitive Neuroence, 2017.

[60] Barnicle T, Midden K S. The Effects of a Horticulture Activity Program on the Psychological Well-being of Older People in a Long-term Care Facility[J]. Universidad Complutense De Madrid, 2003, 13（1）：81-85.

[61] Christine Milligan, Anthony Gatrell, Amanda Bingley. Cultivating health：therapeutic landscapes and older people in northern England[J]. Social ence & Medicine, 2004, 58（9）：1781-1793.

[62] Sommerfeld A J, Mcfarland A L, Waliczek T M, et al. Growing Minds：Evaluating the Relationship between Gardening and Fruit and Vegetable Consumption in Older Adults[J]. Horttechnology, 2010, 20（4）.

[63] Kweon B S, Sullivan W C, Wiley A R. Green Common Spaces and the Social Integration of Inner-City Older Adults[J]. Environment and Behavior, 1998, 30（6）：832-858.

[64] James B D, Glass T A, Caffo B, et al. Association of Social Engagement with Brain Volumes Assessed by Structural MRI[J]. Journal of Aging Research, 2012,（2012-9-11）, 2012, 2012：512714.

[65] Rosso A L, Tabb L P, Grubesic T H, et al. Neighborhood Social Capital and Achieved Mobility of Older Adults[J]. J Aging Health, 2014, 26（8）：1301-1319.

[66] Wilson R S, Boyle P A, James B D, et al. Negative Social Interactions and Risk of Mild Cognitive Impairment in Old Age[J]. Neuropsychology, 2015, 29（4）：561.

[67] Sugisawa H, Shibata H, Hougham G W, et al. The Impact of Social Ties on Depressive Symptoms in U.S. and Japanese Elderly[J]. Journal of Social Issues, 2010, 58（4）.

[68] Mccaffrey R, Hanson C, Mccaffrey W. Garden walking for depression: a research report[J]. Hol Nursing Practice, 2010, 24（5）：252-259.

临终关怀花园

[美]梅洛迪·塔皮亚（Melody Tapia）

1949 年，美国 50% 的死亡发生在医院里。到 1995 这一数据达到了 80%。20 世纪 90 年代后期，康复、癌症和艾滋病治疗机构，疗养院，精神病院和临终关怀院等机构开始关注康复花园 [1]。康复花园的价值在奥利弗·萨克斯（Oliver Sacks）早期的现代作品《单腿站立》（*A Leg to Stand On*）和哈罗德·F. 瑟尔（Harold F. Searle）的《正常发育和精神分裂症中的非人类环境》（*The Non-Human Environment in Normal Development and Schizophrenia*）中被描绘出来。在第一本书中，萨克斯医生在挪威因为一只公牛导致的事故中受伤。作为一名病人他在康复过程中经历了各种挫折，这使他在行医时能够带着更多的同情心、同理心以及一种亲近自然的观点 [2]。他的经历推动了医学领域人性化的实践，而这种实践曾被他的朋友亚历山大·鲁利亚（A.R. Luria）称为"兽医的方法"。同时，瑟尔对精神病人的参与式体验使他可以理解这一类型的病人，并且帮助他进一步推动人类心理相关概念的发展。

在汤普森（Thompson）和戈尔丁（Goldin）发表于 1975 年的著作《医院：社会和建筑历史》（*The Hospital: A Social and Architectural History*）中，比较了医院环境的发展轨迹，以及它们的设计策略所缺乏的康复功能。他们的研究还探究了环境缺乏隐私是否会影响病人的治疗进程。这些作品成为研究人与自然之间关系的重要基石。罗杰·乌尔里希（Roger Ulrich）突破性的医学文章，1984 年发表的《窗外的景色可能会影响术后恢复》（*View Through a Window May Influence Recovery from Surgery*），以及 1992 年乌尔里希和拉斯·帕森（Russ Parson）对黛安·雷尔夫（Diane Relf）的书《园艺在人类福祉和社会发展方面的作用》（*The Role of Horticulture in Human Well-Being and Social Development*）的评论《对植物的被动体验对个人幸福和健康的影响》（*Influences of Passive Experiences with Plants on Individual Well-Being and Health*），这两篇重要的文章试图将人类的康复与环境联系起来。同时，1993 年史提芬·R. 凯勒（Stephen R. Keller）和爱德华·O. 威尔逊（Edward O. Wilson）的"亲生命性假说"（The Biophilia Hypothesis），为患者的康复和自然疗愈之间的有益联系提供了科学数据。

观赏风景的益处已经被证实。有利于从压力和心理疲劳中得到短期恢复，更快地从疾病中康复和长期地整体改善人民的健康和幸福 [3-6]。疗愈花园的设计是为了给在医疗环境中康复的特定使用者群体带来特定的康复效果 [7]。

超负荷工作、家庭和工作关系失衡、物资匮乏以及过重的行政职务都会使一个医生崩溃，并且长期的压力会导致"身心疲惫" [8]。这种情况常发生在当医生将病人放在第一位而忽视了自己需求的时候。在临终关怀医院中，医生为重病患者工作是一件在情感上和理性上都会有所回馈的事情，但是"高

强度的工作和时常面对人类的痛苦与脆弱会
增加他们对这份工作的疲惫和不满"[8]。在
临终关怀医院中，各学科团队之间能提供相
互的支持和服务，如心理治疗（图1）。另外，
规律的锻炼、拥有自己的爱好或定期的精神
修行是很好地避免疲惫的自我保健方法[8]。
临终关怀花园提供了一个让人们在疾病中重
新认识生命的机会，其中郁郁葱葱的绿色和
植物的阴影之美给患者带来了感官刺激[1]，
"理想的花园常常是一个绿色的地方，郁郁
葱葱的绿洲，充满鲜花，水在那里流动、滴
落"[1]。2014年克莱尔·库珀·马库斯和娜
奥米·萨克斯[9]提出了17个关于临终关怀
花园的指导方针（G1–G17）。如表1所示。

图1 跨学科的方法
图片来源：改编自2015年国家临终关怀和姑息治疗组织
（NHPCO）的资料。

临终关怀花园指导方针细则 表1

	要求总则	
G1	熟悉的风景	熟悉的事物使人感到舒适。像家一样的环境对病人和护理者都有益。园林设计表达了这个地方的文化
G2	卓越的想象	有熟悉的、令人宽慰的特征，以及对病人文化敏感但又超越生活的普通现实的独特元素，可以减轻人们对死亡的恐惧。物体和空间涉及形而上学（个人内在信仰）
G3	最大限度地让房间接收阳光	自然元素将临终的病人与他们房间之外的世界联系在一起。充足的阳光和花园的景色使患者能够在病床上感受自然
G4	舒缓的自然声音	自然的声音较为舒缓，更容易被病人所接受，而且听觉是人临终前最后失去的感官。花园中应该融合不同的自然声
G5	远离	花园的设计及其元素（隐蔽处、庭院遮阴处和凉亭）为人们提供了独处和逃离的空间，允许使用者远离临终关怀中心的环境，使他们能够进行私人谈话、冥想和祈祷
G6	私密庭院	花园里的封闭庭院、临终关怀中心里面的小空间、小礼拜堂或是一个看（花园）风景的房间，它们都能提供私密空间和并允许护理者在其中进行哀悼、祈祷和冥想
G7	第一印象	必须让人毫不费力且安全地到达。入口处清晰可见，停车方便，并通过适当的景观软化建筑
G8	一个纪念花园，抑或者不是？	美国许多临终关怀中心采用铭牌、照片、刻有字的砖块或者铺路石来纪念逝去的病人。花园可以设计纪念性的元素、长椅或者专门的纪念性花园
G9	为儿童而设的户外空间	孩子也可能成为访客。花园设计应当包含游乐的元素、草坪区或者游戏区，带给孩子一些积极的体验

通用建议		
G10	喂鸟器	患者窗户旁的喂鸟器能够吸引野生动物，使患者和护理者能够观察野生动物，从而使他们与房间外的自然产生联系。喂鸟器中的水还会吸引其他种类的野生动物，例如花栗鼠和松鼠
G11	水和野生动物	野生动物能够帮助病人忘却他们的身体状况。场地中或花园里的水景或水体能够吸引野生动物
G12	宠物设施	与动物互动也是一种治疗方法。临终关怀机构中设计宠物的居所（犬舍、马厩），或者在花园里有一处能让临终病人们和他们的宠物玩耍的地方
G13	必要的视野：病人的房间连接一个半开放的露台或阳台	半开放的露台或阳台为病人提供一个观赏天空和植物的清晰视野。病人在房间中的位置（如床、座椅）能让他们可以不用移动就能看到房间外面的事物。天气好的时候，病人的床可以搬到外面
G14	推荐的视野：全景	临终关怀设施所在的地形允许全景观赏。并在此观景点设置病人的房间或花园的座位
G15	必要的通道：一道通往露台或阳台的门	病人渴望到外面去接触新鲜的空气和阳光，观察云朵和倾听野生动物的声音。设计通向室外的门使他们可以参与房间以外的事物。恰当的出口空间和通道使病人可以走向外面的花园或半私密露台
G16	推荐的植物：大片观赏草和多年生植物	大片的观赏草、持久的多年生植物以及芳香的攀缘植物和草本植物都受到人们的青睐。在风中摇曳的乔木和灌木能带来生气。熟悉的植物可以唤醒记忆并激发谈话。独特的植物可以激发好奇心。四季有植物可供观赏十分重要
G17	维护：一份清晰的维护手册	无论花园是由志愿者还是物业进行维护，都需要有清晰的养护计划，以避免对设计做出不必要的改变，破坏花园的宁静与平和

　　格里克·斯普里格斯（Gerlach-Spriggs）等人[1]将临终关怀行为形容为介于安乐死（使用现代医学知识，允许一个痛苦病人的离世请求）和一种"对内心的满足和平静从容地面对死亡的普遍追求"两者之间的一种做法。临终关怀采用现代科技以减轻痛苦，帮助病人呼吸，稳定肠道以及减轻疫病症状[10]。临终关怀工作人员使用现代医学、设备和技术让病人有意识但无重度痛苦地死去。

　　临终关怀花园为临终病人、护理者和家人而设计及使用，减少他们被隔离的孤独感，帮助他们接受死亡这一自然过程，将其视为生命本身的一个阶段。并提供技术娴熟的跨学科团队帮助其解决心理问题如愤怒、恐惧和抑郁等[1, 10]。

　　"绝症患者的精神困扰，以及对意义、公平或希望的追求是临终关怀团队需要优先考虑并干预的。"[1]"生命周期本身是一个必然的变化过程，几年后我们可能甚至不认识自己。生理变化通常是显而易见的，但同时我们的生活经历也使我们的情感、想象力、好奇心、思考能力以及对生活的向往随着年龄老去。为了能够欣然接受包括成长、衰老和死亡在内的全部生命历程，我们还必须有时间去悲伤、治愈、理解和再次挑战自己。"[11]

　　对护理者而言，应对绝症患者的生理和心理障碍是一件非常困难的事情。在临终关怀机构工作的人通常都是因为亲人或朋友而与临终关怀机构建立了联系，比如注册护士辛西娅·斯旺森·奈奎斯特（Cynthia Swanson Nyquist），她是上岛之家健康与临终关怀机构（Upper Peninsula Home，Health & hospice）的创始人[11]。

"临终关怀的工作人员需要时间来恢复活力，需要把义务和责任暂时搁下，去享受、平静、独处，可以听舒缓的音乐或读深刻的诗歌，或是去湖边旅行。我们自己的悲伤会激发别人的悲伤。向临终关怀工作人员及其家属提供援助是至关重要的，因为巨大损失，包括创伤性事件，超出了我们继续正常生活的能力。"

人们需要一个像花园一样的恢复性场所的另一个原因是精神疲劳。感到精神疲劳的人很难处理信息，容易犯错，并容易被激怒[12]。为了缓解心理疲劳，人们有必要脱离一下当前的处境。家属和工作人员通常是临终关怀中心疗愈花园的主要使用者，因为临终病人往往因为剧烈疼痛而无法去体验这些花园。或者，亲友逝去，而花园可以宽慰那些留下的人。库珀·马库斯和巴恩斯[13]认为，临终关怀花园需要有私密的区域，将亲属与工作人员和护理者分开，因为随着患者生命终点的临近，每个群体都有自己的特殊需求。对员工来说，花园提供了一个放松和缓解工作压力的地方。

（在家里或医院）接受临终关怀的绝症病人比起那些接受常规护理的人，有更高的生活质量和更长的生存时间[14]。在临终关怀中心，不会有被屏蔽的床位或者被隔离的房间；临终病人进入了一个由朋友、亲戚和专业人士组成的社会，这些人可以在病人愿意的情况下谈论死亡和对死亡的看法[1]。这是因为临终关怀团队足够敏感、熟悉和理解每个人[15]。临终关怀中心改善了病人及其家人的福祉，并且提高了病人的满意度[16]。一位工作人员分享了他关于临终关怀的看法："内心深处必须有一种'己所不欲勿施于人'的想法。我试着把他们当成我的母亲、兄弟或姐妹来对待。虽然如此，他们的家人仍可能会感到内疚，将这些他们爱的人交给完全陌生的人，信任我们会照顾他们，直到他们归来。建立这种信任需要时间。"[15]

1984年，帕克斯（Parkes）进行了一项研究，将临终关怀中心与普通医院进行对比。结果表明，临终关怀中心对治疗晚期癌症患者的慢性病疼痛、抑郁和焦虑等方面更为成功。其他的研究也表明临终关怀中心减轻了病人家属的痛苦，因为无论是在丧亲之前还是之后，工作人员都与他们保持着紧密的联系[17]。在工作人员的协助下看护者的心态平静，并为他们所爱的人提供更好的照顾。科学研究也证明，在疾病的早期阶段给患有转移性非小细胞肺癌晚期的病人提供姑息治疗是有所裨益的。泰梅尔（Temel）等人[18]表明，姑息治疗（如临终关怀护理）可以提高晚期癌症患者的生活质量。他们的研究报告显示：

"这项研究显示了对晚期肺癌患者进行持续性姑息治疗的效果。对于转移性非小细胞肺癌患者，早期采用姑息治疗与标准肿瘤治疗相结合的治疗模式，可以使病人生命延长大约2个月，并在临床意义上改善其生活质量和情绪。此外，通过这种治疗模式，病人在门诊电子病历记录中的复苏倾向会更高，相比之下，接受末期积极治疗的病人复苏倾向会更低。较不积极的临终关怀对生存并没有不利影响。相反，与那些仅接受标准治疗的患者相比，接受早期姑息治疗的患者，生存率更高。这些研究和其他研究表明，姑息治疗应该被视为优先的治疗措施，因为它能保证护理质量并且比现代医学的成本更低。"

根据病人的需要，病人和他的护理者有四种临终关怀服务和姑息治疗的级别可以选择：常规家庭护理（R），持续护理（C），临时看护（R）和一般住院护理（GIP）。

常规家庭护理——由一名临终关怀团队的成员周期性地到病人的住所提供服务。

连续护理——在短暂的危机期间，如医疗上有需要，持续提供至少8小时的护理。

临时看护——医院或经正规认证的护理机构可为临终病人提供短期暂托服务，使得他的护理者可以得到休息。

一般住院护理——为临终患者提供短期的住院服务，以缓解他们在家庭环境中无法应对的急性疼痛或其他并发症。

迈耶（2011年）认为接受姑息治疗和临终关怀的主要障碍有四个方面：①地理和其他特征导致的可达性差异；②工作人员短缺满足不了病人及其家庭需求；③缺乏足够的理论和研究基础来指导和规范护理质量；④公众对姑息治疗和临终关怀认识不足。

疗愈花园设计与临终关怀和姑息治疗的关系

20世纪末以来，越来越多的科学研究证实了疗愈花园在患者康复过程中所产生的作用（图2）[1, 13, 19]。疗愈景观一般是指那些对生理、心理和精神治疗方面享有盛誉的景观[5, 20]。疗愈花园与其他类型的花园不同，它们有明确的设计导向；它们的目的是帮助那些接受复健治疗的病人得到恢复[7]或是提高姑息治疗的医疗环境和病人的生活质量。

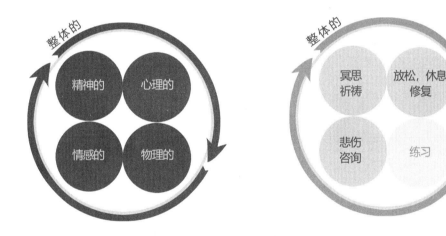

图2　整体疗法与临终关怀花园中潜在的整体疗法对比

临终关怀为患者提供姑息治疗来满足病人精神、心理、社会、生理在内的整体性的需要。"在整个治疗的过程中，将为患者提供生理、智力、情感、社会和精神方面的支持，帮助患者提高其自主能力，让他们可以自主地获得信息并作出选择。"[8]姑息治疗通常应用于重症病患，对其疾病症状进行专业的治疗。与临终关怀类似，它为人们提供心理上的支持，帮助他们进行艰难的选择，并使其保持与专业护理人员的温馨联系。姑息治疗适用于重症的各个阶段，而临终关怀则是姑息治疗的一种特殊形式，主要针对重症病人最后阶段[9]。

进行康复治疗的患者最终会通过康复治疗克服创伤性事件、疾病以及危及生命的事件（如事故、心脏病或中风等）所带来的伤害，恢复健康并继续充满活力的生活。接受姑息治疗的患者会基于其个人及家庭的需求而提供高质量的临终治疗，这种治疗的目标与预后无关[8, 16]。痴呆、帕金森、多发性硬化等患者通常属于后一种情况，他们最终会住进临终关怀中心，这也是最后一个阶段的医疗机构。

临终关怀中心的病人通常会选择姑息治疗，因为他们的病情已经不可逆转，通常只剩不到六个月的生命。姑息治疗团队的目标是提高临终病人及其家庭的生活质量。姑息治疗团队是由一群受过专业训练的医生、护士、社会工作者和其他专家组成的团队，他们与病人的医生合作，以提供额外的支持。临终关怀和姑息治疗是对生命的肯定[21]。然而，临终关怀中心中所发生的事件，如患者生命中的最后岁月、患者最后放弃治疗等，使家属或其支持者也成了另一种事实上的病患。这种从家庭成员或支持者到医学术语中的事实病人的转变被称为移情，是一种医学上认可的情况。这些负责实现绝症患者愿望的人们，在面对自己的失落和悲痛情绪时，会感到巨大的压力。同样，每天应对临终病人及其家属的临终关怀工作人员也会面对类似的压力。每天面对病痛和死亡常常会使人产生压力和精神疲惫，如无法专注、不耐烦以及由于疲惫而导致人为错误，鲁莽，不合作，无能，易怒，好斗，不太乐意帮助他人，对社会重要事件的敏感度降低等[22]。因此，任何环境的改善（包括建筑或非建筑）都可以减低或缓解压力，并且可以用于改善医疗机构环境，提高人们的福祉。

对那些临终病人及其支持者而言，当代医疗的目标是减轻社会与体制上的孤立，采用现代科学的医疗护理技术，给他们提供心理和精神上的支持和帮助[1]。20世纪，中产家庭会将身患绝症的病人送到医院。20世纪末，鲁南[23]指出生物技术造就了现代医学的成功，但事实上也延长了垂死之人的痛苦，让他们无法轻松地走向死亡。他将现代的死亡描述为："它隐蔽地发生在医院里，人们将遗体清理干净并包裹好送去安葬。"长期护理中心或临终关怀中心的花园可以满足病人随着身体状况和认知能力逐渐衰退而产生的特殊需求，同时，花园也应是家属及其护理人员进行自我恢复的场所[1]。

临终关怀花园的案例研究

以下应用上文中克莱尔·库珀·马库斯和娜奥米·萨克斯（Naomi Sachs）所提出的临终花园指导方对三个临终关怀花园案例进行评价总结。这三个临终关怀花园都位于马萨诸塞州，是住宅型的临终关怀中心。评估的结果显示地理位置和周边环境是十分重要的影响因素。重要的是，临终住宅需要强化与自然的联系（即接近自然，如水和植被），同时还要让居民感到他们和护理者及家人保持着密切联系。其中最为成功的一个案例位于一个居住区内，所有的住宅都临湖布置，且窗户上都有喂食器。

项目评估可以根据每一条指导方针进行打分，分数区间为0~10分。0表示没有依据指导方针来实施，10表示成功地按照指导方针来实施。每项指导方针后边的括号内就是所得分数。

案例研究1：费雪临终关怀之家

简介：费雪临终关怀之家位于马萨诸塞州的阿默斯特镇，是一家独立的、非营利性的机构，主要面向马萨诸塞州西部的客户群体。

环境和位置：费雪临终关怀之家临近北普莱森特街，附近为一些私人住宅，还有一家日本餐厅（图3）。

图3　费雪之家的设施和周边环境

图4　房子南边的停车场

费雪临终关怀之家的花园由志愿者来照料。在天气好的时候，会在空地举行特殊活动。花园的南部和东北部有菜园、苗圃、凉亭和树林。

由于一场大火损毁了部分房屋，费雪之家于2017年初完成重建工作。2017年的春天，费雪之家与马萨诸塞大学风景园林系的一名本科生合作，在通道入口进行停车场改造，以规划更多的停车位（图4）。

费雪临终关怀之家被选为2017年阿默斯特历史学会的"花园之旅"之一。每年仅有6个花园能得此殊荣。

服务：常规护理和临时看护。这里共有9个床位，工作人员由一个多学科的临终护理专家团队组成，包括护士、注册护士助理、一名医生、一名丧亲心理咨询师和社会工作者。他们可以提供24小时的服务，包括医疗保健、疼痛和症状管理、情感支持和咨询。

人员结构

临床主任、医学主任，以及员工。

熟悉的景观（5分）。费雪临终关怀之家位于一个居民区内。红砖建筑与新英格兰和马萨诸塞大学的建筑风格一致。停车场没有很好的界定；2017年早春之前，入口草坪都被用作停车场，这使得临终关怀中心看起来一片混乱。整个设施的内外看起来都像是住宅，周围的花园也是典型的住宅花园，不奢侈，但季节交替时也被照料得很好（图5~图8）。

卓越的想象（0分）。没有标志性符号，如"勿忘我"花或是"永恒的火焰"那样的景观元素，也没有铺装上刻有名字的走道（图9）。

最大限度让房间接收阳光照射（7分）。大多数房间的窗户都围绕花园布置，并且能够接受阳光照射，窗户很大并能提供充足的阳光（图10）。

舒缓的自然声音（4分）。可以听到来自附近十字路口交通的声音。房子后面的树林和喂鸟器吸引了鸟类，带来了自然的声音。

远离（2分）。目前没有一个明确的私密空间，凉亭就在停车场旁边，所以尽管它是封闭的，也会被路过的人和进进出出的车辆打扰。

私密庭院（0分）。没有私密庭院，每一块场地都较小且有不同用处。

第一印象（2分）。目前在房屋入口处有一个小标志用于提示临终关怀中心的存在，但是因为房

图 5 主入口附近的杜鹃、玫瑰和薰衣草

图 6 环境与位置

图 7 番茄种植盆和蔬菜种植箱

图 8 费雪之家的正面

图 9 建筑后面靠东边是纪念花园

图 10 建筑的窗户

图 11 建筑右侧的露台

图 12 房子后面的停车区域和进办公室的后门入口

子不接近路的边缘，所以人们很容易错过它的入口。研究者第一次开车进到场地时，发现它的草坪用作停车并且满是泥泞（图11、图12）。

一个纪念花园，抑或者不是？（9分）房子后面的椅子上刻有一些铭文，还有一个由马萨诸塞州西部园艺大师协会捐赠的纪念花园。

为儿童而设的户外空间（5分）。房屋前面及四周有足有的草坪空间供儿童玩耍。天气好的时候草坪可以得到充分使用。

每个房间都有一个喂鸟器，见图13（10分）。位于高度城市化区域，限制了观赏其他类型的水和除鸟类以外的野生动物（0分）。没有水域，没有宠物设施（0分）。

病房没有连通半开放庭院或阳台的视野。房屋被住宅包围着，缺乏全景的视野。没有一间病房或者员工办公室的门是能够通往外面的庭院或连接着阳台。有一些观赏草和一些持久的多年生植物。志愿园丁使这些植物在所有季节（除了冬天）都保持良好的生长状态和生机（图14）。目前费雪之家没有维护手册。

图 13 病人房间外的喂鸟器

图 14 办公室入口的多年生植物

结论：费雪之家获得了 44/120 分。

注意事项：需要指出的是，费雪之家的整体评分可能会低于预期，因为这里是进行评估几周前才重新开放的。花园自 2016 年以来就没有进行维护，并且此次评估是在冬季进行。尽管如此，这一机构评分低主要由于空间布局不合理，在入口处有突出的停车场，以及花园分区不明确。

案例研究 2：卡普兰之家临终关怀屋

简介：卡普兰之家位于马萨诸塞州丹弗斯的一个住宅区（图15）。卡普兰之家是一个像家一样的地方，病人在这里可以获得医院级别的医疗护理。私人房间可以俯视花园。公共区域包括厨房、家庭和儿童游乐区、小教堂和图书馆。套房提供沙发床，朋友或家庭护理者可以选择在任何时候入住。

卡普兰之家是关怀维度公司（Care Dimensions Inc.）的一家分支机构，它主要为马萨诸塞州东部从北岸到大波士顿再到城西地区的 90 个社区的病人及家属服务。

图 15　卡普兰之家

图 16　卡普兰之家的主入口

图 17　阳光穿过窗户和玻璃门照射在病人的房间中

图 18　康复花园里的喷泉

　　背景和位置：卡普兰之家位于 128 号高速公路附近的一个居民区，离波士顿 15 英里（约 24km）。

　　服务：卡普兰之家有 20 个床位，并且接收刚出院的病人。他们提供常规护理、临时看护、一般住院护理以及短期居家护理。卡普兰之家与病人、护理者、初级护理医生和专家合作，制定个性化的疾病治疗计划，尊重患者的意愿和需求。社会工作者帮助家庭处理情绪和实际问题；一位牧师提供无教派的精神支持；训练有素的志愿者提供陪伴和帮助；丧亲心理顾问帮助家属面对亲人的死亡并帮助缓解悲伤。

　　组织结构：卡普兰之家是关怀维度公司的一家分支机构，它有 1 个总裁 / 首席执行官、7 个专业指导、5 个董事会成员和 16 个员工。

　　户外环境评价：评分方案是基于 1~10 的评分，最少 0 分，最多 10 分，在指导方针一章中有更深入的描述。

　　熟悉的景观（5 分）。卡普兰之家位于居民区内。近年来，它已扩张到 20 个床位。尽管从它的规模看是一座美丽的建筑，但由于尺度问题看起来略显呆板。主要入口门廊（允许汽车在附近停靠，人们可以在那里下车）类似医院的主要入口（图 16）。

　　卓越的想象（10 分）。有刻有名字的步行道。

　　最大限度地让房间接收阳光照射（10 分）。每个病人的房间都有通往外面的玻璃门和面向病人床的大窗户（图 17）。

　　舒缓的自然声音（5 分）。建筑中间的康复花园有一个喷泉（图 18），可为病人带来舒缓的声音，

图 19　房屋后面的湿地

图 20　路上的铭文砖

他们可以在天气好的时候打开窗户听这些声音。房子后面还有湿地，吸引着野生动物（图19）。

远离（6分）。房屋的背面是一片湿地，它让人感到些许的隔离，但这片区域正对病房后面的露台，环绕在建筑周边的铺装道路将其与建筑分隔开，但这种分隔略显单薄，当有人在路上行走时，这里就没有私密性可言。

私密庭院（5分）。封闭的康复花园里有一个私密的石头座位区，但卡普兰之家里的工作人员提到这个区域的使用率并不高，可能是因为窗户围绕着这个花园，让它看着像个鱼缸。

第一印象（10分）。场地很容易进入，入口道路的两侧种有树木，景观植物得到很好的维护和修剪，房子前面有很多停车位。

一个纪念花园，抑或者不是？（7分）水泥路上铺有铭文地砖，并有捐赠的长椅和厨房，以纪念某位病人（图20）。

为儿童而设的户外空间（4分）。目前有草坪可以给孩子玩耍，最大的草坪在房子西边（图21）。

喂鸟器（3分）。一些病人的窗外有喂鸟器。

水和野生动物（7分）。中部（康复花园）的喷泉和卡普兰之家后面的湿地，吸引了野生动物，大多数是像红雀这样的鸟类。

没有宠物设施（0分）。

所有病房都有半开放的露台或阳台。湿地为建筑提供了一个半全景视野。所有的病房都有一扇通往露台或阳台的门，整座建筑都被大片的观赏草和多年生植物所包围。

图 21　房子西面的草坪

卡普兰之家没有维护手册。

结论：卡普兰之家获得的分数为72/120。这座临终关怀住宅得分高于其他的花园，原因是它包含了临终关怀花园指导方针中的各个元素，而之前评价的其他花园没有这些元素。例如，它有强烈的住宅感，而且病人和照顾者有不同的花园空间得以使用和观赏。

案例研究3：罗斯·莫纳汉关怀之家

简介：VNA临终关怀机构。罗斯·莫纳汉临终关怀之家位于伍斯特市，它是马萨诸塞州中部的第一个临终关怀之家，于1997年开业（图22）。

图22 罗斯·莫纳汉关怀之家的环境和位置

环境和位置：罗斯·莫纳汉临终关怀之家位于马萨诸塞州伍斯特市朱迪斯路10号。它临近六月街，位于朱迪斯路尽头。库斯水库为建筑西侧和南侧增添了美感。

服务：常规看护、临时看护（R）和一般住院护理（GIP）。

组织结构：罗斯·莫纳汉关怀之家是VNA临终关怀护理系统的一个分支机构。

户外环境评价：评分方案是基于1~10的评分，最少0分，最多10分，在指导方针一章中有更深入的描述。

熟悉的景观（10）。该中心位于一个居民区。建筑看起来就像一座住宅，周围没有商业设施，也没有其他机构（图23）。

卓越的想象（0）。没有标志性符号，如"勿忘我"花或是像"永恒的火焰"的景观元素，也没有铺装上刻有名字的人行道。

最大限度地让房间接收阳光照射（10）。所有房间都是朝南的，并有一个微妙的角度，可以让阳光全天照射。

舒缓的自然声音（10）。建筑的位置离街道足够远，几乎听不到城市的喧嚣。并且周边茂密的树木阻挡了城市的噪声，当风吹过叶子时会发出令人愉悦的声音（图24）。

远离（7）。库斯水库创造出了一种远离人群的感觉；这个美丽的水体能使人沉静下来，忘却时间（图25）。

私密庭院（5）。库斯水库旁边有一个半私密的花园；花园坐落在地势较低的地方，有一面为挡土墙，增加了私密性。

图 23　罗斯·莫纳汉之家的主入口

图 24　所有的病房都位于建筑后侧，面向水库，有露台和大窗户

图 25　半私密的花园，朝南看就是水库

图 26　建筑前面，紧挨停车场，左侧排放有纪念长凳

第一印象（10）。很容易到达这个地方，入口明显，停车方便。

一个纪念花园，抑或者不是？（6）在门口旁边有一张罗斯·莫纳汉的照片，这个临终关怀中心是为了纪念她而修建的。屋前和后院面对库斯水库的长椅上也有铭文（图 26）。

为儿童而设的户外空间（0）。没有一个可以让儿童活动的户外空间。

喂鸟器（10）。每个病人的房间都有一个鸟喂食器。

每一个病人的房间都有独立的阳台。可以看到库斯水库的全景（图 27~图 30）。罗斯·莫纳汉关怀之家没有大片的观赏草或持久的多年生观赏植物，也没有维护手册。

结论：罗斯·莫纳汉之家获得的分数 78/120。

注意事项：罗斯·莫纳汉关怀之家目前得分最高，主要是因为它的环境和地理位置临近一个大型水体。尽管研究者访问的时候是个阴天，但是湖面看起来仍然很漂亮，而这种美是图片表达不出来的。

图27　阳台下的大露台，供休息期间使用　　　　图28　通向低处的花园的斜坡通道

图29　位于二楼的大阳台，在公共区域旁边，一些人把它　图30　库斯水库
叫作"滑水休息室"

从这些案例我们可以知道，为了满足临终关怀花园指导方针的要求，需要有足够的空间容纳大自然和野生动物。值得注意的是，水是一个可以对病人康复有重大影响的元素，因为它具有使人沉静的作用并且能够吸引野生动物。

在新建临终关怀住宅时应按照土地用途规划条例进行规划，宜建造在城市噪声干扰小或无噪声的乡村地区。

"卓越的想象"和"宠物设施"可能是临终关怀花园指导方针里两条非必要的导则，它不具备疗愈功能，也并不满足临终关怀珍视生命的标准。衡量临终关怀花园是否成功的标准在于自然，而并非奢侈。自然本身季相变化已经满足了"卓越"这个条件。

客户、使用者群体和使用状况评价

对于任何景观设计来说，了解客户和确定使用者群体是项目进行的必要前提。这种了解可以通过对话、访谈、数据收集、调查和使用状况评价等方式来实现。倾听客户的需求并且与他们共同合作来创造他们想要的空间和花园是很重要的。需要了解的内容包括：个人对花园的偏好、社区服务、服务目标和计划，在对客户有了更好的了解后，就可以明确花园的用户群体。在苏必利尔湖关怀花园（LSH）项目中确定有四种主要用户群体，虽然其他项目的用户群体可能更多或者更少。

使用前评估和调查是两种大量收集数据的方法，可以用来了解有关机构以及临终关怀花园的使用情况。这些数据信息可以了解用户与景观及设施之间互动的情况，有助于创造出有吸引力的设施和环境。使用前评价和调查可以总结出使用者的喜好、愿望、问题和机遇，以决定花园如何设计。了解他们喜欢什么样的房间以及他们希望在房间看到怎样的室外风景是非常重要的。因此，这项关于花园的调查奠定了整个花园以及建筑周边环境设计的框架。

如果使用得当，使用前评估会得到一个与使用后评价相似的结果。苏必利尔湖关怀花园使用后评价希望记录花园建成后对其四类用户群体的健康和福祉所产生的积极效益。

未来的工作

未来，还将对更多的临终关怀花园进行使用后评价，以检验其疗愈花园的效果。这项未来的工作与之前进行用户群体调查、临终关怀花园设计研究一样重要，因为它的数据可以更有力地支撑将自然纳入临终关怀的重要性。

用于花园建设和维护的经济援助主要来自看护者，这应该作为临终关怀中心预算的一部分。在临终关怀中心，护理者就是捐赠者。在访问过的这些机构中，一个花园、长椅，甚至是整个房间（厨房和小礼拜堂），都是通过捐资来建造的。有必要让开发商意识到，景观和花园设计是临终关怀中心财政的一部分。

应用于病患治疗的整体疗法也应该被研究及应用于看护人员。我们建议工作人员遵循一种整体的生活方式，不仅包括生理也包括心理和精神。精神、道德感和理性都受大脑额叶影响，同时，思考、决策、计划也是由大脑额叶来完成的。临终关怀的护理者需要最佳的工作状态，这对于他们满足病人的需求，完成这项有意义的工作来说是十分重要的。尽管这项研究中没有涉及精神需求，但苏必利尔湖关怀花园希望能够设计这样一个空间，用于进一步研究此问题，并允许临终关怀服务者、看护者和病人去追求自我精神成长。

给未来的花园及花园设计师的建议

以下是花园设计师和临终关怀倡导者的建议，希望能够对未来临终关怀花园的设计有所帮助。前一部分是一系列关于花园设计的建议，后一部分是关于设计师需要重点了解的客户需求。这些建议来自相关研究与实践：

- *需要一个足够大的场地以实现临终关怀的目标和计划。*
- *临终关怀花园可以为不同使用者提供三种不同规模的空间。大尺度空间可以举行如纪念仪式之类的活动；中等尺度空间可以举行聚会，如丧亲心理咨询会；小尺度空间可以一个人在封闭空间下单独进行祈祷、倾诉心声或平复心情。*
- *建筑模型可以帮助人们了解临终关怀机构的设计：客厅、房间和卫生间。*

- 在计划建造一个新的临终关怀之家时，最理想的状态是通过周围环境提高它的服务质量，如自然景观、水体、纯净的空气和野生动物。
- 美国残疾人法案（ADA）是很重要的，但也有一些案例，将更有挑战性的远足、散步活动纳入临终关怀中心的环境中，让家人和工作人员可以去更远的自然区域。
- 安全、照明和标示并非必备，因为临终关怀中心的病人进行活动时始终会有护理人员陪同，以保证他们的安全。
- 为临终关怀中心及其花园设置一个标示，并安放捐赠箱，这有助于提高临终关怀意识并获得部分花园维护预算。
- 通过会议、访谈、调查等来了解谁是场地的使用者，这一点十分重要，因为他们是疗愈花园设计的一部分。设计师必须与他们紧密合作，了解他们的需求。
- 像医生倾听她/他的病人一样，倾听并了解使用者。

制定一套可以鼓励花园使用的计划，如为工作人员和护理者开设有氧健身操班，或让他们学习园艺疗法。更为重要的是，让工作人员在自然环境中，采用自然疗法而不是通过使用药物来释放他们的压力，缓解他们的疲惫，提供花园就是方法之一。在相关实践方面可以寻求环境心理学家的帮助，咨询如何实施自然疗法或将自然作为临终关怀治疗的一部分。

使用状况评价必不可少。为了了解临终关怀花园的使用状况，应该对其进行评估。这是进一步研究临终关怀花园的最有效的方法，可以改善现有的设计和提高设计水平。

倾听和体验是项目成功的关键。设计师必须超越他们以往的习惯和所学习到的东西。体验使用者正在经历的感受，这是设计疗愈花园的关键，也是所有花园设计都应该做到的。虽然调查是一种很好的设计方法，可以快速搜集数据，但是却无法获得填写问卷者的表情、情绪或情感，但缺失的这一部分却十分重要，因为它会唤起设计师的共情。面对面的倾听可以让设计师了解一段故事，清晰地看到一张面孔，让他们意识到情况有多么严峻。看到另一些人的痛苦，了解他们每天都要经历什么，这些能够让设计师与用户产生共鸣。设计师的工作不仅仅只是设计而是在于帮助他人。

考虑陌生人的需求并不容易。因此，一个设计师必须有时间去思考他/她要做什么。对苏必利尔湖关怀花园项目来说，设计师阅读了一位叫马奎特临的临终关怀员工所编写的临终关怀故事集。这本书混杂着快乐和悲伤的情节，讲述了一位"帮助者"是如何被另外一些生命所感动。要理解别人的感受，必须学会谦卑。故事中更强大的角色并不总是帮助者，反而是（在临终关怀中心）为生存而奋斗的人或是病人的家人和朋友。帮助者需要有足够的力量去目睹所有的痛苦，而不是变得免疫或麻木。每天面对死亡并不容易，但是当你心生同情，就会将为临终病人服务作为一种荣耀。

希望死亡是痛苦的最终解脱。希望某人在临终关怀中心去世（听起来有一些病态）是一种爱的行为。研究员观看了一些关于临终关怀的纪录片，其中一部讲述了一个家庭的故事，家中的小男孩患有一种罕见的脑病，这种病会导致癫痫发作。父亲和爷爷都在努力帮助他，确保不发生任何意外，他的姐姐在房间里走来走去，徘徊在各个角落。然后她靠近弟弟，播放了一首歌，轻轻地抚摸着弟弟的头并开始为他歌唱。其余的时间她的脸上只剩茫然和悲伤。女孩只有八岁，当镜头聚焦在她脸上的时候，她看起来很失落。爸爸问她："你害怕弟弟吗？"她凝视了镜头很长时间，才天真而困

惑地回答 "是的"。然后爸爸问："为什么？"过了很久她才回答 "我不知道"。在纪录片中，研究人员关注于孩子的痛苦，在这种情况下，他们需要更小心谨慎地对待姐姐，因为孩子往往难以言明自己的感受；这种工作只能由一个很有才能和同情心的团队来做。这就是为什么临终关怀是一种艺术，因为除了医学，人性也是工作的一部分。帮助别人使他们可以为病人和其他护理者创造出一个更为轻松的气氛。

一个设计师必须倾听使用者的故事，以此去设计有意义的空间。研究的每一阶段都是为了对临终关怀的意义有一个人性化的理解。我们的工作必须超越技术性的场地设计，它必须是一种能够触动所有年纪、所有宗教，甚至不同文化背景的人的艺术。这个项目让每个人都意识到这是一份恩赐，帮助设计师强调生活的意义——让生活过得更充实！

参考文献

[1] Gerlach-Spriggs N, Kaufman RE, Warner SB. Restorative gardens：the healing landscape[M].New Haven, CT：Yale University Press，1998.

[2] Oliver Sacks. A Leg to Stand On[M]. New York：Touchstone，1984.

[3] Ulrich R S. View through a window may influence recovery from surgery[J]. Science, 1984, 224（4647）：420-421.

[4] Ulrich, R. S., & Parsons, R. Influences of passive experiences with plants on individual well-being and health[A]//Diane Relf, The Role of Horticulture in Human Well-Being and Social Development：a national symposium, 19-21 April 1990, Arlington, Virginia.[C]Portland, OR：Timber Press, 1992：93-105.

[5] Velarde M D, Fry G, Tveit M S, et al. Health effects of viewing landscapes – Landscape types in environmental psychology[J]. Urban Forestry & Urban Greening, 2007, 6（4）：199-212.

[6] Hartig T, Mitchell R, De Vries S, et al. Nature and Health[J]. Annual Review of Public Health, 2014, 35（35）：207-228.

[7] Gerlach-Spriggs, N., Healy, V., The therapeutic garden：a definition, ASLA：Healthcare and Therapeutic Design Newsletter, Spring 2010[EB/OL].2010.[2018.6.15].www.asla.org/ppn/Article.aspx? id=25294.

[8] Quill, T.E. Bower, K.A., Holloway, R.G., Caprio, T.V. Olden, A., Storey Jr., C Primer of Palliative Care, Sixth Edition[M]. US：AAHPM. 2010.

[9] Cooper-Marcus, C. and Sachs, N. Therapeutic Landscapes：An Evidence-Based Approach to Designing Healing Gardens and Restorative Outdoor Spaces[M]. US：John Wiley & Sons Incorporated, 2014.

[10] NHPCO, Facts and Figures：Hospice Care in America[C].Alexandria, VA：National Hospice and Palliative Care Organization, 2018.

[11] Schneider, J.M.Finding My Way, Healing and Transformation Through Loss and Grief[M]. WI：Seasons Press, 1994.

[12] Kaplan, R., Kaplan, S., & Ryan, R. L. With People In Mind：Design And Management of Everyday Nature[M]. Washington, D.C.：Island Press, 1998.

[13] Cooper-Marcus, C. & Barnes, M. Healing Gardens：Therapeutic Benefits and Design Recommendations[M]. New York：John Wiley & Sons, 1999.

[14] Wallston K A, Burger C, Baugher S R J. Comparing the Quality of Death for Hospice and Non-Hospice Cancer Patients[J]. Medical Care, 1988, 26（2）：177-182.

[15] Williams T F. Health Promotion and the Elderly[J]. Home Health Care Services Quarterly, 2008.

[16] Meier D E. Increased access to palliative care and hospice services：opportunities to improve value in health care[J]. Milbank Quarterly, 2011, 89（3）：343-380.

[17] Parkes C M, Parkes J. Hospice versus hospital care-re-evaluation after 10 years as seen by surviving spouses[J]. Postgraduate medical journal, 1984（700）: 120-124.

[18] Temel, J. S., Greer, J. A., Muzikansky, A., Gallagher, E. R., Admane, S., Jackson, V. A., & Billings, J. A. Early palliative care for patients with metastatic non-small-cell lung cancer[J].New England Journal of Medicine, 2010, 363（8）: 733-742.

[19] Tyson, M. M, The Healing Landscape: Therapeutic Outdoor Environments[M].United Kingdom: McGraw-Hill, 1998.

[20] Gesler, W. M. What is Palliative Care? Getpalliativecare.org Center for Advance Palliative Care[EB/OL].2016[2018.6.16].https: //getpalliativecare.org/whatis/.

[21] Wu H L, Volker D L. Humanistic Nursing Theory: application to hospice and palliative care[J]. Journal of Advanced Nursing, 2012, 68（2）: 471-479.

[22] Kaplan S. The restorative benefits of nature: Toward an integrative framework[J]. Journal of Environmental Psychology, 1995, 15（3）: 169-182.

[23] Nuland, S. B. How We Die reflections on Life's Final Chapter[M]. New York: A_A Knopf, 1994.

为自闭症患者设计的康复花园

[美]艾米·瓦根费尔德（Amy Wagenfeld）

[美]大卫·坎普（David Kamp）

简介

　　孤独症谱系障碍包括自闭症、阿斯伯格综合征、瑞特综合征以及待分类的广泛性发育障碍（PDD）。孤独症谱系障碍表现为一系列的发育障碍，如明显的社交障碍、沟通障碍、感官障碍、狭隘重复刻板行为、感觉输入异常以及挑战性行为 [1, 2]。这些障碍可能会影响社会关系、学业成绩和职业表现等 [3, 4]。虽然，相关研究证明这种疾病的成因具有生物学因素，遗传会影响家族患病率，但没有具体的指标或测试可作为该病诊断的标准。相反，孤独症谱系障碍的诊断一般是基于父母的观察和反馈 [5]。要满足孤独症谱系障碍患者的复杂需求，为患者设计户外场所并评估其效果，不仅需要全面了解这一疾病，而且需要一个基于跨学科团队的设计与研究方法。

了解使用者

　　如上所述，研究发现自闭症有很强的遗传关联。例如，如果同卵双胞胎之一被诊断为患孤独症谱系障碍，另一个有 36%~95% 的可能也被诊断为该病。如果异卵双胞胎之一被诊断为患孤独症谱系障碍，另一个有 31% 的可能患有该病。如果兄弟姐妹中有孤独症谱系障碍患者，则家中的其他孩子有 2%~18% 的可能患有该病。大约有 62% 的自闭症儿童，其智力正常（IQ ≥ 70）。

　　孤独症谱系障碍对不同社会经济、种族和民族的族群都有影响 [6]。2000 年，美国 4.5 岁至 9.9 岁儿童的孤独症谱系障碍患病率为 6.7‰。目前，在美国这一概率上升为 14.6‰ [6]。患孤独症谱系障碍的男女比例大约为 5 ∶ 1，男孩的患病率为 2.4%，而女孩的患病率为 0.5‰ [7]。在欧洲、亚洲和北美洲等地区，孤独症谱系障碍患者人数约为总人口的 1%~2% [8]。

　　孤独症谱系障碍是美国发病率增长最快的严重发育障碍（孤独症讲座）[9]。美国疾病控制和预防中心（CDC）的报告指出，每年医疗救助为每个孤独症谱系障碍患儿支付的医疗费用为 10709 美元，约为没有患该病的儿童（1812 美元）的 6 倍。孤独症谱系障碍患儿的医疗费用是那些没有患该病儿童的 4.1~6.2 倍 [8]。一项研究显示，截至 2015 年，美国联邦政府每年为自闭症等相关疾病支出的费用约为 2680 亿美元，预计到 2025 年底将会上升到 4610 亿美元 [9]。如果患病率持续上升，到 2025 年，自闭症等相关疾病的支出将超过糖尿病和注意力缺陷多动症的支出 [9]。在英国，用于孤独症谱系障碍患者护理与治疗的费用，超过了用于治疗中风、心脏病和癌症费用的总和[10]。除了医疗费用，应用行为分析等行为干预（治疗）可能每年要花费4万~6万美元[10]。这引起了全世界医学界和教育界的极大关注。

孤独症谱系障碍患者往往伴随有其他神经问题、心理健康问题（10%）、染色体异常和发育障碍（83%）[11]。孤独症谱系障碍患者同时患上唐氏综合征或脆性X综合征等染色体疾病的可能性是正常人的10倍[12~15]。父母的年龄和孤独症谱系障碍患病率之间也存在一定联系。如果母亲超过35岁，父亲超过40岁，那么其孩子的患病率会更高[5]。

确诊孤独症谱系障碍最少需要两年时间，但通常约需四年。早在婴儿6~12个月，照顾者就可能会发现一些症状，如听觉或视觉异常、缺少沟通、不善社交和运动技能受损[16, 17]。一般来说，越早发现症状并确诊，就可以越早实施干预措施，这对其未来的发展非常重要。为此，在不同的文化背景下，不同的照顾者，何时发现与孤独症谱系障碍相关的发育迟缓，如何寻求以及何时寻求干预，存在着一定的差异[18]。此外，拉文德兰（Ravindran）和梅尔斯（Myers）2012年在一份报告中指出，孤独症谱系障碍的病因和治疗，西方文化的观点（西方遗传或神经学）与非西方文化的观点（真主的旨意或因果报应）有所不同（第311页）。但他们的治疗方法是相同的：药物、维生素、教育、感官、行为（西方）、针灸和草药（非西方）[19]。这些研究指出，迫切需要加强不同文化间的研究合作，使东西方文化在对孤独症谱系障碍的诊断、理解和治疗方面有更深入的认识[20]。随着文化之间的交流与共融，东西方互补的治疗方法越来越成为一种趋势，包括自然体验在内的混合式干预措施也将成为一种主流。

孤独症谱系障碍的治疗方法

应用行为分析（ABA）常被用于治疗儿童自闭症。应用行为分析侧重于原理，如积极强化，它解释了学习是如何发生的[9]。从行为的角度来看，如果一个行为得到奖励，它很可能再次发生。应用行为分析是技术和原理相结合的应用，能积极并有目的地改变行为模式和减少一些非期望行为[9]。应用行为分析的治疗需要自闭症儿童家庭的绝对配合。

感觉统合治疗是另一种针对自闭症患者的常见干预手段。感觉统合是一个正常的神经处理过程，从子宫开始延续至整个生命阶段[21]。当感觉系统（视觉、听觉、触觉、味觉、嗅觉、运动和平衡）处于最佳状态时，它们协同工作，帮助人们建立与世界的联系和平衡关系。感觉或知觉是指来自环境和我们身体的信息，比如薰衣草的香味或是向日葵绽放时鲜艳的颜色。统合是指我们如何理解和使用感官信息。对大多数人来说，薰衣草的气味是使人愉悦的，让我们感到平静和满足，向日葵则会使我们微笑。完整的感觉统合让我们能够轻松地应对日常生活。感觉统合若长期存在严重问题，则可能导致感官处理失调（SPD）。感官处理失调本质上是神经系统紊乱的一种。孤独症谱系障碍患者常表现出感官处理失调的特征。对孤独症谱系障碍患者来说，处理环境中的感官信息，如听觉、视觉、嗅觉、味觉、触觉和运动等信息，同时要求他们保持情绪稳定是一项挑战[22]，可能会导致激烈的行为反应，如攻击或逃避。感官处理失调的治疗，通常是由接受过专项培训的作业治疗师来进行。因此，为自闭症患者设计花园必须谨慎细致，并且对自闭症有较深入的了解。协作设计是最佳实践方法，参与者应包括对设计感兴趣的感觉统合作业治疗师，以及其他与自闭症患者有直接接触的专业人员。后文将介绍为自闭症患者设计花园的基本设计策略。

相关概念阐释

自闭症研究者普遍认为，如果你能够识别出自闭症患者，就说明你曾经接触过自闭症患者。这说明自闭症患者存在许多共同的特征和症状，但其特征的多少和严重程度各不相同。患者通常面临着沟通和社交方面的问题。一些自闭症患者只会使用有限的口语词汇，一些不会表达，还有一些却表达流畅。他们与他人社交互动时通常会很笨拙。同时，他们的认知也是有限的。许多自闭症患者也会表现出感官处理失调的特征。这些特征在下文中将详细描述，设计团队必须对其有深入了解，以设计一个可接纳各种自闭症患者的户外空间。

沟通。与自闭症患者沟通可以有多种方式，如非语言性表达、语言表达、手势或手语表达、交流板表达等。交流板不管是否是电子的，都应含有图标或图像，能让自闭症的孩子通过手指或点击的方式来表达他们的想法。有些孩子会阅读，有些不会。自闭症患者的花园只需要采取最简单的信息传达方式。这可能包括简单具象的图像或图标，这不仅能最大限度地满足那些沟通能力有限的人的需要，还能使他们的压力更小，因为简单的图像和图标比文字短语和句子更容易理解。从学校或者花园所用的图标系统中吸收灵感也许是明智的做法。也许你会发现，和你一起工作的投资者希望为花园开发一套全新的图标系统，让花园成为一个带有特殊图标的场所。从通用设计的角度来看，任何信息标识系统都应该包含图标、盲文、简短文字，甚至包含声音提示。信息该如何传达是所有设计团队都需要讨论的问题，因为花园体验需要尽可能丰富多彩，同时尽可能减少模糊性。

认知限制。认知是指处理和理解不同的输入信息的能力。认知包括解决问题、记忆、遵循指令和专注等技能。自闭症患者通常是天才，这种说法是有误的。有些患者可能有罕见和突出的专业能力，即所谓的"碎片技能"，如弹钢琴、画画、记数学公式或者背诵复杂的诗歌等。但大多数自闭症患者的认知水平是一般的或者是受损的。与传达信息一样，花园的设计至少要使大多数认知受损的使用者能够理解。整个花园以及它的各个元素都需要易于理解。从本质上说，花园必须能够自我解释。当它清晰易懂时，人们的压力水平就会下降，使用者将会愉快地使用它，对它产生好奇，并渴望用所有的感官去探索它。

社交技能。社交技能受损是孤独症谱系障碍的一个特征。在某种程度上，每个自闭症患者都会有这些特点。有些患者可能不能分辨个人空间和保持身体边界，往往过于靠近他人或需要触碰他人。花园中应该有明确界定的空间，如通过铺装纹理或是色彩变化来划分，都有助于那些难以理解个人空间的人在花园中找到自己的位置并尊重他人。这种无须言语的视觉提示，能告知患者与他人交往时应站在何处。有些自闭症患者不习惯与他人在一起，或者不习惯接近他人，他们更喜欢独处。所以花园里必须有多个安静的角落或子宫般的空间。当患者感到不知所措时，这些隐蔽的休憩空间可以为他们提供一个可以躲避的地方。空间中可以配备各种各样的座椅，并创造丰富的视觉、触觉和听觉体验。一致性和重复性是需要重点考虑的因素，因为这样能为自闭症患者提供更多的规律性经验。例如，花园中的小空间纹理应该是相似或相同的。不仅有助于定义空间，而且对患者来说是熟悉的。

设计应该避免极端，相反，应做出折中的选择。例如，选择相对平滑而不太粘的有纹理植物。对于触感敏感过度或敏感迟钝的自闭症患者，这种决策将最大限度地满足他们的不同需求。安静空间不需要被孤立开来。可以对空间进行分级，使感官和社交体验在某些区域更为强烈一些，而在另一些区域则平淡一些。人们有权利自己选择一个安静的地点，这是一种自主权。

运动技能。有些孤独症谱系障碍患者会表现出笨拙的行走和运动方式。这可能是因为他们的运动规划能力存在问题。完好的运动规划能力是指能毫不费力地完成新的运动任务的能力。为自闭症患者设计花园时，需要考虑重复性。一个人练习一项技能的机会越多，他就越有可能学会这项技能，并能更轻松地运用。比如，沿着一条石阶路来回走动。此外，设计要鼓励使用者在所有平面上走动，从上到下、从一边到另一边、从前到后等，这有助于扩展其运动范围，增强能够形成运动规划能力的肌肉和关节。不管有没有靠背，能鼓励儿童坐直的座椅都有助于锻炼保持直立姿势稳定的肌肉组织。

感官系统。感官和运动技能之间有很强的联系。我们通过感官获得的信息在中枢神经系统（认知）中进行处理，然后通过我们的身体做出反应。例如，当我们把手放在热灶眼上时（感官体验），信息通过神经系统传送到我们的大脑。我们立即的反应是尽可能快地将手从热源上移开（运动回应）。我们的感官系统是复杂的、相互联系的。除了味觉、触觉、嗅觉、视觉和听觉这五种基本感觉外，我们还有其他基本感觉。下文将逐一描述，并将阐述与这些感觉相对应的设计注意事项。

听觉：指我们听到的声音。流水与滴水之声、微风吹过叶子时的沙沙作响、淅淅沥沥的雨声和鸟儿的呼唤。

味觉：指尝到的味道。甜、酸、咸、辣等。

嗅觉：指闻到的气味。花草的香味、雨后的土壤湿润的气味。

本体感觉 / 肌肉运动知觉：位于肌肉和关节，本体感觉系统会帮助我们感知自己身处何处。

触觉：指触摸的感觉。皮肤是人体内最大的感觉器官。

前庭感觉：指平衡系统。前庭位于中耳，前庭系统会对头部（晃动）的位置做出反应。它与重力和运动有关，有助于防止头晕。

视觉：指我们看到的东西。颜色、图案、阳光和阴影。

对于感官受损的儿童，特别是感官处理失调的儿童，生活是非常困难的。超负荷的感觉会让日常生活的各个方面充满压力——对工作、学习、娱乐和自理产生负面影响。自闭症患者花园的秩序、明晰度和结构都必须经过特别设计，提供不同层次的感官体验，并尽量减少所有年龄和不同能力的儿童和成人的感官负荷。花园设计还必须考虑使用者之间沟通、认知、社交和运动技能的巨大差异。

设计注意事项

为自闭症患者设计户外空间时，有一些策略需要考虑。对于感觉过于敏感或感觉迟钝者，提供不同强度的多种感官体验是很重要的，这可以满足不同需求。使用者会很快发现这些空间，并多次被其吸引而去寻求感觉体验，他们需要通过这些感觉体验去感受规律。有些人则需要花园外围的边缘空间，在那里他们可以独处或观看他人。

特定感官区通过植物所提供的视觉、触觉、听觉、嗅觉和味觉的趣味，吸引使用者探索不同的感觉。为了易于理解并可操作，必须在设计开始时建立清晰的环形路径系统。花园出入口必须易于识别。需要明确划分一级、二级和三级环线路径网络。明晰的环线路径使孩子们能够在花园里自由活动，同时也使教师或其他监督人能够随时观察他们。一致性通过高大的树冠和重复的家具来实现，它可为患者提供所喜欢的熟悉感和秩序感。这对于感官系统紊乱的患者来说尤为重要。熟悉感和一致性是有组织的且令人冷静的。

毫无例外，花园必须适应不同自闭症患者的不同能力，必须在过多与过少、无聊与过度刺激、安静沉思与高度亢奋之间取得平衡。需要有可隐藏、参与、独处和进行团体活动的空间。需要考虑设计闲坐的、工作的和探索感觉的场所，可以通过与感官植物和其他自然元素进行互动，体验不同的感官刺激。此外，安全性也不容轻视。因为有的自闭症儿童会乱跑，所以必须用围栏把花园四周围合起来，然后可以用植物或其他东西将围栏遮蔽起来。

正如之前所讨论的，自闭症是一个复杂的综合征，没有一个患者的症状是完全相同的。自闭症的复杂性，以及缺乏对自闭症的全面认识都可能造成意外伤害，因此，设计团队的组成同样是重要的注意事项。专注于自闭症的特殊教育者和作业治疗师是设计师重要的合作伙伴，他们可以协助设计师创造一个能够满足患者需求的户外环境。

佛罗里达州南部最近有一个非常成功的协作设计案例。以下的案例研究将通过设计注意事项和协作设计的成果，给予读者以指导。

设计案例分析

案例一：卡特学校的户外感官教室

威廉·E. 卡特尔学校（William E. Carter School），坐落在马萨诸塞州波士顿，占地 4 英亩（约 1.6 万 m²）。这个创新性的、有充足空间的户外教室，能满足 11 个月至 7 岁以下的患有身体残疾或智力障碍儿童的多种需求，其中也包括自闭症患儿。使用者几乎都使用轮椅，有些设置需要借助轮床来移动，只有少数学生可以走动，还有些学生走动需要他人协助。户外教室花费了 110 万美元，由风景园林师戴维·贝拉杜奇（David Beraducci）设计——基于玛莎·泰森（Martha Tyson）的概念设计，卡特尔学校的家长和员工也协助进行了设计，相比之前无法进入的户外空间，现在的花园是一个巨大的进步。学生可以通过教室和学校前厅的电子门进入花园。为了优化感官和学习体验，满足儿童和员工的需求，所有功能都是精心设计的。"8"字形环路采用色彩对比鲜明的边界材质进行界定（图 1），使孩子能够全面探索空间，花园中有腰部高度的多种水景，还有符合儿童人体工程学的种植床（图 2、图 3）。一排色彩缤纷的矩形箱子鼓励坐轮椅的孩子进行感官探索（图 4）。并为坐着需要借助支撑的孩子和坐轮椅的孩子设计了调节装置（图 5）。

图 1 宽阔、平坦的路径两侧有着色彩对比鲜明的边界，这让使用者更容易沿路通过

图 2 触摸美丽花朵的花瓣可以让人感到强烈的满足感

图 3　种植床底下有膝盖滚轮，能提供更符合人体工程学的园艺体验。网格化布局能鼓励运动

图 4　色彩高度饱和的感官探索箱是有一定角度的，使坐轮椅的孩子更加容易使用它们

图 5　组合式座位创造出了社交氛围。可调节的靠背能为不能独立坐着的孩子提供额外的支持

案例二：埃尔斯卓越中心的感官艺术花园

　　埃尔斯卓越中心的感官艺术花园（Sensory Arts Garden at the Els Center of Excellence）是特意为自闭症儿童，以及协助并丰富他们的生活的家长、教育工作者、治疗师和照顾者们而设计的花园。该中心位于佛罗里达州的朱庇特，致力于通过世界级的教育和治疗计划来帮助自闭症患者，充分发挥他们的潜力，帮助他们实现积极、高效和有价值的生活。此花园于 2017 年开放，由德尔特工作（Dirtworks）的创始人大卫·坎普（David Kamp）和他的设计团队进行设计，由埃尔斯（ELS）自闭症基金会的项目运营总监马琳·索特洛（Marlene Sotelo）和专注于治疗性户外空间设计的作业治疗师艾米·瓦根菲尔德（Amy Wagenfeld）指导。该花园以跨学科的研究和协作为基础，将中心原本的花园扩展为一个充满活力的户外环境，鼓励发展个人的优势和偏好，并认为自然是健康和福祉的重要伙伴。花园设计注重细节，通过精心安排植物、材料、家具和空间，平衡一系列刺激和平静的感官体验，以减缓压力和焦虑，并微妙地提升了感官感受，包括视觉、嗅觉、触觉、味觉、声音，以及人在空间中的平衡感、方向感和运动感（图 6）。13000 平方英尺（约 1208m²）的花园提供了一个孕育的、感官丰富和环境敏感的治疗环境，帮助自闭症患者提高工作、玩耍、社交和学习的能力。宁静、安全和疗愈是设计的基础，设计尊重患者的特长和喜好，适应感觉迟钝和敏感过度者的需求，能培养好奇心和促进有意义的互动。最重要的是，接纳所有能力水平的患者。

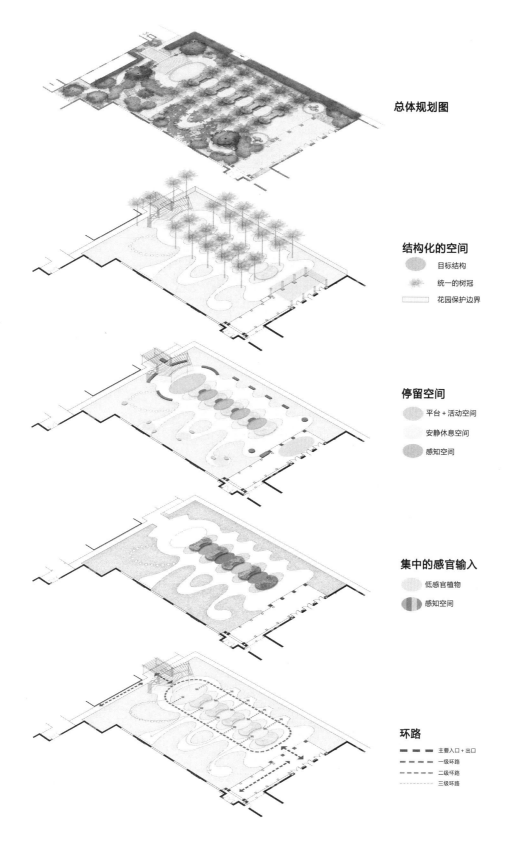

总体规划图

结构化的空间
- 目标结构
- 统一的树冠
- 花园保护边界

停留空间
- 平台 + 活动空间
- 安静休息空间
- 感知空间

集中的感官输入
- 低感官植物
- 感知空间

环路
- 主要入口 + 出口
- 一级环路
- 二级环路
- 三级环路

图 6　感官艺术花园是一个创新的治疗环境，带来了世界级的户外教育与治疗服务。整个环境被绿色植物环绕，流线清晰，设施设计独特，方向指示明确

正如已经讨论过的，自闭症患者有着复杂的神经症状，会影响患者与他人以及与周围世界的交流能力。感觉统合是指能够组织并有效地回应来自环境的感觉信息的能力，感觉统合缺陷是自闭症患者的显著特征，它将导致感觉输入异常反应。为了设计能有效满足不同自闭症患者的需求，项目需要风景园林师、中心项目总监以及作业治疗师紧密合作。这种跨学科模式回应了自闭症患者所需的不同体验，同时平衡了一个充满生机活力的教育环境与治疗环境的需求。

路线、形式、视线和标识系统决定了整个花园形式，保证一定的空间开敞性，可以促进探索活动、自主行为的发生。简单的过渡、清晰的环线和目的地以及看似简单的几何形体，为自闭症患者提供了一个可理解和吸引人的空间。对未知事物的潜在恐惧，或是对参观花园的焦虑，都在入口处得到舒缓。入口处的过渡空间能够吸引人们进入花园，也为人们提供了进入花园前可以停留的空间，让人在入口处能够获得一览无余的视野（图7、图8）。用青翠的植被围合花园，并使人们的注意力集中于花园中。用狐尾棕榈作为统一的遮阴材料，体现出一种结构韵律，带来宁静的围合感，并且能够遮挡太阳（图9）。

图7　一个宽敞的曲线廊架成了学校到花园的过渡。毗邻廊架是一个椭圆形有柔软铺地的"草坪"，其间有各种固定的或可移动的座椅

图8 简洁和整体的感知空间提供了一个让人可以寻求片刻喘息的避难所，每个空间都有一个供个人或团体使用的座位区。坐鹅卵石和铺路石可以锻炼大肌肉运动技能

图9 网格化种植的狐尾棕榈构建了空间整体的结构韵律，形态一致的树冠创造出了宁静的围合，阳光洒落地面。花园设计采用几何形式的可识别模式，一定程度的开放性提供了探索、自由游戏和自主活动的机会

每种植物、材料和家具都经过筛选，认真考虑过其适宜性、安全性、耐久性和疗愈功能。"感官区"位于花园的轴线上，针对五种感官分别设计了不同空间，并以定制的轻质玻璃纤维种植器为特色——这种材料能够降低成本，避免在小场地中使用难以操控的重型设备。对于不同年龄、行动自如或行动不便的患者，不同高度的种植器能够提供不同高度，方便不同的人能够舒适地接触这些丰富多样的感官植物。每个小空间都被人行道的黑色条带环绕，形成一条微妙的视觉边界，并暗示感官体验的变化。这些小空间中放置有小型可移动的音乐雕塑，起到激活空间的作用（图10）。教师和治疗师可以自行调整设施的位置，以鼓励患者进行合作交流或创造性探索。

图 10　花园中遍布小型可移动的音乐雕塑，通过声音激活空间。小的金属编钟创造了一个和音乐进行对话的机会

　　一系列小尺度但完整的感官空间或沿着花园边界的"远离空间"，为那些感觉灵敏的人或寻求喘息和逃避的人，提供了一处适宜的场所。为了增强宁静的感觉，设计师特意减少这些场所内的植物色彩。在重点区域内布置直靠背带扶手长椅，这些长椅能够支撑身体，为人们带来舒适和庇护，同时还能锻炼位于腹部和上身的姿势肌。卵石座椅是一种有趣的选择，提供了不同程度的本体感受和前庭体验。在放置家具时，需要考虑一些空间鼓励社交互动，而另一些空间让人们能够独处和休憩。水球也提供了多种感官体验，包括触觉、视觉、听觉、本体感觉和前庭感觉（图11）。它们有的在地面上，有的藏在种植床中，需要人们保持平衡蹲下来，然后伸手去碰触。光滑和刚性的球体提供不同的触觉感受。所有家具都固定在地基上，以防移动或倾倒。地面将空间统一起来，在关键地方变换色彩或材质，暗示这是一个过渡空间、一种新的体验，使人的注意力集中到身体和感官上。卵石路径能提高触觉感受、本体感觉和总体运动技能。环绕的铺装带仿佛将自闭症患者置于一个环或圆中，当他感到焦虑不安时，这会使得他更镇定和专注。

图11 水球可以提供包括本体感觉和前庭感觉在内的多种感觉体验。水球设置在不同的位置，有的位于地面，有的在种植床内，需要人们蹲下，并保持平衡。不同触感的球体也提供了不同的触觉感受

种植设计也是经过慎重考虑的，结合了以健康为本的设计原则，并对自闭症患者的独特需求有深刻的理解。为了保证环境安全无毒，所有材料都经过彻底审查，而且环境敏感的维护方案规定非必要不使用化学品。根据树的结构和品质来选择树种，例如树的分支结构、形态、遮阴能力、视觉和触觉特点以及半通透性，半通透性使人们的视线能够穿过。重复种植的植物显示了恰如其分的一致性，并平衡了趣味性与神秘性，自闭症患者往往会对其做出积极反应。

安全与防护是最为重要的注意事项，可以反映在总体设计、细节和材料选择上。光滑平整的表面、坚固耐用的材料以及消除尴尬角落的设计，这些都避免了潜在的碰撞和不良反应（图12、图13）。仔细选择和布置植物材料，以确保安全并尽量降低人们异常的、消极的感官反应。同时，当学生在花园中进行自我探索时，保证员工和家属能够在远处观察他们。

图 12　整体设计、细节和材料选择都体现了安全性。光滑的表面、坚固的材料、设计避免产生尴尬的角落，避免在使用过程中发生危险

图 13　"感官房间"分别针对五种不同的感觉。每个房间都有独具特色的铺装，定制的弧形花盆有不同的高度，产生了丰富的感官体验，并创造了舒适和可达的空间

通过把感官艺术花园打造为一个充满活力的户外生活教室，一个体验丰富的疗愈环境，以及一个包容和欢迎所有人的空间，使得埃尔斯卓越中心成了该领域的优秀案例。花园的建造扩大了他们在自闭症领域的影响，并提高了社会对自闭症患者的关注度、接受度和包容度。花园向孩子们发出邀请，让他们在其中自主感受到完整和安全——让他们变得比原先更强大，而不会感到不知所措。自开放以来，自闭症患者的情绪在花园的"远离空间"中得到舒缓，他们还通过探索感官区中的植物，获得丰富的体验。学生们认准花园里他们最喜欢的地点，每天回到这些空间，去探索细微的变化和新的生长。花园已经成为户外教学的固定空间，一些学生在教室内可能难以接近，花园提供了与他们建立联系的机会。音乐课、瑜伽课和阅读小组都受益于这个感官体验丰富的、生动的教室，这个教室欢迎所有人，无论他们的年龄、能力和偏好如何。在一个郁郁葱葱、安全的环境里，花园为每一个患者提供了接触自然的机会，他们可以根据自己的条件，以自己的方式，并以自己的节奏去体验和享受。

花园是一个可以学习和培养运动、感觉、认知和社交技能的潜力空间。一个专门满足自闭症患者需求的花园，应该包含其他花园中常见的园林要素，但设计必须更加谨慎，对元素的布局和衔接有更深的理解。为孤独症谱系障碍患者而设的花园必须平衡刺激过渡和刺激不足，为使用者提供充足的机会让他们能够隐蔽或积极参与。像所有的花园一样，安全是必须最优先考虑的。本章描述了花园的很多教育和治疗属性，自闭症儿童和成人能够在体验设计良好的感官花园时获得这些益处。我们强烈倡导在花园设计的开始就以一个跨学科的团队为基础来进行设计。理想的团队成员包括风景园林师、作业治疗师和教育人员。这种结构有助于确保最低限度地满足这些患者复杂多样的需求，最好的效益则可能远远超过最低需求。以多学科角度进行设计，也能为实施循证研究奠定基础，以实现这些高度专业化的花园对自闭症患者的学习、感官运动和社交技能的疗效。

参考文献

[1] National Institute of Neurological Disorders and Stroke- Autism Spectrum Disorder Fact Sheet[EB/OL].2019[2020-09-05].https：//www.cdc.gov/ncbddd/autism/materials/factsheets.html.

[2] National Autism Society- Signs of Autism[EB/OL].2012[2020-09-05].http：//nationalautismassociation.org/resources/signs-of-autism/.

[3] Autism Speak，Learn the Signs of Autism[EB/OL].2019[2020-09-05].www.autismspeaks.org/.

[4] Autism Society，What is Autism?[EB/OL].2019[2020-09-05].http：//www.autism-society.org/.

[5] Durkin，M，S，et al. Advanced Parental Age and the Risk of Autism Spectrum Disorder[J]. American Journal of Epidemiology，2008.

[6] Autism Speaks.Applied behavior analysis[EB/OL].2012[2019-03-25].http：//www.autismspeaks.org/what-autism/treatment/applied-behavior-analysis-aba.

[7] Autism Speaks.Facts about autism[EB/OL].2012[2019-03-17].http：//www.autismspeaks.org/what-autism/facts-about-autism.

[8] Shimabukuro T T，Grosse S D，Rice C. Medical Expenditures for Children with an Autism Spectrum Disorder in a Privately Insured Population[J]. Journal of Autism & Developmental Disorders，2008，38（3）：546-552.

[9] Leigh J P，Du J. Brief Report：Forecasting the Economic Burden of Autism in 2015 and 2025 in the United States[J]. Journal of Autism and Developmental Disorders，2015，45（12）：4135-4139.

[10] Buescher A V S，Cidav Z，Knapp M，et al. Costs of autism spectrum disorders in the United Kingdom and the

United States[J]. Jama Pediatrics, 2014, 168（8）：721.

[11] Levy S E, Giarelli E, Lee L C, et al. Autism spectrum disorder and co-occurring developmental, psychiatric, and medical conditions among children in multiple populations of the United States[J]. Journal of Developmental & Behavioral Pediatrics Jdbp, 2010, 31（4）：267.

[12] Cohen D, Nadège Pichard, Tordjman S, et al. Specific Genetic Disorders and Autism：Clinical Contribution Towards their Identification[J]. Journal of Autism & Developmental Disorders, 2005, 35（1）：103-116.

[13] Diguiseppi C, Hepburn S, Davis J M, et al. Screening for Autism Spectrum Disorders in Children With Down Syndrome[J]. Journal of Developmental & Behavioral Pediatrics, 2010, 31（3）：181-191.

[14] Hall S S, Lightbody A A, Reiss A L. Compulsive, self-injurious, and autistic behavior in children and adolescents with fragile X syndrome.[J]. American Journal of Mental Retardation Ajmr, 2008, 113（1）：44.

[15] Zecavati N, Spence S J. Neurometabolic disorders and dysfunction in autism spectrum disorders[J]. Current Neurology & Neuroence Reports, 2009, 9（2）：129-136.

[16] Bolton P F, Golding J, Emond A, et al. Autism Spectrum Disorder and Autistic Traits in the Avon Longitudinal Study of Parents and Children：Precursors and Early Signs[J]. J Am Acad Child Adolesc Psychiatry, 2012, 51（3）：249-260.

[17] Kozlowski A M, Matson J L, Horovitz M, et al. Parents' first concerns of their child's development in toddlers with autism spectrum disorders[J]. Developmental Neurorehabilitation, 2011, 14（2）：72-78.

[18] Hussein, H., Taha, G.R.A., & Almanasef, A.Characteristics of autism spectrum disorders in a sample of Egyptian and Saudi patients：Transcultural cross sectional study[J]. Child and Adolescent Psychiatry and Mental Health, 2011, 5（34）.

[19] Ravindran N, Myers B J. Cultural Influences on Perceptions of Health, Illness, and Disability：A Review and Focus on Autism[J]. Journal of Child and Family Studies, 2012, 21（2）：311-319.

[20] Kang-Yi C D, Grinker R R, Mandell D S. Korean Culture and Autism Spectrum Disorders[J]. Journal of Autism & Developmental Disorders, 2013, 43（3）：503-520.

[21] A Jean Ayres. Sensory Integration and the Child[M]// Sensory integration and the child. Western Psychological Services, 1979.

[22] Tomchek S D, Little L M, Dunn W. Sensory Pattern Contributions to Developmental Performance in Children With Autism Spectrum Disorder[J]. American Journal of Occupational Therapy Official Publication of the American Occupational Therapy Association, 2015, 69（5）：6905185040p1-10.

相关资源

[1] Boucher, J.（2017）. Autism spectrum disorder：Characteristics, causes, and practical issues. 2nd ed. Thousand Oaks, CA：Sage Publications.

[2] Higashida, N.（2013）. The reason I jump：The inner voice of a thirteen year old boy with autism. New York, New York：Random House.

[3] Kranowitz, C. & Miller, L.J.（2006）. The out of sync child：Recognizing and coping with sensory processing disorder. New York, New York：TarcherPerigee.

[4] Prizant, B. M.（2015）. Uniquely human：A different way of seeing autism. New York, New York：Simon and Schuster.

为老年人和阿尔茨海默症患者设计的康复花园

[美] 大卫·坎普（David Kamp）

[美] 杰奎琳·勒布蒂利耶（Jacqueline LeBoutillier）

介绍

园林设计如果可以考虑周全，就能够有效地帮助老年人应对身体机能下降等变化。在这一人生阶段，如果建成环境设计得当，就可以满足个人的尊严、独立和自我意识的需求来提高生活质量。如果设计不当，这些环境可能会加剧老年人所面临的挑战，给他们带来生理和心理压力。在医疗环境中，花园可以作为补充和拓展传统疗法的治疗环境，也可以供家属、护理者和员工使用，因为他们照顾着那些经历着重大而具有挑战性转变的病人。

所有老年社区都如同一张丰富多彩的织锦，它容纳了不同爱好、能力、文化和生活方式的人群。经过适当规划设计的花园能为每个人提供机会和选择，让他们按自己的能力、自己的方式、自己的节奏接触自然，使他们能够悦纳自身的缺陷，保持乐观，并获得作为社区成员的认可。

研究背景

全球老龄化

不断增长的平均预期寿命和不断下降的生育率正在推动全球人口以前所未有的速度老龄化。在许多国家，60 岁以上的人口数量增长最快。根据联合国的统计预测，预计到 2050 年，60 岁以上的人口数量将增加一倍以上，到 2100 年将增加两倍以上。预计到 21 世纪中叶，美国 65 岁以上的人口将占总人口的 20% 以上 [1]。与此同时，中国的老年人口预计将超过总人口的 30%。在未来几十年里，这种巨大的转变将给世界各国的社会和经济带来巨大的压力。对于老年人口增长率高于全球平均水平的欠发达国家来说，这种压力尤为显著 [2]。

不断增长的平均预期寿命也导致常见慢性病的发病率不断上升，包括痴呆症及其最常见的形式——阿尔茨海默症（Alzheimer's disease）。痴呆症是一种由神经退行性病变引起的进行性发展的典型慢性综合征，是导致老年人残疾和需要护理的主要因素 [3]。据估计，2010 年全世界有 3560 万人患有痴呆症，预计这个数字将每 20 年翻一番 [4]。尽管痴呆症很普遍，但全球对痴呆症和卫生保健系统准备工作的重视程度并不均衡。

随着全球老龄化给公共卫生带来了巨大而复杂的挑战，设计者和教育工作者明显有越来越多的机会来促进和倡导建设更好的环境，以应对这一巨大而不可避免的人口变化。

指导原则

在美国，65 岁以上的老人中约有 5% 住在全托老年护理机构。然而，对于患有阿尔茨海默症或其他痴呆症的人来说，住在全托老年护理机构的人数会随着年龄的增长而大幅增加。根据一项研究，美国 80 岁的老人约有 75% 患有阿尔茨海默症，他们会选择住进老年护理机构 [5]。老年护理环境的设计需要满足这些患病老年人和其他能力不同的老年人的需求，还需要满足他们的家庭成员、老年中心护理员、工作人员和医疗专家的需求。精心设计的花园可以补充和拓展老年人的生活服务和规划，为具有不同偏好和能力的人提供宜人的疗愈环境。

痴呆症的特征为记忆力、语言能力、解决问题能力以及其他认知能力的下降，这可以归因于大脑的退化。就阿尔茨海默症而言，这种退化会逐渐影响大脑的不同部分，进而影响患者的基本身体机能。目前，还没有药物可以治愈该病或减缓引起阿尔茨海默症的神经退行性病变过程。人们认为，早期监测将是减缓或预防这种疾病的关键一步 [6]。如今，像运动和认知介入等非药理性疗法，虽然不能彻底治疗这种疾病，但可以大大提高个人的生活质量。

以下关于老年护理环境的康复花园设计原则是根据美国阿尔茨海默症协会的《痴呆症护理实践建议》（*Dementia Care Practice Recommendations*）而改编的 [7]，而且针对老年护理环境中多种使用者群体进行了修改。这些准则是为了形成一种带来健康、尊严、互动和晚年幸福的设计方法：

- 尊重不同的喜好和能力
- 提高养老社区中每个人的舒适度和尊严
- 支持有意义的参与
- 支持使用和规划的灵活性
- 保障安全
- 提供地点和时间的指引
- 与医疗专家、居住者和护理人员合作进行方案设计和规划

认识问题

随着年龄的增长，人体系统开始退化和衰竭，身体将会逐渐衰老。人们会采取各种方式来适应这些变化，这些变化会给人带来压力，人们也会对自己的身心健康感到不安。以下是对生物衰老的一些常见特征的概述，旨在让人们了解老年护理环境的康复花园的发展概况。

心血管系统

随着年龄的增长，心率通常会变慢，心脏可能会扩大，血管和动脉可能硬化，心脏的负担会加重。

这些情况通常会导致高血压和其他心血管疾病，给身体带来各种压力，还可能增加患血管性痴呆症的风险[8]。

花园可以促进适度和安全的体育活动，从而改善心血管健康。周密的交通规划可以鼓励步行行为，而且应该多在阴凉处设置休息区。居民菜园既能促进健康饮食，又能鼓励体育活动。压力会给心脏带来相当大的负担。应考虑减少危险和物理障碍，以减轻老人对于滑倒的恐惧。例如，视野清晰的花园可以增强人的安全感，而且还能减少压力。鼓励社交互动的场所可以避免抑郁和压力。一般的减压措施也会使照料居民的工作人员、看护者和家庭成员受益。

肌肉骨骼系统

随着年龄的增长，人的骨骼、关节和肌肉会变得脆弱。骨骼的萎缩和密度减少，使人更容易骨折或损伤。肌肉的变化会使人失去力量，导致平衡、协调和运动能力的下降[8]。

花园的设计应该在所有尺度都强调其安全性，并鼓励不同能力的人参与有意义的活动。道路应该坚实平稳，而且能够通行轮椅和有轮助行架。应该用心布置足够多的长凳和座椅，以鼓励步行，并让人们可以选择在不同位置休息。摔伤是一个重要问题，除了在走路时可能发生意外，人们还有可能在轮椅或椅子上起身坐下，或者试图开门时摔倒。

内分泌和神经系统

激素的变化会影响身体调节温度的能力，这可能会导致一个人适应或感知冷热的能力下降。神经系统的衰退会影响一个人的反应能力、反应时间以及记忆力[9]。

任何花园都应提供充足的遮阴，以减少被晒和晒伤的风险。靠近花园入口的顶棚结构，如阳台或棚架，在花园入口可形成光影变化和保护空间——这是一个重要的考虑因素，使人能够轻松适应不同光照水平和接触自然环境。除了平衡和协调外，园艺活动还能让人进行反应和记忆的刺激练习。

神经退行性病变：痴呆症和阿尔茨海默症

所有形式的痴呆症都会逐渐扰乱人的认知功能，包括记忆、表达、语言、判断、推理和计划等能力。阿尔茨海默症尤为如此，其症状和发病速度在不同个体之间会存在很大的差异。最常见的症状包括严重失忆、在做计划和解决问题时感到困难、迷失方向、语言障碍、判断能力下降、畏缩、抑郁等情绪变化，以及焦虑和紧张情绪的增多。随着疾病的恶化，患者通常会丧失日常生活基本能力，如吃饭和洗澡等，最终只能依赖于持续护理。随着时间的推移，生理机能会急剧下降，导致患者无法吞咽或控制身体功能。吞咽障碍引起的感染会导致肺炎，这是阿尔茨海默症患者常见的死亡原因[6]。

在阿尔茨海默症和其他形式的痴呆症患者的患病过程中，花园可以有效地提高他们的生活质量。通过标志和各种寻路策略为记忆提供线索，对痴呆症和阿尔茨海默症患者是特别重要的。据观察，花园可以减少痴呆症患者的情绪躁动[10]。花园可以促进各种结构化和非结构化的社会参与，可以避免产生孤独感，并有助于维护有意义的关系。许多人会在熟悉的花园环境中感到舒适。花园可以提供场所、时间和活动的指引，增强一个人的舒适感和尊严。

设计过程

（1）概念设计注意事项

虽然设计注意事项是概括性的，但可以作为基本的原则，还可以形成设计理念的核心。以下注意事项虽然是针对老年人和痴呆患者而设立的，但也适用于各类健康环境及不同人群。当工作人员为他们所护理的患者开发户外项目和花园时，设计所思考的通常是一个新颖的、有价值的概念。这些思考往往强调了一个观点，即每个场所都是独一无二的，每个居民都是独立的个体，具有不同的需求、能力和观念。设计工作应该灵活地反映出场地和居住者固有的多样性，同时承认各种机遇和限制，以便创造出丰富的参与体验。

这些设计思考可作为花园概念规划的基本原则。下面举例说明一个具有代表性的概念规划和一些设计注意事项。

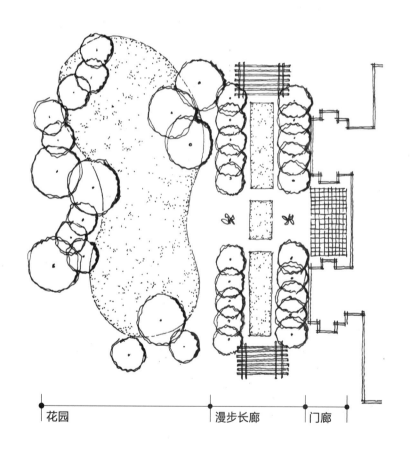

花园　　　　　漫步长廊　　门廊

图1　花园概念设计图

花园概念规划

概念规划构建了花园的基本结构，包括重要的空间关系和规模。规划了一系列的空间，包括一个能遮风挡雨的阳台，一个规则的活动区域，以及一个像开放公园的空间（图1）。

①场所设计的多样性

花园应该包含具有美学和功能的各种各样的区域，能够满足各种需求。整体布局应该易于识别和理解，以便为人们带来舒适和安全——无论是真实的还是感知的。引人入胜的户外空间拥有各种各样的环境，可以进行观察或其他活动，让人有不同程度的参与感。例如，团体活动的空间可以是一个充满阳光和生机的环境，附近有座位让居民能够观看活动，而私密空间可能会是斑驳阴影下平静、亲切宜人的环境。应该设置各种空间以提供不同的感官刺激，例如，一些空间充满色彩和芬芳，而另一些空间则是静谧的遮阴空间。

②无障碍、易用性和安全性

花园必须是安全且易于接近的，并能满足具有不同兴趣、能力和需求的人群的需求。整个花园的灵活性是通过易于进入、穿过和离开的空间来实现的。这种灵活性使人们能够方便地使用花园的所有设施。安全性包括仔细选择植物，必须避免使用会带来危险的植物，如有毒、有刺或扎人的植物，引起过敏或发痒的植物，或者是湿滑的树液、豆荚、水果或落叶的植物。在选择树种时需考虑其根系结构，避免树木的根系突出造成附近路面的不平整。

③植物材料多样性

应选择不同的植物以刺激各种感官，植物具有随着季节变化的不同颜色、香味、形状、纹理、味道和声音等。植物可以用以划分空间、点景和提供遮阴。植物的选择和布置应该实现效益的最大化，能促进不同的活动开展，还可以满足维护和安全要求。植物选择可以反映熟悉的本土景观，包括农田、林地和草地。从居民的窗户可以看到花园中乔木和灌木勾勒出的随季节而变化的迷人景致，乔木和灌木同时也使得花园内的视野具有私密性。

④维护的质量

只有妥善维护，花园才能一直具有吸引力、安全和正常运作。要认识到花园需要持续的维护，还需要为员工、培训、用品和设备提供足够的资金。丰富多样的种植设计不需要密集维护。然而，较低维护成本的设计确实需要在开始时仔细注意材料的选择并协调操作程序。路边树木的分支高度需要维持在7英尺（约2m）以上，为了形成私密感、趣味性和吸引鸟类，其他树的分支点可以低一点。为了营造轻松的花园氛围并吸引鸟类，可以让灌木以自然的、舒展的分支形式生长，尽量减少对外观过度修剪。

（2）深化设计注意事项

在协同深化设计的过程中，这些原则可以为以后详细地讨论材料、细节和方案打下基础。以下说明了更详细的平面设计和剖面设计的进展，以及更细化的设计注意事项。

在花木的映衬下，长廊
以花架和花坛为亮点

受气候控制的门廊可
以调节阳光，并设有
一个凸起的壁炉

花园的特色是拥有一片
开敞的草坪、成片的原
生植物、鸟类投食器和
周围的林地景观

| 花园 | 漫步长廊 | 门廊 |

图 2　花园设计平面图

花园平面设计

该平面设计在设计概念的基础上进行了拓展，结合场地条件，根据具体规划和注意事项做出更深入的设计。通过平面图、剖面图和文字说明等图解分析让客户直观、清晰地了解花园的理想目标（图2）。

花园剖面设计

进一步强化空间的概念设计，根据经过细化的平面画出的剖面，传达出详细的某一个空间如何能显得更大，乔木分支点和树冠的高度，以及展现详细的设计要素（图3）。

| 花园 | | 漫步长廊 | 门廊 |

图3　花园剖面设计图

（3）细部设计注意事项

包容性设计

如果正在规划一个花园，那么需要考虑让老年人、工作人员和家人都参与其中。居民可以从房间或公寓里看到花园吗？许多老年人在他们年轻的时候都种植过蔬菜，对菜园有着美好的回忆。如果菜园的位置设置得当，会是人们经常谈论的主要话题，居民可以从室内观察草药、水果和蔬菜的生长，菜园还可以鼓励老人进行园艺活动。每周收获新鲜农产品可为社交活动创造机会，每季度结束时的丰收庆祝活动可以成为居民、其家人和工作人员之间的重要活动。

活动区域

团体活动区域的设计必须考虑参与者的数量和类型，比如坐轮椅的和其他需要协助的人士等。设计必须考虑到活动日程、储存、运输以及材料和设备的使用。阳台是方便的活动区域，易于进入室内空间。它们应该是宽敞的，能被主动或被动使用，连接一条通往花园的清晰的通道，而且要尽量减少障碍或避免干扰。连接活动区的路线应该设置明确的目的地，通常形成一系列循环路线，能返回主要入口或其他景点。

该花园在规划园艺疗法等项目时，确定参与者的数量非常重要。园艺疗法的部分收益来自于居民和园艺治疗师之间的关系。当群体人数大于10人，其活动环境很少是私密性的。如果你为10名居民服务，你必须考虑需要多少支持人员（护理人员和志愿者）才能让体验变得有意义。所需支持人员的人数取决于活动群体的生理、情感和发育状态。例如，如果客户有6名，他们需要6名支持人员或护理人员，那么需要仔细考虑可供他们进行园艺活动的地方。

铺装

在确定道路宽度、坡度、建造材料以及为视障者设置的座位和提示时，必须仔细考虑边界。铺装材料应有较粗糙的纹理以保证安全，确保双脚有踏实的触感，以免滑倒；但纹路又不宜过于凹凸不平，以免使体力有限及步履蹒跚的人感到疲惫。材料不能产生眩光，以免有人不能适应这样的光线。这对于室内外的过渡空间、树冠下以及花园的构筑物下，这样的环境尤其重要。避免强烈的光影对比，因为它们会使人眼花缭乱。人行道应有适当坡度来排水，避免在路面上积水（约 2% 的坡度），但要尽量避免突然变坡，满足助行器和轮椅的通行。

该花园案例提供了引入更具挑战性的铺装和坡度的机会。对于职业治疗和物理治疗来说，花园是一个极佳的环境，在花园中可以将熟悉的"日常"情景引入治疗方案中。这可能包括不同的铺装（如砖、鹅卵石和碎石等），更陡的小路、坡道和台阶，以及如取邮件等其他户外活动。通过与员工紧密合作，可以将挑战和冒险的感觉引入到花园的体验中。

种植床、花盆和园艺设施

种植床被升高，以满足坐、站或弯腰等多种姿势，让更多人能够参与园艺活动。考虑采用 60~90cm 高的种植床，不同种植床的高度相差 10cm。种植床下部可以有一个锯齿状的悬挑空间，这样居民可以离操作面更近。大型花盆可以鼓励两三个坐在轮椅上的居民进行社交活动，那些坐在椅子上的人也可以轻松地种植植物。但是不要忘记植物本身的需求：是否有足够的阳光让植物生长？固定在门廊栏杆上的窗台花池，两侧有硬质铺装，也能促进社交。工具和材料应储存在活动区域附近，便于使用，并烘托出熟悉的、家一般的氛围（花园小屋等）。喂鸟器、雨量计、旗杆和吊篮等其他设施可以设置在熟悉的日常生活路线中，同时为锻炼和提高运动协调技能创造机会。

花园家具

长凳和座椅的选择应该基于它们的坚固性、美观性和高度，这些因素影响着座椅的舒适度。虽然花园中应该同时提供座椅和长椅，但对于老年人来说，座椅更容易使用。长凳的宽度至少应该容纳两人，让人们可以舒服地坐在一起交谈。根据不同团体大小考虑设置多少桌子，如果需要可考虑设置带遮阳伞的桌子。木材是一种典型的材料，它具有触感柔和、重量大、温暖（尤其是在寒冷气候中，不同于金属的冰冷触感）等特性，可考虑在附近放置防水坐垫。座椅应该有结实的扶手，可以支撑一个人站起来；椅子的宽度要足够大，以容纳一个肥胖的人。座椅可以灵活地放置——可随时供团体和个人使用，人们可以选择独处，也可以选择坐在阳光下或阴影处。

围栏和大门

必须仔细考虑花园的围合方式，确保安全可靠的环境，同时也要避免被限制的感觉，因为这会产生挫败感、躁动感和混乱感。根据工作人员的需要，封闭或开放的围墙都可以实现某些特定的目标。例如，开放的围墙可以提供一种"融入"相邻自然环境的感觉，而封闭的围墙则可以遮挡一些不受欢迎的事物。植物规划以及地形利用可以在一定程度上代替围墙的作用，但要仔细确定坡度高程和选择植物品种，保持清晰的视野供工作人员监控。花园设施和植物可以布置在围墙的"内部"，让人们的注意力可以集中在花园内。安全入口可以设置在较隐蔽处，为维修和特殊事件提供快捷通道。

水

水是创造花园时需要考虑的一个主要因素。对某些人群来说，给植物浇水是一种很好的锻炼机会。为老年人提供容易操作的短软管，可以避免使用长软管浇水而造成绊倒的问题。对于一些老年人来说，浇水是一种锻炼，可以改善上半身的运动机能，也可以好几个人一起进行。在设计花床、花圃和花园设施时，不仅要考虑植物的浇水问题，还要考虑老年人活动后需要喝水和洗手。

探索

考虑老年人的第一次游览经历，并鼓励他们去"发现"花园，可以通过设置清晰、可识别的指示牌和其他寻路策略来引导他们。在设施内设置一个小型展示区域，突出花园活动或"盛放花卉"，鼓励对花园的探索和享受。

相比退行性疾病的痛苦，生命的充盈能给人带来良好的生活质量和基本的尊严。综合护理干预措施，包括医学、研究和设计等方面，可满足基本的人类需求和权利：尊严、独立、参与、自我实现以及所有意义上的关怀。重要的是了解如何使建成环境有助于舒缓疾病症状，并补充传统的医疗保健治疗。

案例研究

生命丰盛中心——北卡罗来纳州的金斯山（Life Enrichment Center，Kings Mountain，North Carolina）

阿尔茨海默症等复杂的神经系统疾病，需要结合药物和非药物治疗方法。药物治疗是治疗的第一步，通常也是最后一步，但对于每天都生活在这种状态下的人来说，药物只能提供些许安慰。在人们对神经科学日益了解的今天，希望能够建立一种超越药物治疗的护理模式，一种强调适合现有能力的生活模式。神经科学指出，患有痴呆症和其他神经系统疾病的人的大脑仍然有许多活性。

根据目前的研究，其中一种治疗方式是利用物理环境，环境能帮助人们找到方向、融入自然、唤起记忆并保证安全。这个项目尝试引入支持性环境设计的原则：创造一个治疗性环境，以促进活动的发生，弥补认知缺陷，支持参与和独处，使护理者能够认识并满足老人的兴趣、能力和技能。对于这个项目，设计师平衡了设计和研究之间的关系，与机构工作人员密切合作，将认知科学的新兴研究融入项目之中。

位于北卡罗来纳州山脚下的生命充实中心是最受推崇的成人日托社区机构之一。该中心为所有患有身体、心智残疾和神经系统疾病的成年人服务，其理念是"尽一切可能"帮助一些家庭把患有疾病的成年人留在家里，帮助他们融入社区。

景观设计师被要求设计户外环境，中心丰富多样的护理项目可以在其中进行。由于需要满足不同认知能力和身体状况的居住者的需求，规划设计这个 4000m² 左右的花园，需要与工作人员密切合作。它还涉及对当前神经科学研究中关于物理环境对于医疗环境的支持作用的认识，包括唐纳德·诺曼（Donald Norman）和约翰·泽塞尔（John Zeisel）的研究，以及其他认知科学研究者和实践者的研究。

建造花园的关键是采取一些能满足神经系统受损患者需求的具体设计策略。这个概念是基于诺曼对"自然地图"的研究，所设计的环境应该包含引导正确使用该场所的信息，而不是依赖于使用者本身的知识。这种设计的优点在于降低对已经具有感知障碍的人的要求，提高他们的运动水平，并增强安全感、掌控感和归属感。花园最终形成了一系列不同的空间。这些空间反映了当地的乡土景观，它们在大小、复杂性、体力需求和感官参与程度上各不相同，但每个环境都是熟悉、可以理解和易于管理的。作为一个有凝聚力的整体，花园为能力不一的人群提供了机会和选择，让人们以自己的方式和自己的节奏接触自然（图4）。

图4　这个宁静而安全的环境包含了为散步而设的宽阔道路、多样的休息区、不同的日照水平场所、迷人的季节性植物，以及喂鸟器等特殊设施

门廊

　　紧挨建筑设施的主要活动室，门廊除了具有传统的功能，它也是室内和花园之间的过渡空间。这个"花园门厅"是一个私密性空间，但可以清晰地看到园路和中心活动区域。室内外的光线变化过渡是由露台的半透明顶棚和相邻的葡萄架调节的。吊扇和抬高的壁炉可以控制气温，门廊还可以作为集体活动的室外起居室。从门廊可以清楚地看到周围的花园，相反，从花园的其他空间看，门廊则可作为一个景观（图5）。

图5　门廊是一个受欢迎、常见的花园设施，也是室内和室外空间的一个重要过渡空间。其配置应保证使用的灵活性，分隔道路与活动室，还应提供光线调节和气温控制来提高使用率

步道

　　步道可从门廊直接进入，它提供了更多参与活动的机会，而且更具特色。爬满葡萄藤的棚架与道路直接连通，位于道路的两端，它具有指引性景观的作用，同时为组织性活动或休闲社交提供一个舒适场所。沿着道路有一系列高低不一的种植床，里面种着迷人的季节性植物。草坪空间使坐轮椅

的人能够参与集体活动。这里的空间更大，更加通透，布局更复杂，其中种植了一些分枝很多的树木，这些树可以形成框景，让人们望向一个更具活力的场所（图6~图9）。

图6　不同高度和易于移动的种植床能鼓励人们积极参与园艺活动；周边的栅栏能营造出一种安全的花园氛围，同时也能让人们看到外面的景色

图7　花园应促进不同程度的参与，包括廊架下的多功能区域，被动观看，以及增强参与感和促进锻炼的活动，例如升旗

图8 一个活动区域可能有几个不同的空间，可供多个群体使用。整个花园保持视野开阔，便于员工监控

图9 花园入口能有清晰的视野并能调节光线水平，有助于创建一个舒适的室内外过渡空间。落叶的葡萄藤在夏天时能形成斑驳的光影，冬天时可以让光线照入室内

小公园

小公园是最大的一类花园空间，其广阔的环境连接着天空和周围林地。这个开放式大草坪长满了本地草木，为大型活动提供了一个非正式空间。草坪和原生植物之间是一条小路。沿着原生植物漫步，有各种各样的休息区为私人的、更亲密的时刻提供了安静的空间。沿途的喂鸟器和鸟舍为人们带来欢乐并提供了有趣的活动。周围的栅栏有意设置在植物背后、场地之外，以及小路低处。这是一个安全的环境，而且人们没有感到因为生理障碍而受到限制，这使人们感到更加放松。

参考文献

[1] Ortman, Jennifer M., VictoriaA. Velkoff, and Howard Hogan. An Aging Nation：The Older Population in the United States, Current Population Reports, P25-1140. U.S.[J]. Census Bureau, Washington, DC, 2014.

[2] Restrepo H E, Rozental M. The social impact of aging populations：Some major issues[J]. Social ence & Medicine, 1994, 39（9）：1323-1338.

[3] Wimo A, Jönsson L, Bond J, et al. The worldwide economic impact of dementia 2010[J]. Alzhmers & Dementia the Journal of the Alzhmers Association, 2013, 9（1）：1-11.e3.

[4] Prince M, Bryce R, Albanese E, et al. The global prevalence of dementia：a systematic review and metaanalysis[J]. Alzheimers & Dementia, 2013, 9（1）：63-75.e2.

[5] Arrighi H M, Neumann P J, Lieberburg I M, et al. Lethality of Alzheimer Disease and Its Impact on Nursing Home Placement[J]. Alzhmer Dis Assoc Disord, 2010, 24（1）：90-95.

[6] Alzheimer's Association 2016, 2016 Alzheimer's disease facts and figures Alzheimer's and Dementia, vol. 12, no. 4, pp. 459-509. DOI：10.1016/j.jalz.2016.03.001.

[7] Fazio S, Pace D, Maslow K, et al. Alzheimer's Association Dementia Care Practice Recommendations[J]. Gerontologist, 2018, 58（suppl_1）：S1-S9.

[8] Alzheimer's Stages：How the Disease Progresses. Mayo Clinic. May 17, 2018.

[9] Aging：What to Expect. Mayo Clinic. November 24，2015.

[10] Spring, Anne J. Design of evidence-based gardens and garden therapy for neurodisability in Scandinavia：data from 14 sites[J]. Neurodegener Dis Manag, 2016, 6（2）：87-98.

4

第四部分

健康景观与研究方法

循证设计：疗愈景观的设计导则

[美] 盖尔·苏特布朗 (Gayle Souter Brown)
[美] 丝雯嘉·霍尔 (Svenja Horn)

当今，城市化的快速发展带来了压力骤增和幸福感降低。我们身处的环境，包括工作、学习和游乐的场所都在潜移默化地影响着我们。已有充分的研究证明，自然与身心健康和社会效益有着积极的联系。疗愈景观给予人必要的自然连接，通过与新的科学证据和古老智慧的结合，可以实现疗愈景观的潜能。遵循证据的疗愈景观可以带来不同方面的效益，包括降低近视、痴呆和抑郁症的几率。为健康而设计所产生的随之而来的效益是自上而下积累的。通过设计干预来改善社会环境因素会产生更快、更好的健康效益。原有的标准设计原则已经不能满足与健康相交义的多学科理论。需要一种聚焦于此、新的设计文化来应对和减少城市化的影响。本文将探讨把健康作为设计的依据，以求提供一种新的设计模式，呼吁设计师采取行动。

疗愈景观自古以来就是人类聚落的一个特征，人们有意识地种植大量植被。疗愈景观具有四个关键性特征：宁静、与自然接触、开阔和庇护感。疗愈景观一般是人体尺度的花园，专门为了减轻压力和促进身心健康而设计，因此有别于其他自然景观或城市花园。

不断提高的城市化和城市人口密度，加上农业和园艺的产业化，已经很大程度上改变了环境。与此同时，数字化的生活方式也使人们远离了自然，压力水平不断上升。城市地面越来越难以渗透、私人花园匮乏、公园面积也不断减少。由于户外缺乏吸引力，年轻人和老年人花在户外活动的时间越来越少。尽管大量证据已经证实环境的减压效应具有积极的健康效益，但通过欣赏风景和在户外待上一段时间的"自然处方"正变得越来越困难。

早期的疗愈花园出现在寺庙园林、伊斯兰园林和基督教修道院园林中，它们都提供了远离外部世界的庇护所。传统上，它们通常是均衡的四等份。这种和谐的形式被用来创造一种秩序与宁静的感觉，这是健康和创造性思维所必需的。随着快速的城市化进程，城市失去了宁静的空间，失去了一处可以提供庇护和观察鸟类、花朵、树木和水的场所。现代，人们对疗愈花园的关注，是因为人们希望在日常生活中重建往日与自然的联系。疗愈花园是一种感官花园，主要通过建立自然与社会的联系来减少压力和恢复平静。

城市为什么需要疗愈景观？

爱德华·威尔逊的亲生命性学说认为，我们对于生物具有与生俱来的热爱，这迅速地成为我们重塑功能性城市的关键工具。从进化的角度而言，威尔逊发现人类天生就对接触自然表现出积极的反应 [1]。卡普兰的注意力恢复理论进一步发展了亲生命性理论，认为接触自然对人具有保护性作用，可以促进和提升健康和福祉 [2]。传统的医疗体系主要是使病人恢复健康，而如今则更加重视疾病预防和健康促进。亚伦·安东诺维斯基（Aaron Anonovsky）提出的"健康本源学"对这种途径进行了描述 [3]。"健康本源学"提出了针对传统疾病治疗型医疗保健的替代方案，并提出将设计作为一种促进公共健康的有效工具。亲生命性设计将自然引入城市，使景观设计师成为公共卫生专家。这一点意义重大，因为人们普遍认为，相比疾病、老龄化和气候变化等全球性问题，预防的成本更低。

有研究报告明确指出，自然和自然景观对健康和福祉起着至关重要的作用。然而，与图 1 不同，太多儿童和成人无法在日常生活中接触到大自然。一些人没有在树旁居住的经历。目前的设计趋向于直线条，远离了自然的多样性，这既是对公共健康的挑战，也是一个重塑我们看待城市环境方式的机会。

图 1　儿童在日常生活中与自然接触

景观疗愈作用的循证依据源于对身心健康的重视，无论是景观和城市设计的专业人士，还是社会学家、城市林业人员、住房供应商和政策制定者等不同群体对它的兴趣都在增长。尽管人们对城市设计的兴趣在不断增长，但一项针对过去 30 年城市设计评估模型的研究表明，在探索出一种将公平、文化、政治和环境结合起来的新设计途径方面，城市设计几乎没有取得任何进展。标准医疗体系仍然只有当人们患病时才会进行治疗，而标准设计原则仍然默认人们是健康的[4]。与此同时，相比如麻疹、霍乱和疟疾等传统传染性疾病，如今与生活方式相关的非传染性疾病，如压力、抑郁、肥胖和一些癌症等的致死率更高。近视虽然可以矫正，但矫正需求过大正给医疗体系带来压力。

在很大程度上，这些新的健康问题可归因于环境卫生、食品安全、医疗保健和饮食营养这四方面的改善。但是，医学和城市规划的成功也带来了一些问题，它使得人们坚信医学的进步也会成功克服其余的问题[5]。在20世纪初，卫生工作者和城市规划师曾密切合作[6]，但随着健康状况的改善，城市的焦点从健康转向促进经济快速复苏。肯特（Kent）和汤姆森（Thomson）指出"公共卫生和城市规划行业尽管有着很深的渊源，但很大程度上是在新自由主义体系的学术、政治和政策框架之下运作的"[5]。

现在的景观评价模型基于一种过时的科学模式，这种模式将城市及其各方面特征视为各自独立、不连贯的部分。城市是一个复杂的系统，其基础设施、经济因素和社会因素都是紧密相关的，因此不可能独立地去理解它们。最终所导致的结果是政策无效，常常导致不幸，甚至是意想不到的灾难性的后果[7]。

近年来，卫生政策开始倾向于福祉的重要性。积极的心理健康关注的是幸福感所产生的保护性，而不是抑郁、焦虑、自闭症等消极因素[8]。减轻压力是积极心理健康的关键[9]。20世纪70年代，生态心理学家格林韦（Greenway）和夏比洛（Shapiro）开始探索绿色景观和健康之间的联系。生态心理学（或环境心理学）探讨了人类与环境之间的情感纽带。罗杰·乌尔里希（Roger Ulrich）关于绿色视野对患者康复时间的影响是一项开创性的研究，为利用自然改善健康状况奠定了基础[10]。

史蒂文（Steven）和雷切尔·卡普兰对疗愈性环境和注意力恢复理论进行了进一步的研究。他们的著作《自然体验》（*The Experience of Nature*）从心理学和生态学角度探索如何促进健康。"生态心理学家正在利用生态学来重新审视人类的心理，将其作为自然整体的一部分"[11]。马勒（Maller）的研究《健康自然与健康人类：将接触自然作为一种促进健康的提前干预方式》（*Healthy nature healthy people: contact with nature as an upstream health promotion intervention*），将设计转而关注到积极的生活方式上[12]。自行车道和可步行性被认为是健康城市的必要条件。

马斯（Maas）和他的同事在2006年所做的研究《绿地·城市生活·健康：三者之间的联系有多紧密？》（*Green space, urbanity, and health: how strong is the relation?*），将注意力恢复和压力舒缓纳入健康促进的领域。研究发现绿地与舒缓压力密切相关。尽管生态心理学家和流行病学家为自然疗法"奠定了基础"，但传统观点仍然影响着医疗卫生服务体系。尽管政策正在转向关注积极心理健康所产生的效益，但疗愈景观仍然需要促进自然与社会之间的联系。

虽然卫生政策已经逐渐倾向于环境与健康之间的联系，但当代城市文化已经与联结自然的生活方式渐行渐远。在日渐远离自然的背景下，过去30年发生了三件重大的文化事件。首先，人口迅速向城市迁移，高昂的城市生活成本要求人们减少休闲时间，增加工作时长，从而导致压力倍增。其次，数字时代的到来使人们沉迷于电子设备，远离了自然[13]。最后，随着越来越多的母亲进入职场，她们很难抽出时间陪孩子们到户外玩耍。

一项针对10个国家1.2万名5~12岁儿童家长的研究发现，近三分之一的儿童每天在户外玩耍的时间不超过30分钟，每两个孩子就有一个每天户外活动的时间少于一小时[13,14]。理查德·劳夫（Richard Louv）认为，工作时长增加、休闲时间减少和压力增加是导致这个结果的主要原因。当父母安排孩子们的课余时间时，只是将年幼的孩子送去日托中心或者为年长的孩子安排课外活动[15]。这样做所产生的后果是，度过了经过规划、目标明确的童年，进入大学后他们可能很少去接触自然。

在文化发生转变的同时，年轻人的健康和幸福指数也发生了变化。在东南亚，随着儿童在户外玩耍时间的减少，近视率急剧上升[16]。在英国，自20世纪80年代中期，特别是过去25年以来，青少年患抑郁症和焦虑症的比率已经上升了70%[17]。新西兰也出现了类似的情况，在那里焦虑症、饮食失调、行为问题和肥胖显著增加，与此同时，社会技能、解决问题的能力和个人适应能力则不断下降[18]。

由建筑师、生态心理学家、林业员和经济学家进行的研究表明，文化转变、亲近自然、儿童健康与福祉三者之间存在潜在联系[19-21]。他们的研究表明，无论是在难民中心的感官花园（图2）还是在其他地方，重建与自然的联系不仅是可取的，而且是必要的。当人们接触绿色（自然）景观后，可以发现他们的压力减轻、注意力得到恢复以及整体健康状况得到改善。

图2　难民中心的感官花园

相关文献已经提供了基于绿色自然干预措施的生态心理学基础[22]，以及在社区层面促进健康效益的可能性[23]。1980年世界卫生组织在全民健康战略中提出了健康环境运动。1986年《渥太华健康促进宪章》根据内部评价、外部评价和经验判断，对这一措施进行了更为明确的阐述[24]。

通过环境设计的途径来促进和预防健康被证实是有效的[25]。基于促进和提高福祉的环境设计方法所产生的最佳空间形式（让使用者感觉良好的环境），采用多学科的方法来促进和预防健康，是一种具有创新性的方法[26]。生态建筑和绿色建筑是这种创新性方法的两个例子。2013年，景观设计师凯瑟琳·沃德·汤姆森（Catharine Ward Thomson）主持了一项研究，探讨城市贫困社区中的绿地对行人压力水平的影响[23]。沃德·汤姆森发现，经常接触街道绿化会降低样本人群的压力皮质醇水平。研究认为行道树也可以降低司机的压力水平。巴尔的摩的林荫车道上，行车速度也相对降低，多伦多的林荫道上机动车事故发生率下降了20%[27]。

现在人们已经认识到，健康和福祉与社会和环境因素有着内在的联系，即所谓的"疾病的社会决定因素"[28, 29]。加里·科恩（Gary Cohen）是一位30多年来一直致力于环境健康运动的先驱，他认为健康的环境就像一种预防疾病的疫苗。我们生活、工作、学习和玩耍的环境都影响着我们。幸运的是，城市人口密集化带来的压力增加和幸福感下降的情况是可以避免的。为福祉而设计所带来的效益可以兼顾服务项目与环境设施的协同设计，通过设计干预来改变社会环境因素可以带来更快、更好的健康效应（图3）[30]。

图3　城市开放空间的各种活动

健康的环境为使用者提供了各种创造自身体验的机会。例如，在图3中，开放空间允许各种不同的游戏活动，椅子是可移动的，鲜花和水果可以被采摘和食用。富有变化的场所对成人和儿童都有好处[31]。对于孩子们来说，在户外玩耍有助于孩子们与他人及自然建立更亲密的联系。在过去的30年里，由于人们形成了待在室内的生活方式，导致儿童缺乏运动，使他们的骨骼脆弱、肌肉协调能力差或者患上佝偻病，甚至他们的预期寿命比其父母还低 [32]。在全球范围内，青少年进行体育活动的时间正在减少，而久坐的时间却在增加。

社会生态学的研究假设环境可以改变人们的行为，而一些研究也试图通过改变个人行为习惯来促进体力活动。一项研究发现有两类主要因素影响着城市景观的使用率：第一类因素包括多样性、街道连通性和居住密度。第二类因素是公园的距离以及公园的美感。综合考虑这两类因素，就可以促进体力活动 [33]。因此，在离家步行距离以内的地方设置公园和游戏场，会对孩子产生吸引力，鼓励他们去使用 [34]。

基于以上依据，作为健康促进计划的一部分，公共资金被大量用于建设公园和操场。然而，尽管越来越多的研究证实了自然对健康的益处，但建筑领域的时尚却变得棱角分明。环境设计预防犯罪理论（CPTED）的发展是为了应对反社会行为所带来的问题。防坐钉和防滑板扣使公共空间的吸引力下降，并随着成人和儿童远离自然，进一步增加了城市的压力水平 [35]。《健康与福祉的景观与城市设计》（*Landscape and Urban Design for Health and Well-Being*）一书表明，尽管一些公园的设计意识到对自然联结机会的需求，但大多数最近的公共绿地开发项目仍未充分意识到自然治愈和促进健康的潜力 [36]。

来自不同群体的循证依据

老年人和所有年龄段的有永久性或暂时性残疾的人，都能从疗愈景观中受益（图 4）。多感官体验能增强人的活力，提高生活质量，促进健康和福祉。因此，疗愈景观必须吸引并调动所有的感官。可以通过花朵来提供芳香并营造景观，还可以种植一些可食用植物，铺设不同质感的路面，提供可以触摸树皮的机会，或许还可以设计用于聆听的瀑布，满足不同的感官需求。

研究发现，有特殊或额外教育需求的年轻人对基于自然的设计干预的反馈尤为积极 [37]。与此类似，各种与生活方式有关的非传染性疾病，如近视、肥胖、Ⅱ型糖尿病、心脏和上呼吸道疾病、抑郁、焦虑和痴呆，都可以借助自然的方式有效地预防或在社区层面上将疾病控制在早期阶段 [13]。基于健康本源的医疗保健方法利用这些能够支

图 4　一位老人体验感官花园

持人类健康和福祉的要素，将它们作为一种低成本的干预工具[38]。为了建立健康的社区，必须使不同能力水平的儿童都能像成年人一样安全、自由地接触大自然[39]。因此，无论是对成年照护者还是儿童来说，无障碍的景观都是必不可少的。

自然和户外活动对健康和福祉至关重要，即使是婴儿也需要到户外接触新鲜空气和自然光。简单的元素，比如图5中的秋千，会给户外时间带来一些趣味。"为了眼睛的健康发育、增强免疫力、强健骨骼、提高肺部功能以及预防哮喘和过敏，定期到户外活动，让不同波段的阳光照射皮肤，呼吸清新洁净的空气是至关重要的"[5]。

图5　户外空间中的秋千可以让婴幼儿接触自然

在欧洲，森林幼儿园越来越受欢迎。孩子们几乎是在建筑之外度过他们的时间，例如在树林里、在草地上或者在沙滩上。像晨会之类的仪式、一起吃早餐或集体游戏能给人一种安全感[40]。在原生态的自然环境中，儿童的大肌肉运动和精细肌肉运动技能、协调性、触觉感知和深度灵敏度都能得到积极的发展。森林幼儿园的孩子们获得了许多健康方面的益处，他们发生事故的概率更低，也更安全。在户外逗留数小时对儿童和教育工作者的免疫系统都有积极的影响[41]。

一般来说，儿童和他们的护理人员在森林幼儿园中比在封闭的房间里更少地受到噪声干扰。传统幼儿园的噪声负荷较高，因此儿童和教育工作者的压力水平也较高。由于他们没有那些常见的玩具，所以孩子们只能玩周围发现的自然物体。在图6的照片中，孩子们正在玩泥巴！因此，他们的表达能力会有所提高，因为他们需要和对方谈论如何游戏，他们的创造力和想象力得到了培养。上森林幼儿园的孩子们，和上普通幼儿园的孩子一样，都做好了上小学的准备。彼得·哈伊弗纳（Peter Haefner）发现，与上普通幼儿园的孩子相比，上森林幼儿园的孩子表达能力和社会交往能力更好，也更加积极[41]。

"当我们设计一处能够让孩子们感到受欢迎的空间时，一处他们可以自由地与朋友和家人见面、探索、参与、休息和恢复他们的内在平衡的空间，他们的精神、肥胖、糖尿病、心脏病、癌症、抑郁、失业和就业难、低期望和低预期寿命等问题可以得到控制。"[5]

图6　玩泥巴可以锻炼儿童多方面能力

疗愈景观的循证设计导则

艺术与科学的结合

早在1960年，哈罗德·瑟尔斯（Harold Searles）就意识到，"非人类环境对人类人格发展并非微不足道或无足轻重，而是人类生存最基本的重要组成部分之一"[42]。当我们为健康和福祉而设计的时候，我们必须记住这一人类生存最重要的组成部分。

疗愈花园的设计是艺术和科学的结合。为了能够回答如何设计一个疗愈花园，对历史的研究是很有帮助的。第一个"疗愈花园"可以在伊斯兰教寺庙和修道院中找到。人们认识到自然具有激发、让人宁静、治愈和平衡生活的作用，早期的花园是为了聚集当地的社群，并在瘟疫和冲突中帮助人们获得健康和福祉而建立的。它们源于人们对"天堂"的想象，带着一种神秘的感觉和一种深沉的精神诉求。早期的疗愈景观有四个主要特征：水和绿荫、对称性、可食用和感官种植以及宁静。人们对和平的追求使花园被建造成一个远离外界的美丽的避难所，一个安宁之处。在伊斯兰教的发源地阿拉伯，水是一种宝贵的财富。

水源的获取影响了植物的选择和生长的位置。对称性是通过刻意重复种植而产生的。出于对可食用和感官植物的重视，座位附近常会种植杏仁，并在用餐区附近种植芳香的柑橘类水果。为了防止土壤水分蒸发，还在林下种植像百合和玫瑰这样的植物。在舒缓的伊斯兰花园中可以感受到一种平和的感觉。为了对抗花园围墙外的干旱世界，他们刻意营造一种绿色的、隐蔽的空间，强调冥想的维度。水、植物和对称形式所带来的平衡感使人与自然和谐地联系在一起。此外，可食用的种植创造了一种感官体验，人们可以触摸、嗅闻和品尝水果。果树也提供了受人欢迎的阴凉之处，而吸引昆虫和蜜蜂的花朵也带来了芳香和色彩（图7）。

图7　教会花园提供了基本的物质和精神需求

修道院和伊斯兰花园有许多共同之处。修道院的花园旨在实用和美观。它们主要分为四个功能分区：厨房菜园，在此工作的非神职人员修建，提供了一些便宜而新鲜的水果。因此，这可以算是一种早期的"社区花园"。为了减少病虫害，在蔬菜之间会种植花卉。第二部分是果园，它提供水果和坚果，以及用于医疗和酿啤酒的啤酒花。第三部分是药材园，种植了药用植物。为了便于鉴别草药，他们为每一种草药修筑了种植床。最后一部分是回廊花园，它通常是一片平整的草坪，被视作一个沉思的空间。教会要为穷人提供食物和救治病人，并要以最少的物质满足这些需求，如图7所示。因此，他们创造的花园满足了基本的物质和精神需求。

就像修道院的花园一样，伊斯兰花园被《古兰经》中的四条天堂之河分成了四个部分。人们认为这是满足创造性、系统性思考所必需的。由于可食用和感官植物很重要，因此在座位附近种植芳香可口的水果和坚果树，在用餐区附近种植柑橘类水果。为防止土壤水分蒸发，在林下种植百合和玫瑰。为了谨记人间天堂的信仰，花园被建造成为私密、紧凑、舒适的空间，以远离嘈杂的外部世界。治病的草药、清新的空气和治愈的景象都触动了人的感官。这些基本的需求在今天仍然没有改变。历史悠久的伊斯兰花园和平与统一的普适性概念仍然在被使用。它们是用来滋养心灵、身体和精神的空间，给予人一种安全感和庇护感。它们并非是孤立地被创造出来的，而是在工作和生活环境中建造的。人们可以学习伊斯兰式的种植和对水的谨慎，因为城市将通过景观和城市设计来适应气候变化。更重要的是，可持续的疗愈景观对公众心理健康会产生积极的影响。

亲生命设计

随着城市化进程的加快，城市环境日益恶化，与人们生活习惯相关的疾病的发病率逐渐增加。与此同时，人们越来越关注城市生态、建筑、社会经济和学术成果是如何与健康和福祉相互联系的。到目前为止，研究人员使用了一个相对狭窄的、囿于学科定义的视野来研究它们之间潜在的联系。社会心理学家埃里希·弗洛姆（Eric Fromm）的人格理论首先提出了"亲生命性"这个词，认为它是许多先天行为的潜在原因（Fromm，1964）。生态学家爱德华·威尔逊（Edward O. Wilson）将这个观点进一步扩展，提出了亲生命性的假说。在他的著作《生物共好天性》（*Biophilia*）中，他说："我们对生命的天生热爱——亲生命性——是我们人性的本质，并将我们与所有其他生物联系在一起"[43]。这种观点认为，人类与自然之间有一种天生的联系，可以使城市环境更有效、更有利于人类生存。在城市环境中，接触自然的机会是渺茫的。鉴于本研究的目的，我们提出将"疗愈景观""花园"和"环境设计"作为一种在城市环境中促进必要自然联系的手段[5]。因此，设计行业将亲生命设计作为自然、人类生物学和建筑环境之间的关系纽带[44]。亲生命设计提供了接触自然的机会，将与自然接触带入日常体验，这对在健康的场所和社区中生活的个体而言至关重要。

疗愈景观之所以被如此命名，是因为它们对其使用者产生了生理上的影响。各个年龄层的人都会被亲生命的景观所吸引并做出回应。这种亲生命设计方法吸引儿童和成人走出室内探索户外，以获得接触自然带来的健康和幸福。图8中的学生从来没有爬过树，但是当他们有机会进入一个疗愈花园，这一环境会激发他们自然而然地去探索树的高度。对许多人来说，这种反应是一种无意识的对接触自然的渴望。一些以前不爱运动的人可能发现自己不由自主地爬上一棵树，在人造沙滩上制作沙雕，或者用手轻抚流水。当孩子们被鼓励到户外活动时，他们患近视的概率就会降低。同样，在老年人群中，患痴呆和抑郁的风险也会降低[45, 46]。

图 8　疗愈花园激发人们探索自然

　　亲生命设计有多种应用方式。罗杰·乌尔里希提出了自然景观对康复和疗愈的积极影响。他调查了术后病人的恢复情况，这些病人房间的窗户有着不同的视野（一部分是自然景观，另一部分是砖墙），他发现"能透过窗户看见自然的术后病人住院时间更短，护士对其负面评价更少，使用中度和强度镇痛剂的剂量也更少，术后轻微并发症的比例也降低了"[11]。尽管他对这样的结果是否适用于每一种疾病表示疑虑，但他建议"医院设计和选址应该考虑病房窗户视野的质量"。

　　斯蒂芬·凯勒特（Stephen Kellert）将亲生命设计的目标描述为创造充满积极情感体验的场所，这是人类产生场所依恋和关爱的前兆 [47]。

　　积极的情感体验是疗愈景观的一个重要特征。图 9 展示了一个新的游戏场，它是英国工党政府推行的国家游戏战略的一部分。这个游戏场被设置在住房开发项目中间，但孩子们在放学回家的路上会主动绕过这一区域，因为它甚至不如开放空间和周围植物种植区域更让人感兴趣。这个游戏场缺乏亲生命性元素，换而言之，就是缺乏生命。正如黑尔瓦根（Heerwagen）所说："并非所有的自然都具有同样的吸引力或益处。有死亡或濒死植物标志着这一区域的衰败，这样的空间常常被人回避。相比之下，植被丰富、花朵盛开、树木茂密、水流湍湍和小径蜿蜒的地方……则被视为休闲和娱乐的好去处"[31]。

图9　缺乏亲生命性元素的游戏场

亲生命景观设计影响着健康和福祉。为了达到积极的健康成效，设计需要注意：

● 与自然联系的因素，如季节变化、远景、天空，以及水、植物、自然材料和颜色等环境特征。

● 多样性，如树木、花卉和动物，创造丰富的信息、吸引力并唤起好奇心。

● 秩序感与复杂性的平衡，过度复杂会对好奇心产生负面影响。随着不断的探索，人们会渴望更多地去了解一个空间。

● 展现自然的历程，包括诞生、成长和死亡。

● 利用可再生材料，当材料自然老化会在建成环境中展现出一种恢复力[48]。

● 一种安全感和保护感，这是放松体验所必需的。

● 文化或历史特征，如雕塑或乡土植物，有助于人们与这个地方建立联系。"利用当地自然环境和当地文化符号的灵感来创造一种场所感，这对于亲生命设计的成功至关重要"[31]。

● 赫拉克利特运动论（Heraclitan motion）也是有意义的一个方面，因为自然总是在运动中，某些运动模式可能与安全、宁静有关（总是在变化着的轻微运动，树和草在微风中的运动），而另一些不稳定的运动变化则预示着危险，如风和风暴[31]。

我们知道，生态健康是人类健康和福祉所必需的。因此，疗愈的景观也必须使生态平衡，有松散的土壤和一些能吸引野生动物的植被。总而言之，疗愈性的景观为生命提供了必要的栖息地，如干净的水、新鲜的空气、阳光和庇护所。树木、灌木、花卉、地被植物装饰着空间，提供了美、色彩、质感、芳香、味道和声音。肉食动物出没的地方，必须修整栖息地以确保人类的安全。而鸟类、鱼类、昆虫、无脊椎动物和小型爬行动物则是十分受欢迎的，可以通过适当的环境管理措施来保护和吸引它们。同时，在疗愈景观中不要使用无机农药和除草剂。

健康本源设计

"健康本源模式"是由艾伦·安东诺维斯基（Aaron Antonovsky）最先提出，它是一种替代传统（病原性）医疗模式的健康促进理论[3]。传统医疗是在人们生病之后再通过医疗手段让人恢复健康，健康本源学认为预防疾病，并改善与健康相关的社会决定因素，是更好、成本更低的方法[49]。采用亲生命设计的原则，是一种在社区尺度提供健康支持的健康途径，其目的是促进健康，预防年轻人和老年人生病。景观历史的研究指出，"纵观历史，风景园林与创造有益健康和福祉场所的需求紧密相关"[50]。心理健康与生理健康密切相关[51]。如果我们只关注生理健康，就会错过一个促进整体健康的关键因素。

建筑学家认识到设计对健康的潜在影响，生态学家关注自然匮乏人群对环境的影响，他们希望借助人们对健康日益增长的需求，来提高环境效益[52, 53]。事实证明，与自然接触无论是森林行走还是城市景观设计干预，都可以降低压力水平[54]。压力是精神和生理疾病的主要诱因。因此，健康本源设计方法可以成为促进健康和福祉的有力工具。

为了给社区和在其中生活的人创造最好的空间，规划师和政策制定者必须重视健康景观的治愈潜力。有益健康的公共空间会对人类健康和福祉产生意义深远的且具有经济效益的影响。健康景观还会产生一些伴随效应，这些效应可以通过环境效益来体现。包括提高生物多样性，吸收二氧化碳，过滤雨水径流，通过蒸腾作用减少城市热岛效应，这些对人类的健康以及环境的健康都至关重要[55]。

健康本源设计的目标：

（1）通过具有丰富感官的自然环境来促进积极的、健康的生活方式，达到预防疾病的目的。

（2）软化硬质的建成环境，并与之配合，创造一个整体化的环境，最大限度地发挥场地潜力、满足预算且提高社区福祉。

（3）使用具有吸引力的软质景观疗法，促进健康，减少创伤和感染后的康复时间，改善行动能力、记忆力、情绪，减少攻击性、压力和对化学镇痛药物的需求，改善糖尿病、肥胖、心脏和肺部疾病，以及一些癌症和抑郁症的治疗效果。

图 10　疗愈花园提供了一个忘却日常压力的场所

由于具有亲生命性，所以通过健康本源方法来促进健康和福祉是有效的，因为它是亲生命性的。"我们对草地、树木、可食用植物和小动物的反应尤为积极。所以疗愈花园必须包括这些元素……以实现最大价值和最佳效果"[5]。

如图 10 所示，自然的简单性在疗愈花园设计中十分重要。与野生动物相处的经历，比如听鸟鸣或观察蚂蚁的足迹，让人们可以沉浸在自然之中，暂时忘记日常压力。疗愈花园也提供了一个参照物，这包括了创造具有场所感的文化参照，以及创造具有归属感的个人参照。艺术、雕塑和乡土植物将人与场地联系起来，并提高了人的舒适感。

因此，一些优秀的景观设计原则如质感、竖向变化、色彩和气味等也应该加以利用。运用健康本源方法设计的疗愈花园所具有的一般特征有：

- 吸引力，创造一个有吸引力的环境，让人们可以从室内看到，并可以走到室外参与其中
- 功能性，健康、积极、有意义的活动会引领人们使用空间

- 实用性，维护较为简单

- 具有成本效益，通过设计减少养护成本、学校干预和不文明行为

- 平衡性，空间既可以提供休憩的场所又可以提供活动的场所

更具体地说，光影也是很重要的。阳光是健康和活力所必需的，人们可以在户外活动中接触自然光线，并从中获益。感受阳光下的温暖和荫凉中的凉爽可以丰富感官的体验。阳光的照射还可以促进维生素D的吸收，提高积极情绪和能量水平，还可预防佝偻病。接触更多自然光线会使生活更健康。通过使用不同类型的遮阳形式，如树木或藤架，可以产生不同的光照水平。光影的变化，可以使视力受损、感官障碍或发育迟缓的人更深入地体验周围的环境，为他们的生活带来色彩。

疗愈风景是迷人的。这里有舒适的座位区，让个人或群体有机会坐下来，闭上眼睛，忘记周围的环境，享受时光。人们是坐在高高的公园长椅上、草地上，还是豆袋椅上并不重要，重要的是为人们提供各种各样的座位。

疗愈景观感官体验的另一个重要方面是细部的质感。当人们赤脚行走时，他们能感觉地表坡度的变化。对于儿童来说，在7岁之前体验不平整的表面对发展平衡和本体感受能力是很重要的。光脚小径可以提供具有丰富变化的地表材质，例如有机覆盖物、沙子、鹅卵石和砖块，可以按摩脚底，是一种提高健康和福祉的简单而有效的方法。此外，铺装材料还可以为城市排水提供一种可持续性的选择。

使用可渗透的材料还可以将排水和提供不同的路面材质两个需求结合起来。但是，设计也需要提供更平坦的路径，例如，对于那些使用轮椅或骑自行车的人来说，不平整的路面是难以通行的。水是疗愈花园的重要组成部分，因为它对所有的生命都是至关重要的。有很多方法可以把水引入花园。它可以是暂时的或是永久的，静止的或是流动的。虽然有些景观特征必须保持不变，但随着树木的生长和野生动物的活动，疗愈景观会随着时间的推移而产生变化。可达性是一个不变的需求，也是最重要的需求。所有年龄的人都必须能够安全地找到并到达这个地方。如果不是每个人都能进入这个花园，那么这个花园就没有治愈的意义。

正如一所大型学校的校长所说："通过增加座位和使游戏自然化，我们希望能重建孩子们的想象力、好奇心、探索和冒险精神。我们希望能够提高他们的社交能力，延长注意力持续时间，这些好处也会被带到教室中，以及未来的社会中[5]。"

疗愈景观为应对社会、经济和环境挑战提供了一种具有成本效益的方法。直觉和古老的智慧已经得到了证实和补充，有了令人信服的证据基础。有明确的研究表明，为了促进健康与福祉，必须让世界各地的人们都能够获得疗愈景观的体验。医疗、教育和住房供应商及开发商必须具有前瞻性，并通力合作，使疗愈景观成为他们场地开发的一部分。地球的健康和人类的健康是有着内在联系的，当我们创造一处疗愈景观时，每个人都是赢家。

随着城市化进程的加快，社区不断寻求建立与当地环境、景观和价值观之间的文化联系。他们期望设计师能通过建筑物和场地的设计实现他们的诉求。疗愈景观是一种经济的，能减少医院就诊压力，预防近视、痴呆和抑郁症的方法。通过减少压力、提高认知功能和加速康复，疗愈风景能帮助人们过上更健康的生活。随着城市化的持续发展，这些方面的作用也会变得更加重要[56]。

参考文献

[1] Wilson EO. Biophilia：The human bond with other species[M].New York：Harvard University Press，1984.

[2] Kaplan S. The restorative benefits of nature：Toward an integrative framework[J]. Journal of Environmental Psychology，1995，15（3）：169-182.

[3] ANTONOVSKY，AARON. The salutogenic model as a theory to guide health promotion[J]. Health Promotion International，1996，11（1）：11-18.

[4] Souter-Brown G. Landscape and urban design for health and well-being：Using healing，sensory and therapeutic gardens[M]. London，England：Routledge Press，2015.

[5] Schlipk?Ter U，Flahault A. Communicable Diseases：Achievements and Challenges for Public Health[J]. Public Health Reviews，2010，32（1）：90-119.

[6] Kent J，Thompson S. Health and the Built Environment：Exploring Foundations for a New Interdisciplinary Profession[J]. J Environ Public Health，2012，2012：958175.

[7] Bettencourt L，West G. A unified theory of urban living[J]. Nature，2010，467（7318）：912-913.

[8] Keyes C L M，Dhingra S S，Simoes E J. Change in level of positive mental health as a predictor of future risk of mental illness.[J]. American Journal of Public Health，2010，100（12）：2366-71.

[9] WILKINSON，RG. Social determinants of health：the solid facts[J]. International Centre for Health & Society，2003，9（4）：1227-1228.

[10] RS Ulrich. View through a window may influence recovery from surgery[J]. Science，1984.

[11] Kaplan R，Kaplan S. The experience of nature：A psychological perspective[D]. Cambridge：Cambridge University Press，1989.

[12] Cecily M，Mardie T，Anita P，et al. Healthy nature healthy people：contact with nature as an upstream health promotion intervention for populations[J]. Health Promotion International（1）：45.

[13] Louv R. The nature principle：Human restoration and the end of nature-deficit disorder[M]. New York，NY：Algonquin Books，2012：352.

[14] Packham A. Children around the world spend less time outdoors than prisoners，global study reveals[M]. Huffington Post，2016.

[15] Lythcott-Haims J. How to raise an adult[M]. New York，NY：Macmillan，2015.

[16] Xiong S，Sankaridurg P，Naduvilath T，et al. Time spent in outdoor activities in relation to myopia prevention and control：a meta - analysis and systematic review[J]. Acta Ophthalmologica，2017.

[17] YoungMinds. Mental health statistics[M]. Young minds，2016.

[18] Disley B. Framework for mental health promotion and illness prevention：Obstacles and opportunities[R]. Washington：Contract No：Public Health Report Number 3，1997.

[19] Konijnendijk C. The forest and the city：the cultural landscape of urban woodland[A]. Urban Tree Research Conference：Trees，People and the Built Environment[C]. Copenhagen：KU，2008.

[20] Roger S. Ulrich and Robert F. Simons and Barbara D. Losito and Evelyn Fiorito and Mark A. Miles and Michael Zelson. Stress recovery during exposure to natural and urban environments[J]. Journal of Environmental Psychology，1991.

[21] Velarde M D，Fry G，Tveit M. Health effects of viewing landscapes – Landscape types in environmental psychology[J]. Urban Forestry & Urban Greening，2007，6（4）：199-212.

[22] Grahn P，Stigsdotter U K. The relation between perceived sensory dimensions of urban green space and stress restoration[J]. Landscape & Urban Planning，2010，94（3-4）：264-275.

[23] Roe J，Thompson C，Aspinall P，et al. Green Space and Stress：Evidence from Cortisol Measures in Deprived Urban Communities[J]. International Journal of Environmental Research and Public Health，2013，10（9）：4086-4103.

[24] Organization WH, editor Ottawa charter for health promotion. International Conference on Health Promotion, the move towards a new public health[J].Ottawa, Canada World Health Organization, Geneva, 1986（11）：17-21.

[25] Bloch P, Toft U, Reinbach HC, Clausen LT, Mikkelsen BE, Poulsen K, et al. Revitalizing the setting approach-supersettings for sustainable impact in community health promotion[J]. International Journal of Behavioral Nutrition and Physical Activity, 2014, 11（1）：118.

[26] Laurence, Carmichael, and, et al. Integration of health into urban spatial planning through impact assessment：Identifying governance and policy barriers and facilitators[J]. Environmental Impact Assessment Review, 2012.

[27] Battaglia MJ. A multi-methods approach to determining appropriate locations for tree planting in two of baltimore's tree-poor neighborhoods[M].Ohio University, 2010.

[28] Diener E, Wirtz D, Tov W, Kim-Prieto C, Choi D-w, Oishi S, et al. New well-being measures：Short scales to assess flourishing and positive and negative feelings[J]. Social Indicators Research, 2010, 97（2）：143-56.

[29] Harter, JK, Schmidt, FL, Keyes, CLM. Well-being in the workplace and its relationship to business outcomes：A review of the Gallup studies[J]. C.keyes & J.haidt, 2003（1/4）：205-224.

[30] Francis D, Cohen G, Bhatt J, et al. How healthcare can help heal communities and the planet[J]. BMJ, 2019.

[31] Heerwagen J. Biophilia, health, and well-being. In：Campbell L, Wiesen A, editors. Restorative commons：creating health and well-being through urban landscapes. Northern Research Station：U.S. Department of Agriculture, Forest Service；2009：38-57.

[32] National Institutes of Health. News：Life expectancy of today's children 5 years less than their parents'：National Institutes of Health[EB/OL].2005[2019-06-18].http：//www.nih.gov/news/pr/mar2005/nia-16.htm.

[33] Hinckson E, Cerin E, Mavoa S, et al. Associations of the perceived and objective neighborhood environment with physical activity and sedentary time in New Zealand adolescents[J]. International Journal of Behavioral Nutrition & Physical Activity, 2017, 14（1）：145.

[34] Blanck H M, Allen D, Bashir Z, et al. Let's go to the park today：the role of parks in obesity prevention and improving the public's health[J]. Childhood Obesity, 2012, 8（5）：423.

[35] Newman P, Söderlund J. Biophilic architecture：a review of the rationale and outcomes[J]. AIMS Environmental Science, 2015：950-969.

[36] Souter-Brown G. Changing the obesogenic environment：a study of the effect of vitamin "N"[A]. Aotearoa Nutrition and Acitivity[C]. Wellington：ANA, 2017.

[37] Ulrika K. Stigsdotter, Anna Maria Palsdottir, Ambra Burls, et al. Nature-Based Therapeutic Interventions[M]// Forests, Trees and Human Health. Springer Netherlands, 2011.

[38] Bengt Lindström, Eriksson M. Salutogenesis[J]. Journal of Epidemiology and Community Health, 2005, 59（6）：440-442.

[39] Ilon L. Can education equality trickle-down to economic growth? The case of Korea[J]. Asia Pacific Education Review, 2011, 12（4）：653-663.

[40] Schäffer SD, Kistemann T. German forest kindergartens：Healthy childcare under the leafy canopy[J]. Children, Youth & Environments, 2012, 22（1）：270-279.

[41] Peter Dr. Häfner. Natur- und Waldkindergärten in Deutschland：eine Alternative zum Regelkindergarten in der vorschulischen Erziehung[D]. Bürgstadt：an der Universität Heidelberg, 2002.

[42] Nature and forest kindergarten in Germany：an alternative to traditional kindergarten in the pre-school education[M]. Germany：Heidelberg；2003.

[43] Searles H. The non-human environment：in normal development and schizophrenia[M]. New York：International Universities Press, Inc, 1960.

[44] Wilson EO. Biophilia[M]. New York：Harvard University Press, 1986.

[45] Ryan C O, Browning W D, Clancy J O, et al. Biophilic design patterns：Emerging nature-based parameters for health and well-being in the built environment[J]. International Journal of Architectural Research, 2014, 8（2）：62-76.

[46] Dinas P C, Koutedakis Y, Flouris A D. Effects of exercise and physical activity on depression[J]. Irish Journal of Medical ence, 2011, 180（2）：319-325.

[47] Gonzalez M T，Kirkevold M. Benefits of sensory garden and horticultural activities in dementia care：a modified scoping review[J]. Journal of Clinical Nursing，2013，23（19-20）：2698-2715.

[48] Kellert SF，Heerwagen JH，M.L M，Eds. Biophilic design：The theory，science & practice of bringing buildings to life[M]. Hoboken，NJ：John Wiley & Sons，2008.

[49] Krebs CJ. Ecology：The Experimental Analysis of Distribution and Abundance[M]. Third Edition ed. New York：Harper and Row，1985.

[50] Mittelmark M B，Bull T. The salutogenic model of health in health promotion research[J]. Global Health Promotion，2013，20（2）：30-38.

[51] Landscape Institute. Public Health[J]. Be a Landscape Architect，2015.

[52] Canadian Mental Health Association. Connection between mental and physical health Ontario[EB/OL].Canadian Mental Health Association，2016[2019-06-19].http：//ontario.cmha.ca/mental-health/connection-between-mental-and-physical-health/.

[53] Blairl. Sadler，Leonardl. Berry，Robin Guenther，et al. Fable Hospital 2.0：The Business Case for Building Better Health Care Facilities[J]. Hastings Center Report，2011，41（1）：13-23.

[54] The University of Exeter's Environment and Sustainability Institute. European Centre for Environment and Human Health[M]. University of Exeter，2015.

[55] Capaldi C，Passmore H A，Nisbet E，et al. Flourishing in nature：A review of the benefits of connecting with nature and its application as a wellbeing intervention[J]. International Journal of Wellbeing，2015，5（4）：1-16.

[56] Souter-Brown G. Landscape and Urban Design for Health and Well-Being[J]. landscape research，2015.

参与式设计：创造具有响应性、协作性和创造性的场所

[美] 丹尼尔·温特伯顿（Daniel Winterbottom）

参与式设计是一种最早出现于斯堪的纳维亚（Scandinavia）的一种设计策略，旨在创造更具响应性、协作性和创造性的场所[1]。本质上，它是了解客户需求、价值和挑战的过程，这将对设计产生影响。在疗愈花园设计过程中，了解使用对象的这些信息对花园最终是否能实现其疗愈功能至关重要。设计师必须设计一套可行且有效的参与式设计方案，以确保参与的开放性和广泛性。无论相关人群自身的能力如何，都应该尽量鼓励其参与其中。在参与过程中，使用者可以向设计师阐明其基本需求和特殊需求。在疗愈环境中，这些需求包含复杂的生理、情感和文化方面的内容。值得注意的是，对于那些正在应对创伤或病情不稳定的患者，设计者需要采取更为灵活的方式，在更安全的环境下与他们交流，以建立最初的联系。小组交流或一对一互动可能更容易建立患者的信任，使他们能够讲述其复杂的过往经历。

除了对设计师有所裨益以外，参与的过程还为那些感到孤立和害怕的人提供了表达自己需求的机会。有的参与者曾为自己的残疾而感到耻辱，但如今他们也可以提出专业意见，使环境设计能更好地适用于面临相似问题的人们。如果使用者参与花园的设计与建造，一旦花园建成，他们就会对花园产生归属感和管理意识。

参与过程通常以一系列针对现有使用者及潜在使用者的参与式交流会为开始。患者、居民、工作人员、管理人员、访客和家庭成员在交流会上分享他们的观点和目标。参与式设计具有包容性，旨在让所有人都可以参与其中，无论他们的年龄、身份或能力如何。不同的项目或社区需要根据其特点寻找与之相适应的创新方法，以弥合语言、社会、经济、文化背景、身体能力、认知和教育所产生的差异。

尊重参与其中的使用者

使用诸如"障碍人士"这样的术语而不是"残疾人"，将人放在首要位置。诸如"残疾人""受害者"和"患者"之类的词语被认为是贬义的，可能会对他们造成伤害。将某人定义为"关节炎患者"意味着此人的生活质量被降低，不应该用缺陷来定义一个人。

缺陷、残疾和障碍等术语的语义各不相同。缺陷是身体部位的缺失或异常，或某种类型的精神功能障碍，因为脊髓损伤而不能移动腿的人是有缺陷的。残疾是指一个人因某种缺陷而无法做某些事情。同样，对于因脊髓损伤而无法行走的人，他是残疾的。障碍是指由环境条件或他人行为强加给某人的

限制因素。如果轮椅坡道的坡度太陡或路径不平坦而导致无法安全通行，那么对于脊髓损伤患者来说，残疾就变成了一种障碍[2]。

让有特殊需要的人参与设计

了解使用者能力的细微差别，可以帮助设计师提出中肯且有效的参与计划。有特殊需求的人通常是那些面临障碍的人，他们难以在不适宜的环境中活动。运动、视觉、听觉、认知和发育障碍等限制了他们对很多户外空间的使用。例如，痴呆患者，如果设计师了解他们的沟通障碍，那么就可以找到更合适的方法来收集他们的信息和偏好。通过观察使用者的日常生活，以及与他们的护理人员交谈，可以从中获得他们的忍耐力、认知功能和身体损伤（例如视力减退）等方面的重要信息。有些触发压力的事物可能不会干扰其他人，但可能会对特定使用者群体造成困扰。许多退伍军人会有高度焦虑，设计师也需要让他们参与进来，并尊重他们的个人安全感。许多方法是行之有效的，而大多数方法要根据参与者的需求进行修改。

小组讨论和故事讲述：设计师通过社区成员之间的讨论来激发设计想法。这种信息收集方式适用于那些能够理解和思考所提出问题的人，以及那些可以听懂并参与对话的人（图1~图3）。通常会有一位领导者指导流程、提出问题并管理参与过程，以确保每个人都有发言权。如果出现对峙，领导者也会使其平息，并将小组的关注引回会议目标上。小组讨论的模式非常灵活，因为讨论的范围可以从开放的到特定的事项。通常有一套记法系统。记录员可以在墙壁上悬挂一张纸来记录所有提到的事项，并在会议结束时根据它们在小组讨论中的重要性进行排序。这对设计人员很有帮助，因为设计人员可能需要根据场地或预算对某些元素进行优先考虑[3, 4]。

图1　在危地马拉（Guatemala）举办的小组讨论，其中有一位记录员，正在记录会议内容

图 2　使用某些提示来激发讨论，如可视图像等

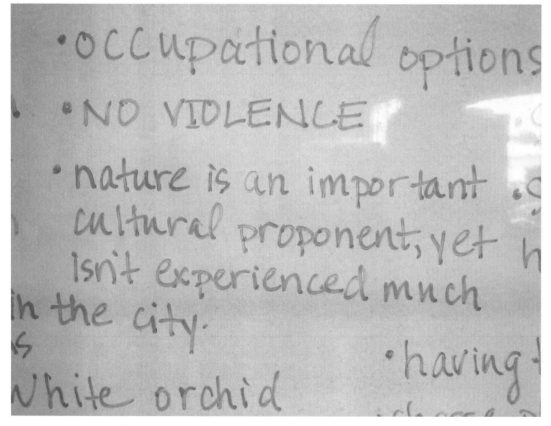

图 3　展示讨论结果，让每个参与者都可以看见，并围绕相关问题去构建他们的想法

照片偏好选择：参与者需要从所给图片中进行选择，这些图片提供了一系列关于美学、材料和活动方面的不同选择。这种方式的目的在于为设计决策提供信息，因此每个图像代表着与项目相关的特定意图。在这种模式中，图像被排列在一起，给参与者分发可以贴的纸点，让他们按照喜好投票。投票方案很简单，绿色表示喜欢，红色表示不喜欢。如果有6张图像，最好是给参与者2个绿色纸点和2个红色纸点，这样他们就没有足够的纸点投给所有的图像，且必须做出决定。不喜欢的指标也是有意义的，这些指标不仅能够了解参与者不喜欢什么，更重要的是了解他们感到有威胁的是什么。最终结果可以反映出大多数人的意见和偏好，这为设计师提供了丰富的信息。某些图像被绿色纸点和红色纸点贴得很满，代表了参与者的一致意见，能为设计提供强有力的指导（图4、图5）。

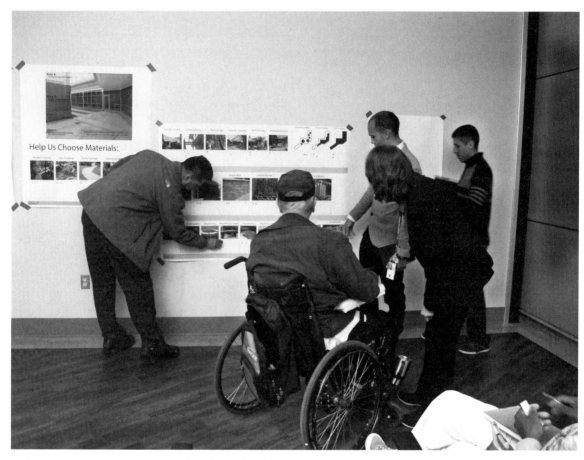

图4　内容涵盖广泛的照片偏好选择，过程中支持人员协助解释

游戏：可以开发简单的游戏，以适应那些有发育或生理障碍的人。例如，痴呆症患者会获得一副卡片，每张卡片上都有一种可能出现在花园中的元素或活动的图像。参与者可以将卡片分成两堆，喜欢的或不喜欢的。这种分类活动类似于照片偏好模式，但更简单，因为它只需要基本的是或否。对于年幼的孩子来说，这也是一个很好的方式，因为他们天生喜欢游戏，并将它当作有趣的事而非工作（图6、图7）。

图 5 偏好选择模式随着红点和绿点集中出现而清晰地展示出来

图 6 使用游戏激发老年人特别是很多阿尔茨海默症老人的回应

图 7　对于那些需要参与过程简单、可操作和切实可行流程的对象而言，可结合游戏和书籍图片进行交流

　　绘画：绘画可以有效地应用于那些语言能力有限的参与者，那些受到过度创伤而无法表达自己感受的人，或是那些认知障碍限制了思考而不是绘画能力的人。对于一些在人群中羞于表达的人，绘画可能会使他们更自在地创造他们理想花园的图像。我们成功地将绘画应用于有心理健康疾病的患者。对于那些语言能力发展还不足以进行清晰表达的孩子来说，这也是非常成功的方法，绘画是一个更自然的表达过程（图 8~ 图 10）。

图 8　使用绘图法来获得儿童的想法和偏好

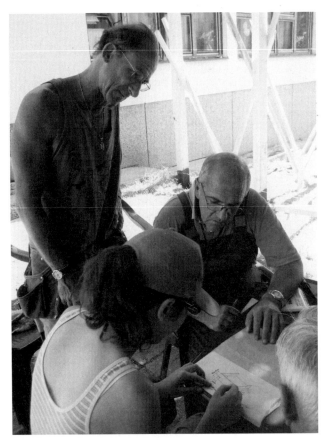

图 9　绘画成为克服语言障碍的媒介

图 10　与墨西哥偏远村庄附近洗衣的妇女进行交流

现场参观：邀请参与者参观场地，体验场地现有的特点和品质（图 11）。他们可能会提出自己的建议或表达自己关注的对象。设计师还可以结合模型，模拟设计布局和形式元素。这个模型可以使用颜料、织物、木材等来表达空间关系和活动模式 [5]。

图 11 墨西哥某个乡村的当地居民带领人们进行参观，他在介绍这个偏远地区所面临的挑战

小型模型：设计师可制作带有可移动组件的小型设计模型。参与者在场地模型上移动这些组件，并讨论不同选项的优点和缺点。可用相机记录不同的布局方式。这些照片可用于会议期间和会议后的讨论，之后还可以用于设计团队对方案的构思和优化过程。对于非设计师而言，模型通常比图纸更具象，可能让人们更容易理解空间，因为它们具有真实的尺度和质感。

问卷调查：问卷调查是经常使用的方法，但需要精心设计问卷。使用者需要了解问题，以及如何填写评分系统 1~5 分、是 / 否、书面答案等，这需要人们具有识字和认知能力，来阅读、理解和标示。调查不需要面对面互动，因此可以邮寄、电子邮件或公告的方式。如果项目有需要，可以收到大量受访者的邮件。

危地马拉城（Guatemala City）的参与式设计

2007 年，一个风景园林设计建造团队被邀请到危地马拉城，为一个教育机构设计一系列疗愈花园，该教育机构为那些在中美洲最大的垃圾场工作的家庭提供服务。这些家庭通过清理和出售可回收物品来维持生计。他们大多数人是在30年的内战中被迫离开自己的家乡玛雅（Mayan）高地村庄。许多人讲玛雅本土方言，而大多数人不愿意在小组会议上向外人表达他们的想法。通过反复试验，设计团队发现母亲和孩子对照片偏好活动较为热烈。这种视觉的方法是即兴的，而不需要通过翻译员的长篇大论。参与者对与学习和游戏活动、社交聚会和美学品质相关的图像进行排序，来表达他们的偏好。

他们把绿色和红色的贴纸贴在图像上，以表示喜欢或不喜欢。为了解他们在形式和空间方面的想法，设计团队用黏土和纸板制造了纸质拼贴画和模型。在书籍中标记图像的方法对儿童和成人也很有效。口头调查和头脑风暴通过翻译人员的帮助得以进行。在设计团队记录下的偏好模式中，他们偏好色彩鲜艳的植物。

2012年，一个设计团队与美国日裔老年人合作，为他们的老年护理院设计了一个花园。很多人不会说英语，而且他们认为在嘈杂和人群聚集的活跃的群体环境中，很容易让人分心。该团队开发了一款纸牌游戏，以了解他们的偏好。在一对一的面谈中，每位居民都获得了一副卡片，上面印有花园图像。要求每个人将卡片分成两组，一组为喜欢，一组为不喜欢。这种像游戏的方式很有吸引力，而且简单明了可以适用于不同人的能力和理解力。一对一面谈为参与者和设计团队成员之间的简单讨论提供了机会[6]。

这通常也解释了为什么居民选择某些图像。在一些案例中，有些人讲述了非常私人的故事，比如他们的过去，他们想象的花园是什么样子，以及一些他们可能不会在大型团体活动中分享的事情。许多人满怀情深地谈到童年记忆中的日本传统枯山水庭院和苔藓花园，许多人觉得他们想要这种日经新闻（Nikkei）报道过的典型花园。在纸牌游戏中，居民选择了色彩缤纷的花园图像，这些图片展示了多样的季节性花卉、浓密的林荫和丰富的层次。设计团队和咨询委员会讨论了建造传统花园所需的专业知识，以及这类花园中所体现的多种宗教象征，并对太平洋西北地区的传统日本花园进行了总结。

这些与参与者进行活动、调查和回忆所得成果的总结，将会提交给设计咨询委员会，并与之讨论。当设计师进行花园设计的时候，会回应那些他们所获得的关于社区的信息。

设计师会更加了解使用者的健康状况及其优势和劣势。设计师会根据使用者的文化背景和场景偏好，选择那些能触动使用者的园林元素、形式和表达方式；还会提供一个关于场地活动的总结，以及这些活动如何在动静分区、封闭与开敞空间之间平衡的建议，供使用者选择。

参考文献

[1] Taylor, Publisher, Bratteteig, Tone, Wagner, Ina. Codesign – International Journal of Cocreation in Design and the Arts[M]// CoDesign：international journal of cocreation in design and the arts. Taylor & Francis, 2012.

[2] Daniel Winterbottom, Amy Wagenfeld. Therapeutic Gardens：Design for Healing Spaces[M]. Portland：Timber Press, 2015：49-50.

[3] Daniel Winterbottom.Children, Garbage to Garden：Developing a Safe, Nurturing and Therapeutic Environment

for the Children of the Garbage Pickers Utilizing an Academic Design/Build Service Learning Model[J].Youth and Environment, 2008, 18（1）：443-445.

[4] Angotti, Doble and Horrigan. "People and Place"，Keith Bartholomew and Mira Locher[J].Service Learning in Design and Planning，Educating at the Boundaries，2011：94-95.

[5] Angotti, Doble and Horrigan. "People and Place"，Keith Bartholomew and Mira Locher[J].Service Learning in Design and Planning，Educating at the Boundaries，2011：196-197.

[6] Angotti, Doble and Horrigan. "People and Place"，Keith Bartholomew and Mira Locher[J].Service Learning in Design and Planning，Educating at the Boundaries，2011：22-23.

感知维度：根据景观特质进行健康设计的工具

张高超

[丹麦] 乌尔丽卡·斯蒂格斯多特（Ulrika K. Stigsdotter）

[瑞典] 帕特里克·格拉恩（Patrik Grahn）

当前世界上越来越多的人生活在城市环境中，城市化的过程伴随着许多问题，诸如公共健康。与自然相关的解决方案已经被逐渐认可为一个可以用来应对一些城市问题的方式。在健康方面，自然可以对人的精神、机体和社交等不同的健康提升有所帮助。当前的证据足够充分，但是对于其原理而言我们了解得并不深入。在进行健康设计的时候，我们需要通过对具有特定特点的自然空间的设计安排来满足相关人群的需求，从而提升他们的健康。但是多数研究关注去到自然 / 绿地环境和去不到自然 / 绿地环境之间的关系，证明自然 / 绿地环境对于人的健康提升的作用 [1, 2]，但是对于具有指导健康设计意义的自然特征与健康的关系研究较少。世界卫生组织（WHO）欧洲办公室指出，设计是充分发挥绿地在健康等方面的效益的一个重要方式 [3]。

必须指出，并不是所有的自然空间都会提升健康，还有一些存在负面效益的绿色空间的例子，同时有证据显示，当使用者被恐惧、危险和疏离感等负面体验所主导的时候，自然的健康效益会受到很大的影响 [4]。因此，科学的健康设计需要特定的设计工具来营造合适的空间属性，支持使用者的健康。哥本哈根大学和瑞典农业大学的研究者们认为，人们对于自然和绿地空间的感知会通过特定的维度来实现，而一些维度比其他维度在使人们从压力中康复这一方面会更加重要。基于这个假设，经过 953 个在瑞典 9 个城市随机选择的样本群体关于所喜好的自然属性和自我健康状态评估的问卷调查，通过因子分析，识别出关于自然属性偏好的 8 个主要因子。这 8 个主要的环境属性因子与人体的精神康复关联较为紧密，这些因子被系统地定名为感知维度（Perceived Sensory Dimensions，简称 PSDs）[5]。

感知维度

相关的研究发现，人们在绿地或者自然中所偏好自然属性主要可以概括为 8 种维度（图 1）。

（1）社交（Social）：一种处于为社交和社会文化活动所设置的空间中的感觉。比如能满足娱乐性项目或者是展览等活动的自然空间。

（2）前景（Prospect）：一种开放和水平的视野感。核心的自然特性可以包括平坦而且被很好地修剪过的只有稀散的树木的草坪。

（3）物种丰富（Rich in Species）：一种能够发现很多的生命形式的感受。比如处于能够接触到有很多的动物和花朵等的空间。

（4）平静（Serene）：一种处于一个不被干扰、令人镇静和安全的环境中的感觉。这类空间具有安静平和的环境特征，没有太多的噪声、杂物，同时不会被太多人干扰。

（5）文化（Culture）：处于具有较为明显的人类修饰痕迹，人造的具有较强的历史文化氛围的周边环境中的感觉。核心的空间特性可以包括喷泉、雕像，或者是装饰性植物等元素。

（6）空间（Space）：一种宽敞的自由的空间感受，同时能体会到一定程度的连通性。存在这一维度的空间包括不被太多的道路等所干扰分割的自由空间。

（7）自然（Nature）：能够感受到自然固有的与生俱来的力量，设计和显现自然本身的特质。比如荒野的和未被开发的自然类空间。

（8）庇护（Refuge）：处于围合感较强的安全自然空间环境中的感觉，在这种环境中的人也能够玩耍或者观看其他人活跃。比如处于独立安全的空间中，具有座椅等休憩空间或者是游玩设备。

编号	感知维度	图像	主要的自然属性与特征
1	社交		• 可以观看娱乐活动 • 可以观看展览 • 可以去餐厅或者是露天餐饮区域
2	前景	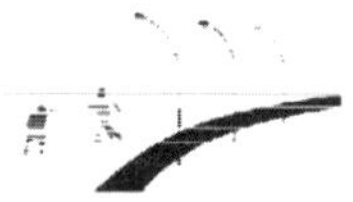	• 平坦并修剪过的草坪 • 开放和水平的视野
3	物种丰富		• 多样的动物，如鸟类、昆虫等 • 自然的动物和植物群落 • 可供观察的当地植物
4	平静		• 安静和平和 • 没有自行车 • 不会被太多人干扰
5	文化		• 喷泉 • 装饰性雕塑 • 多样化的外来植物、观赏植物和可食植物
6	空间		• 开敞和自由 • 有不被太多道路所干扰和分割的空间 • 很多树木
7	自然		• 自然本身的特质 • 荒野的和未经开发的 • 自由生长的草地
8	庇护		• 很多灌木 • 饲养的动物，儿童和成人可以参与喂养 • 沙坑

图1　8种感知维度的简介

总的来说，人们最为偏好的维度依次是平静，其次是空间，自然，物种丰富，庇护，文化，前景和社交。庇护和自然两个维度是和压力缓解最为相关的维度，但是，在实际环境中这些不同的感知维度很少单独出现。有研究发现，结合了庇护、自然和物种丰富这几种感知维度，同时没有社交维度的自然空间，是对于压力人群最具有精神康复效果的[6]。

感知维度这一工具当前主要有三种用途：

（1）分析不同的绿地/自然空间中有哪些已存的感知维度[7]。

（2）指导现存的绿地或者自然空间的再设计[8]。

（3）在教学和研究过程中，8个不同的感知维度可以被用来进行场地现状分析，指导设计过程和通过使用后评价对设计效果进行评估[9]。

感知维度作为健康设计工具

为了对感知维度进行研究，并且展示这8个PSDs如何使用，哥本哈根大学的研究者们发起了健康森林 Octovia® 项目（图2）。Octovia® 健康森林位于丹麦最大的植物园，占地约 2hm²，包含了感知维度中的8种空间维度，具有每个维度的空间，被称为一个"房间"（Room）。每个维度的房间是基于空间原本的属性特征，通过设计将这些特征进行加强，并且由一条 750m 的环形小径将不同的房间进行串联。

图2　健康森林 Octovia® 平面

在这个户外实验室的设计过程中，感知维度这一健康设计工具被用来指导植物园中原有的8个区域的空间的再设计。霍斯霍姆（Hørsholm）植物园位于哥本哈根北部大约30km，这个植物园具有丹麦最大的木本类植物种类。根据植物的来源和属系，2000多种植物被种植在大约40hm²的园中。整个植物园呈现出一种物种丰富的宏大森林的感觉，同时植物园区域内有三个湖面，这些使得植物园吸引了丰富的各类野外生物，尤其是各种鸟类。因此，在霍斯霍姆植物园中进行健康森林的建造具有一系列优点，尤其是整个植物园本身所呈现出的完整的自然特征，而且本身就存在多个满足感知维度中的8种维度的空间。与此同时，因为该植物园具有很多的珍稀植物品种，所以也存在不能破坏树木以及其根系等的限制。这些限制会影响一些人造设施的设置，如新的树木的种植以及道路的铺设。同时也不能因为新的树木种植、雕塑、水渠和一些人造设施的添加而与植物园中原本根据地理和属系进行分布而营造出来的感觉所冲突。

在设计之前，根据感知维度中的各种变量，对植物园中的多个空间在不同季节进行了分析，在这个过程中发现了8个很好（物种丰富、空间、自然、前景、平静）或者较好（文化、庇护、社交）的代表感知维度的8个维度的自然空间。在设计过程中，这些空间通过再设计来加强它所代表的特定感知维度。每个空间的边界通过使用绿地中的不同类型的"房间"分类体系进行识别，在测量员的帮助下，每个"房间"的边界被准确地定位并在图2中用深线标出。

健康森林的名字Octovia是特别为这个健康森林所设计的，它由拉丁文octo（八）和via（道路）组合而成，代表了健康森林由一条道路连接起8个不同的"房间"。健康森林Octovia®中的这些"房间"被放置在环形道路的周边并且根据他们的位置进行了标记。在健康森林Octovia®中，这些房间所代表的感知维度顺序依次是：①社交；②前景；③物种丰富；④平静；⑤文化；⑥空间；⑦自然；⑧庇护（图2）。房间1代表社交这一感知维度，同时这个房间也作为一个聚集空间被使用，有关于整个健康森林Octovia®的文字介绍和网站二维码链接。同时所有的"房间"都有一个关于这个空间当前的感知维度和如何进行设计的说明。所有的"房间"的出入口处都通过嵌在地面上的花岗石制作的数字所标记，同时有类似的箭头来指引去下一个房间的方向。所有的房间都有能够就座的设施。接下来，将会根据标号对每个"房间"的设计进行介绍。

感知维度——社交

这个"房间"被设计用作一个可以让访问者进行聚集、吃喝，进行一些娱乐或者是看见别的人的场地。因此，"房间"内易于访问者移动，找到舒适的座椅。"房间"的形状是一个半圆形，背后有柴堆、小的树木灌木和多年生草本植物，座椅的位置依照空间的半圆形进行分布（图3）。"房间"周围环境开敞，空间开敞度较高。地面由碎石铺设，并且和碎石铺的道路直接相连。开敞区域可以承载多种活动。空间包含四个座椅，有些放置在阴影之下，有的放置在阳光之下，同时座椅的位置可以满足就座的游客看到别人以及植物园的一些好的景致。柴堆放在座椅后方，除了用来定义空间之外，它们也为参观者提供挡风的屏障，给来访者带来安全感。在后方的树林和灌木中安置了很多鸟屋，来吸引植物园中定居的一些鸟类。根据需要，"房间"的正中可以放置可移动的柴火盆，柴火盆放置的时候可以作为区域的视觉中心，同时可以进行一些取暖、加热等活动，增加社交氛围。同时，点起的火焰可以散发热量和光，在恶劣天气下给人以安全感。

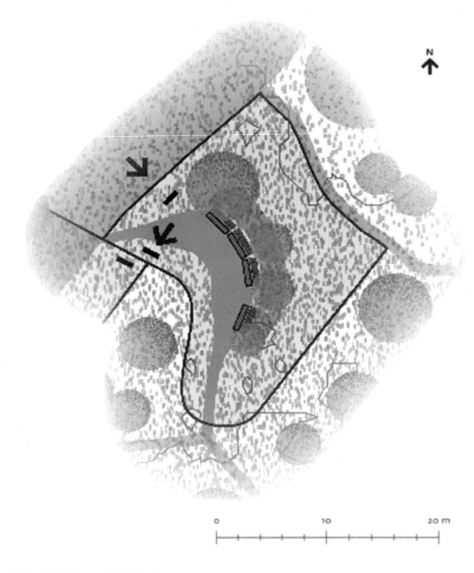

图3 "房间"——感知维度社交

感知维度——前景

这个"房间"的设计主要根据感知维度中的前景来凸显两个显著的特性。第一个特性是开敞的地表，可以给来访者观看周边的视野；另一项特性是具有可以进行球类活动的地表和设施。这个"房间"是一个细长的矩形区域，表面是平整的修剪良好的草坪。开敞区域的长边，生长有各种乔灌木。空间特征属于开敞型空间（图4）。"房间"两端的视野开敞，一端朝向一个大的湖泊，另一端朝向植物园的主路。两个座椅在"房间"中的分布相互距离较远，其中一个设置在对于"房间"本身有较好的视野的位置，另一个设置在具有较好的湖泊视野的位置。"房间"的开敞属性，使得其可以更加灵活地使用，比如进行一些球类活动。

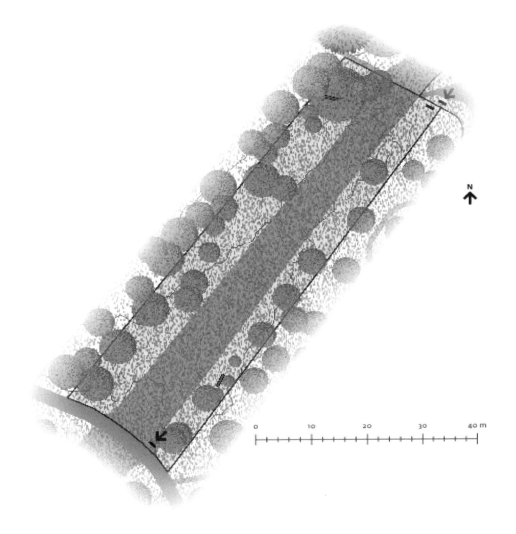

图 4　"房间"——感知维度前景

感知维度——物种丰富

　　这个"房间"被设计用来给来访者提供多种多样形式的物种接触。"房间"的"墙壁"由乔灌木组成。同时场地的地表有轻微的坡度，设有丰富的花草以及一个小的池塘，是一个较为湿润的林地空间（图5）。整个"房间"充满绿色，长满多种树木、灌木、多年生植物、草、药材植物和球茎植物。"房间"的出入口在黑白相间的白桦树干之间，同时"房间"内的不同植物在树皮的颜色、质感和树叶的形色方面变化丰富，同时这些植物有不同的繁盛季节。这些植物不仅多样，还吸引了种类丰富的昆虫、鸟类以及松鼠等小动物。小池塘也经常受到各种昆虫、青蛙、蝾螈、鸟类、啮齿类动物以及狐狸等的光顾。

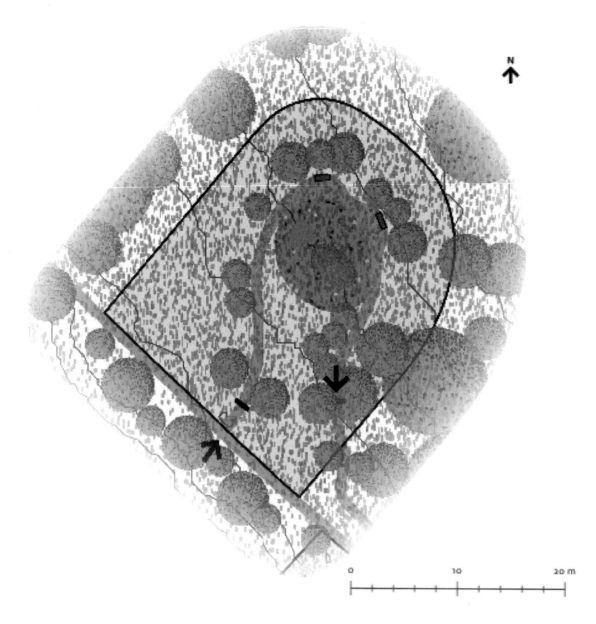

图 5 "房间"——感知维度物种丰富

感知维度——平静

通过将"房间"设置于较为远离主路、一大片长满杜鹃的区域后方，来访者不被打扰的体验得到了加强。"房间"只有一个出入口，一条小道可以将人引向俯瞰一个大湖泊的滩涂。地表由自然植被覆盖，同时边界由乔灌木所界定，树冠对上部空间进行了围合，整个空间具有很强的围合感，但是，"房间"的导向使得视野可以望向开敞且鸟类丰富的湖面，保证了来访者不会感觉压抑或者是阴暗。同时，望向平静湖面的视野创造了一种令人抚慰的氛围（图 6）。湖上禁止捕鱼以及摩托艇等干扰活动。这个"房间"总体来说较 Octovia® 的其他房间要小，因此仅仅设置了一个较短的座椅。座椅设置的主要目的是作为一种信号，让未进入区域的行人知道是否有其他人在区域之中，如果有人在其中，就继续自己的行走，避免相互打扰。这个"房间"位于植物园最为安静的区域之一，仅仅供较少的人使用，是一个可以沉思的地点。

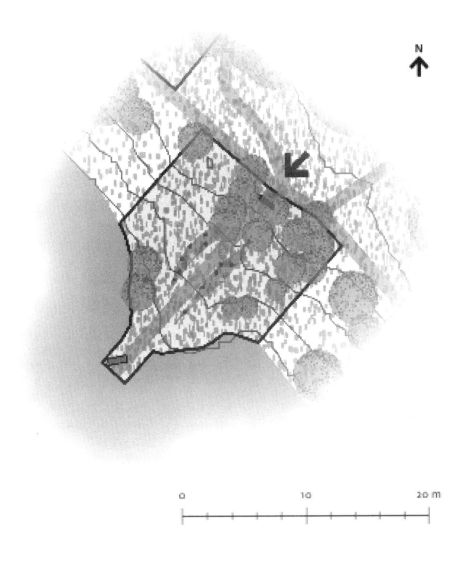

图 6 "房间"——感知维度平静

感知维度——文化

这个"房间"形状细长，地面长满青草，同时有一个碎石铺的道路。"房间"的边界主要由灌木和多年生草本植物所界定，同时也有一些大的树木。整个空间较为开敞（图 7）。文化这一感知维度包含了多种与喷泉、雕像和运河等人造元素相关的体验。遗憾的是，由于会影响对场地的整体印象，这些元素在植物园之中不允许被建造。因此在营造文化这一维度的时候，通过将场地先前的文化相关痕迹进行借用来较为创造性地对其进行营造。植物园位于之前的农地，人类活动的痕迹依然能够被发现，比如一些以前被农民用来驱赶牲畜去附近村庄集市上的古老石子路。这些道路现在以一个高地的形式贯穿"房间"。"房间"之中布置有两个椅子，其中一个面向高地，另外一个面向一颗被称作"V.1"的白蜡树。这棵树是丹麦第一棵被系统地选来进行森林育种的树木，丹麦的许多白蜡树都是由这棵树所繁衍而来。同时，白蜡这一树种对于丹麦而言本身具有较高的历史文化价值，在北欧神话之中，生命之树（Yggdrasil）就是一棵白蜡树。所以，虽然这个"房间"没有使用人造的物件进行装饰，但那些过去时代的历史痕迹以及这棵特殊的白蜡树给"房间"带来了丰富的文化价值。因此通过相关信息的传达，来访者可以很好地体会整个"房间"的文化维度。

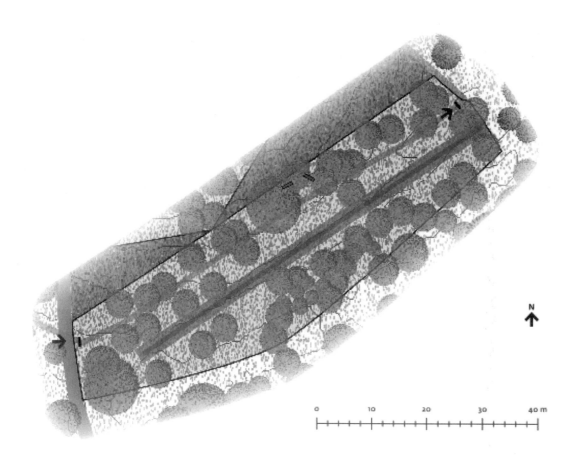

图 7 "房间"——感知维度文化

感知维度——空间

这个"房间"具有一个弧形的连贯的形状。"房间"的地面长满各种自然植被，边界由灌木所界定。"房间"的顶部空间由中等尺度的树木冠部构成。道路处于"房间"的边缘，由木屑所铺设，来保持"房间"整体性的体验（图 8）。"房间"内主要生长有自然形式的乔灌木，与森林自然地表植被结合，共同提供了一种连贯的不被干扰的氛围，与其他的"房间"相比，这一"房间"具有独有的特点。两个座椅布置在小道的两旁，不同的人可以聚集，乔灌木给坐在座椅上的人提供了遮阴和舒适的阳光。

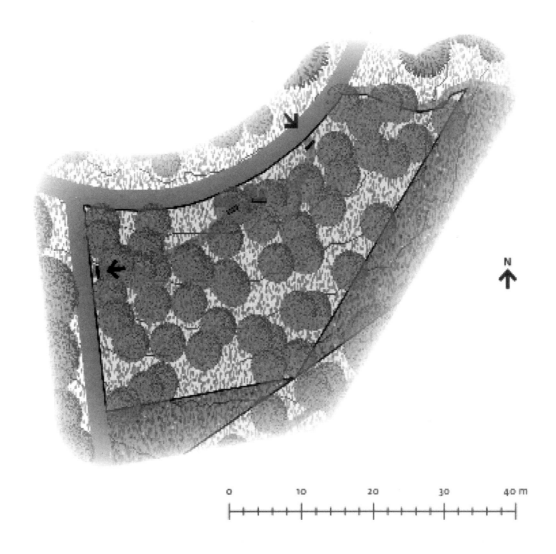

图 8　"房间"——感知维度空间

感知维度——自然

　　"房间"远离主要的步行道，一个较窄的草坪道将来访者引到一个小的山丘，至此进入"房间"。"房间"呈现为自然的形式，边界主要由深绿色的大型针叶树木所构成（图9）。地表植物是自然形式的花草、苔藓和蕨类。"房间"空间形式较为密闭。两个座椅设置在高大的云杉树附近。高大的杉树，长满苔藓的石头和自然的森林地表覆盖物带来了一种北欧典型的自然生长的云杉森林的印象。来访者必须移动到森林深处才能够接近座椅。自然被认为带来了一种充满力量的体验，同时这种体验是一种可控的力量感。道路的走线和座椅的布置依据自然的形式来设置，同时，年代久远的、形态高大的树木也营造了一种安全感。

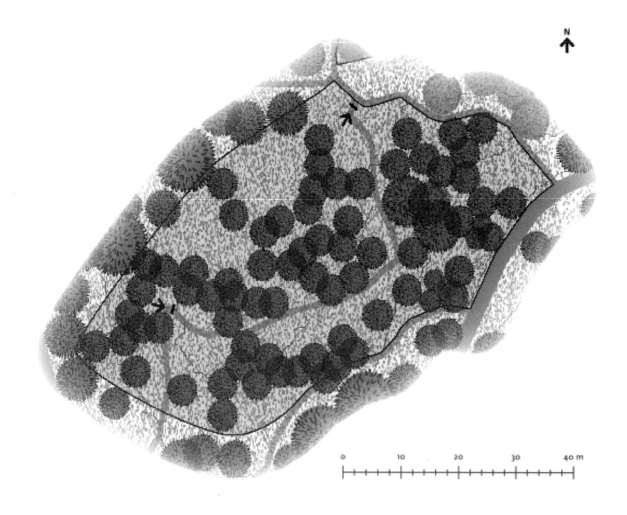

图9 "房间"——感知维度自然

感知维度——庇护

这一感知维度根据来访者是儿童还是成人而有所区别。对于儿童而言，庇护意味着能够自由且安全的玩耍。对于成年人而言，庇护更多的是能够让儿童在自由玩耍的同时，可以在一个安全的地点看他们玩耍。换言之，这一维度要让成年人能够坐着观看活动中的人。基于这一考虑，这一"房间"被谨慎地分为两个部分，为成年人设置的部分具有两个小的座椅，从座椅上可以看到不同的灌木和多年生植物。"房间"具有清晰的边界，背后多样的灌木带来一种"后方保护"。在儿童区域的后方长有密密的山毛榉。成人部分的空间较为开敞，儿童区域较为密闭（图10）。由于设置游乐设施不被允许，所以一个具有独特树枝的山毛榉被用来作为"攀爬设施"。

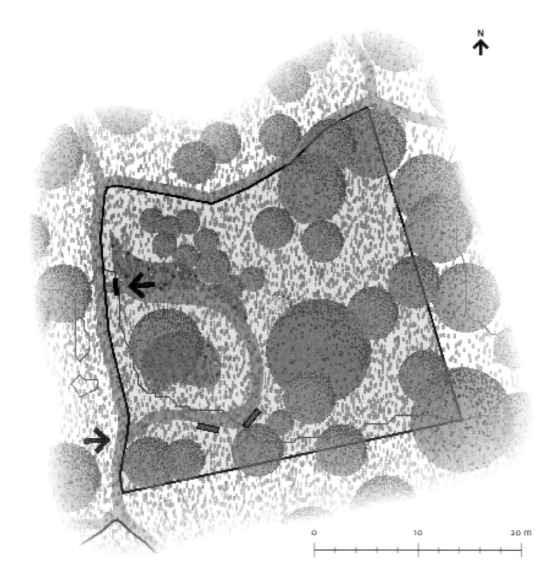

图 10 "房间"——感知维度庇护

花园的功效验证与实验结果

在健康森林 Octovia® 建造完成之后，不同的跨学科研究项目基于 Octovia® 得以展开。基于感知康复量表（Perceived Restorativeness Scale，简称 PRS）测定的研究结果显示，Octovia® 的使用者在其中得到了有效的精神康复 [10]。与此同时，通过心率（HRV）和脉搏等生理学指标，Octovia® 也被发现比办公室环境和公共汽车环境具有更好的恢复作用 [10]。另外，心理学量表（The Profile of Mood Scale，简称 POMS）的测定结果也显示出 Octovia® 对使用者心情有积极的作用 [10]。通过实际的使用，使用者对于其中的代表 PSDs 的 8 种维度进行排序，排序结果显示平静、物种丰富、庇护和自然被认为具有最好的康复效益，这证实了先前的研究结论 [6]。以上的研究，可以被认为是对 Octovia® 的设计成效的证实。

在居民的健康越发受到关注的今天，自然 / 绿地环境在应对以精神为主的健康问题的作用上越发受到关注，而具有健康提升作用的景观的设计需要依靠科学的设计工具指导来进行。感知维度这一工具通过科学的方法发展而来，同时在实际项目中得以运用，基于实际项目的研究证实了其指导健康设计的有效性。因此，感知维度是一个容易运用且面向压力等带来的精神健康问题时确认有效的健康设计工具。与此同时，世界许多区域的学者对感知维度进行过研究与验证，结果显示其有效且具有普适的潜力。

参考文献

[1] Berg，Den V，Koole S L，et al. Environmental preference and restoration：（How）are they related?[J]. Journal of Environ Psychol，2003，23（2）：135-146.

[2] Hartig T，Evans G W，Jamner L D，et al. Tracking restoration in natural and urban field settings[J]. Journal of Environmental Psychology，2003，23（2）：109-123.

[3] World Health Organization，Regional office for Europe.Urban Green Space and Health：Intervention Impacts and Effectiveness[J]. Meeting report，Bonn Germany，2016（9）：20-21.

[4] Andrews，G.，& Holmes，D.Gay bathhouses：The transgression of health in therapeutic places[J]. Therapeutic landscapes，2007：221-232.

[5] Grahn P，Stigsdotter U K. The relation between perceived sensory dimensions of urban green space and stress restoration[J]. Landscape & Urban Planning，2010，94（3-4）：264-275.

[6] Stigsdotter U K，Corazon S S，Sidenius U，et al. It is not all bad for the grey city-A crossover study on physiological and psychological restoration in a forest and an urban environment[J]. Health & Place，2017（46）：145-154.

[7] Randrup，B.T.，Schipperijn，J.，Hansen，B.I.，Jensen，F.S. & Stigsdotter，U.K.（2008）. Natur og sundhed：Sammenhæng mellem grønne områders udtryk og brug set i forhold til befolkningens sundhed.[In English：Nature and Health：Associations between green spaces ' characteristics，use and public health），Park- og Landskabsserien，40/2008.

[8] Stockholms läns landstings Regionplane- och trafikkontoret.（2004）. B. Malmros（Ed.）Hanvedenkilen，Upplevelsevärden i Stockholmsregionens gröna kilar.[In English：Hanvedenkilen：Experiece values in the Stockholm region]（pp. 1652-3741）.

[9] Sidenius，U.The Therapy Garden Nacadia® – The interplay between evidence-based health design in landscape architecture，nature-based therapy and the individual[D].Faculty of Science，University of Copenhagen，2017.

[10] Stigsdotter，Ulrika Karlsson，Corazon，Sus Sola，Sidenius，Ulrik，et al. Forest design for mental health promotion：Using perceived sensory dimensions to elicit restorative responses[J]. Landscape & Urban Planning，2017（160）：1-15.

荟萃分析：恢复性自然环境对城市居民心智健康的影响及规划启示

陈筝 翟雪倩 叶诗韵 张颖倩 于珏

建成环境对健康的影响

随着城市化的加速和城市人口的增加，在人们生活水平显著提高的同时，各种"城市病"开始越来越突出。自 20 世纪末中国城市化进程持续增长，城市化率以年均 1 个百分点持续增加了 20 余年 [1]。以上海为例，从 2005 至 2014 年 10 年之间，城市人口增长 29%，约 489 万人，建成区面积从 820 km² 增长到 999km²，而近 5 年新增建成区面积一直维持在 15% 左右 [2]。随着城市化进程的推进，城市中的各种"疾病"开始日趋蔓延，人们的心理问题日益突出。近几年实证调查研究数据表明，中国的城市化发展对城市居民心理健康的影响已影响到大脑功能，并导致精神疾病的发病率增加，病症加重 [3-5]。

有越来越多的研究开始探索城市生活与情绪行为障碍（Emotional and Behavior Disorder）、心境障碍（Mood Disorder）、神经系统疾病等的统计关系，已成为城市健康研究的国际研究前沿热点。托斯特（Tost）等人 2015 年在《自然—神经科学》（*Nature Neuroscience*）上就城市环境对居民健康的影响进行了综述 [6]。他们指出尽管城市居民一般生理健康水平优于乡村居民（主要是因为教育、经济、医疗设施），但精神健康却低于乡村居民；且 15 岁以前所居住的城市环境对心理健康的负面影响最为显著。目前解释城市社会环境对精神健康影响的主流理论是社会漂移理论（Social Drift），即不良的精神健康水平导致社会水平向下移动。托斯特等人指出，城市环境对心智健康的影响主要来源于两大类心理压力源：一个是高复杂度、高异质性、高变化率的城市景观及其中有害的社会环境，另一个是被迫缩短的社会距离以及对个人空间的入侵。

对于城市规划设计师而言，我们感兴趣下面这样一些问题：暴露在不同的环境中，将如何影响人们的应激反应和情绪，进而如何影响人们的心智健康和认知能力？是否可以通过研究人对于不同环境的情绪反应以及认知能力变化，设计更有利于人心智健康的城市环境？西方关于环境感知的研究表明，对比建成环境，更多地接触自然环境对城市居民的生理及心理健康都有恢复性的良性影响 [7-15]。按照马斯（Maas）等人 [16, 17] 就绿地布局和流行病分布的相关统计结果表明，在公园 1 km 半径内居住经常接触绿地的居民，其冠心病、脖颈及肩周疾病、背部疾病、抑郁、焦虑、上呼吸道感染、气喘、偏头疼、头晕、肠道疾病、尿路感染等诸多疾病的发病率显著低于居住在离公园更远地区的居民 [16, 17]。

自然环境对人的健康影响，可以概括为情绪健康和认知健康两个方面，统称为心智健康。其中情绪健康主要包括减轻焦虑等负面情绪以促进正面情绪[18]、降低血压[19]、减缓压力[20]等。认知健康主要表现在提高注意力[18]和改善工作记忆[18-21]两方面。也有一部分将情绪和认知两种影响结合考虑，评价为自然环境的综合恢复性体验[22, 23]。

理论背景与主要研究进展

（1）有关情绪的理论

　　因为大部分恢复性影响集中体现在情绪和认知能力上，所以要了解自然对人的恢复性健康影响首先必须先了解环境心理学关于情绪的理论。拉塞尔（Russell）把情绪的文字描述进行主成分分析[24]，发现大部分情绪可以简化成一个二维模型（图1）。

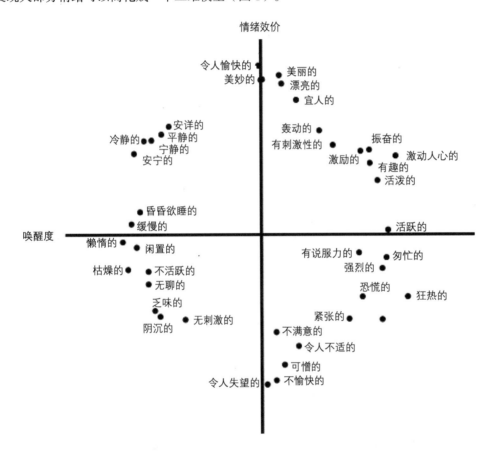

图1　拉塞尔情绪模型[24]

　　拉塞尔指出复杂的情绪可以被简单地理解成两个主要维度，一个是和偏好程度相关的情绪效价（Valence），即图中的纵轴，从喜欢（第一、第二象限）到不喜欢（第三、第四象限）；另一个和兴奋程度相关的情绪唤醒度（Arousal），即图中的横轴，从低兴奋度（第二、三象限）到高兴奋度（第一、第四象限）。研究情绪的认知心理学综述指出，将情绪效价和唤醒度分开测量集中分析的效果，其效果要远好于离散的情绪指标测量[25]。

（2）自然环境对健康恢复性影响的理论

主流学术观点认为自然环境比起建成环境，具备对情绪和认知的某种正面修复性效应。证明自然对心智健康的这种修复效应主要有三种研究方法：流行病学研究、问卷调查和实验[26]。其中实验方法能够更严格地控制工作压力、医疗水平、经济水平等影响健康的其他外部因素。目前实证证据表明自然环境对人的恢复性健康影响主要体现在以下四个方面。

①对情绪效价的影响。一般来讲，更加自然的环境刺激容易引发更加正面的情绪，而更加城市化的环境却更容易引起负面的情绪[10]。持续的负面情绪对心智健康是有害的。情绪效价方面的研究，同审美偏好研究有密切的联系[27-29]。

②对唤醒度的影响。乌尔里希（Ulrich）的减压理论（Stress Reduction Theory）[30, 31]认为恢复性主要体现在生理心理应激兴奋及其引发的疲劳的恢复上。该理论指出人对于各种（包括环境在内的）刺激下产生不同程度的心理或生理兴奋反应（即唤醒），这种反应往往是不受文化社会影响的一种本能反应[30]。持续一定时间的兴奋/压力容易引起疲劳，持续的兴奋状态对心智健康是有害的。自然环境能够缓解这种生理或心理的兴奋，而大部分城市环境却只会加剧这种兴奋[31]。

③对认知能力（主要是注意力）的影响。卡普兰的注意力恢复理论（Attention Restoration Theory）[32]认为自然的恢复性主要体现于对注意力的恢复。他指出注意力分为两种，一种需要消耗精力，比如读书、工作等，一种不需要消耗精力，比如观察自然。前一种持续一定时间以后注意力会耗损，人会疲倦，而后一种不需要消耗精力的注意力活动对前一种需要消耗精力的注意力有一种修复效果。所以在我们工作了一段时间疲倦的时候，看一会儿自然甚至是自然的照片可以帮助我们更好地集中精力工作。

④对主观恢复性综合评价的影响。在卡普兰注意力恢复性理论基础上，哈蒂格（Hartig）针对恢复性环境的四大特征（远离度、魅力度、延展性/和谐性、相容性）设计了主观恢复性量表[33]，并在此基础上进一步拓展了活力、新颖性等特征。

学者们往往认为环境与情绪效价、唤醒度、认知能力和主观恢复性综合评价这四方面是相互影响、相互作用的[30, 32, 34]。虽然有越来越多的实验实证支持环境对人的情绪、认知等心智健康的影响，但由于大部分研究实验样本量比较小，测量关注的方面也有限，造成研究之间的结论前后一致性较弱，结论的外在效度（External Validity）欠佳。虽然有一些综述[7-9]和荟萃分析[15]的文献，但尚无分类统计的荟萃分析。故需要分别按照情绪效价、唤醒度、认知能力和主观恢复性综合评价这四方面，对建成环境和自然环境对情绪的影响进行分类的量化分析。

荟萃分析

荟萃分析的目的

为了对建成环境和自然环境对人的情绪和认知等心智健康的实证影响有一个更完整的视角，研究搜集了在建成环境和自然环境中短期暴露对人心智健康影响的相关文献，就其在主观恢复性综合评价、情绪效价、唤醒度、认知能力等四个方面的影响进行了荟萃分析，并对其效应进行系统量化分析。旨在更好地量化自然和城市建成环境在这四方面对人的心智健康的影响。研究将回答以下具体问题：

①目前针对自然和城市建成环境对人们心智健康影响的实验，分别主要是采用什么测量手段和指标来描述并测量主观恢复性综合评价、情绪效价、唤醒度、认知能力的？

②就目前文献的实证证据而言，自然和城市建成环境对人心智健康的影响，从这四方面来讲，究竟差异有多大？有没有新的技术和手段可以帮助我们更好地测量不同环境对这四个方面心智健康的影响？

荟萃分析的方法

荟萃分析是采用将若干实验结论通过统计标准化手段进行整合，得出可靠性高的整合评价方法[35]。荟萃分析中评价各实验最重要的标准化指标是效应量（Effect Size）[36]，本文采用了效应量测度最常用的指标之一——标准化均值差（Standardized Mean Difference，简称 SMD），用来描述自然环境和城市环境对心智健康影响的差异。

首先在 Google scholar、Science Direct 和 Web of Science 等数据库中，利用恢复性环境（Restorative Landscape），注意力恢复理论（Attention Restoration Theory），减压理论（Stress Reduction Theory），绿色/自然（Green/Nature）的健康效应/幸福感（Health Benefit/Well-being）等作为关键词组合，并根据卡普兰[32]和乌尔里希[20]的两篇标志性文献作为被引指标进行进阶搜索，初步统计获得文献 131篇。去除重复以及同主题关系弱的，进一步获得 63 篇关于建成环境和自然对人们心智健康影响的文献。对这 63 篇文献考察的具体实验环境、关注的方面以及具体采用的测量指标进行了分析。可以看到，大部分文献主要考量的是自然和城市建成环境的对比。值得注意的是，这些文献对于自然和城市的界定标准并不统一。自然既包括原生自然，也包括人工自然的环境；而城市同样也包括有一定绿化和完全没有绿化的两种城市建成环境；然而几乎没有文献同时考察原生自然、人工自然、有绿化建成环境、无绿化建成环境这四级梯度的景观类型。所以如果需要进一步量化不同自然梯度对人的恢复性影响，还有赖于景观类型更为完整的实验设计。

在 63 篇文献的基础上，去除了未能成功获得原文的样本（n=7），没有同时汇报方差和均值的样本（n=20），或不涉及自然和建成环境对比的样本（n=8），以及其他原因（n=7），最终筛选出 21篇文献（表 1）。针对这 21 篇文献，我们进一步考量了实验干预的方法（如刺激是采用照片还是实景，参与实验的被试人员是运动的还是静止的等），参与实验被试的构成以及招募方式，实验设计的类型，有无前测等。我们特别将主观恢复性综合评价、情绪效价、唤醒度、认知能力四个方面的影响分别列出，并把不能纳入这四个方面的量化指标一律列入其他。我们可以看到，在考察的 21 篇文献对于恢复性体验的量化评价中，主要集中在主观恢复性综合评价、情绪效价和认知水平三个指标，对于唤醒度的测量相对比较薄弱。

表 1

用于荟萃分析的文献列表（n=21）

编号	作者	时间/年份	干预方法	景观类型				关注点	测量指标					参与人员	招募方式	实验设计	前测	样本量（n）
				自然环境中的自然（如森林等）	人工自然（如公园等）	有绿化的建筑群	无自然要素的建成环境（街道、室内等）		主观恢复性	情绪效价	唤醒度	认知	其他					
1	Berman MG et al.	2008	近1小时 行走/照片		植物园	街道/居住区		情绪、注意力				DSB, ANT		大学生	志愿者	随机顺序交叉试验	有	12, 30
2	Berto R	2005	照片	高恢复性自然			低恢复性城市	注意力				SART 正确率，反应时间，D-prime		大学生	志愿者	相同顺序交叉试验	无	32
3	Berto R	2007	照片	湖泊自然		城市街道			PRS					老年人	志愿者		无	50
4	Berto R	2010	照片	自然（高低恢复性）		城市（高低恢复性）		注意力				SART 正确率，反应时间，记忆		大学生	志愿者	相同顺序交叉试验	无	31
5	Bodin M, Hartig	2003	1小时跑步	自然/野生动物保护区		街道/居住区		情绪、注意力	PRS	EFI, NMS	NMS-Anxiety/Depression	DSFB, SDMT		积极运动的人	志愿者	随机顺序交叉试验	有	6, 12
6	Butryn TM, Furst	2003	跑步4英里		公园	街道/居住区		情绪		POMS, EFI, TDRS	POMS-anxiety			积极运动女性	志愿者	随机顺序交叉试验	有	30
7	Chang et al.	2008	照片	窗外自然的办公室			窗外城市	情绪、注意力		皱眉肌肌电, SAI	BVP	EEG alpha（左右脑各一）		大学生	志愿者	随机顺序交叉试验	无	38

编号	作者	时间/年份	干预方法	景观类型				关注点	测量指标					参与人员	招募方式	实验设计	前测	样本量(n)
				自然环境中的自然（如森林等）	人工自然（如公园等）	有绿化的建筑群	无自然要素的建成环境（街道、室内等）		主观恢复性	情绪效价	唤醒度	认知	其他					
8	Hartig T et al.	1997	录像/现场	自然（室内室外高R低R录像现场）			城市（室内室外高R低R录像现场）		PRS					大学生	志愿者	随机对照试验	无	78
9	Hartig T, Staats	2006	照片	森林（无人）			斯特格尔摩市区		PRS	问卷情绪		问卷反思		大学生	志愿者	随机对照试验	有	104
10	Herzog R et al.	1997	照片	自然			城市		compalibity					大学生	志愿者	随机对照试验	无	40, 63
11	Herzog R et al.	2003	照片	自然			城市		PRS					大学生	志愿者	相同顺序交叉试验	无	90
12	Herzog TR, Chernick	2000		森林、草地			不同开放度城市				平静感		危险性，开放度，自然感	大学生	志愿者	随机顺序抽样交叉试验	无	231
13	Kuo FE	2001	窗户（长期）		住宅窗外树远景有建筑	住宅窗外高楼有草地		认知能力				DSB，生活自理能力		公共住宅居民	志愿者	对照试验	无	512
14	Kuo FE, Sullivan	2001	窗户（长期）		住宅窗外树远景有建筑	住宅窗外高楼有草地		注意力，攻击性，暴力						公共住宅居民	志愿者	对照试验	无	145
15	Laumann K et al.	2001	照片/录像	自然/森林自然	公园		城市		PRS					大学生	志愿者	相同顺序交叉试验	无	321

编号	作者	时间/年份	干预方法	景观类型				关注点	测量指标					参与人员	招募方式	实验设计	前测	样本量（n）
				自然环境中的自然（如森林等）	人工自然（如公园等）	有绿化的建筑群	无自然要素的建成环境（街道、室内等）		主观恢复性	情绪效价	唤醒度	认知	其他					
16	Purcell TG et al.	2001	照片	湖泊自然			城市街道		PRS					大学生	志愿者	随机对照试验	无	117
17	Staats H et al.	2003	照片	高密度森林区、路径、无人			购物街、交通、居住区、城市公园、有人	情绪	恢复性	偏好，散步意愿，恢复性评价			思虑评价、社会性刺激评价	大学生	志愿者	随机顺序交叉试验	无	20
18	Staats H, Hartig	2004	照片	自然			城市			PRS				大学生	志愿者	随机对照试验		50
19	Taylor FA, Kuo	2009	行走		公园		街道/居住区	注意力				DSB		多动症儿童	志愿者	随机顺序交叉试验	有	34
20	Tennessen CM, Cimprich	1995	窗户		有道路的自然	中远的有自然的建筑群	很近的建筑			POMS	POMS-anxiety	DSFB, NCPCT, SDMT, AFI,		大学生	志愿者		无	36
21	van den Berg AE et al.	2003	录像	自然（有水/没水）			城市（有水/没水）	情绪和注意力		POMS	POMS-anxiety	d2注意力测试		大学生	志愿者	随机对照试验	有	106

来源：作者整理。

荟萃分析的结论

环境影响研究中的测量方法

根据环境对心智健康影响的四个主要方面——主观恢复性综合评价、情绪效价、情绪唤醒度和认知能力，分别介绍荟萃分析文献实验主要采用的测量方法。

①主观恢复性综合评价

主观恢复性综合评价最主要的测量方法是哈蒂格的主观恢复性量表（Perceived Restorative Scale，简称 PRS）[37]。该量表主要考察恢复性环境中的远离度（Being Away）、魅力度（Fascination）、延展性 / 和谐性（Extent/Coherence）和兼容性（Compatibility）四个关于环境体验的主观恢复性综合评价指标。主观恢复性综合指标是对环境体验的综合性描述，既体现了和情绪效价相关的兴趣（如魅力度指标），也体现了潜在的活动可能（如兼容性），以及环境认知中和平时环境场景的综合判断（远离度、延展性 / 和谐性）。

②情绪效价

对于情绪效价的测量主要针对情绪描述，考察手段以量表和问卷为主，最常采用的是用来描述实时情绪感受的情绪状态量表（Profile Of Mood States，简称 POMS）和正负情绪量表（Positive And Negative Affect Scale，简称 PANAS）。其他使用的还有针对运动体验的运动导致情绪量表（Exercise-Induced Feeling Inventory，简称 EFI）和跑步思虑程度量表（Thought During Running Scale，简称 TDRS），针对负面情绪的负面情绪量表（Negative Mood Scale，简称 NMS）等。除了量表测量情绪效价之外，也采用问卷和访谈进行考察[38]，或者直接测量相关表情肌的肌电电压[39]。

③情绪唤醒度

对于情绪唤醒度的测量主要针对焦虑的主观感受和自主神经兴奋，考察手段以量表和生理测量为主。量表方面主要依靠状态焦虑量表（State-Anxiety Inventory，简称 SAI）和负面情绪量表的焦虑抑郁指数和情绪状态量表中的焦虑指数。生理测量方面主要通过采集手指血流脉冲（Blood Volume Pulse，简称 BVP）[39]测量唤醒度。

④认知能力

对于认知能力的测量主要针对注意力以及短时工作记忆，考察手段主要采用认知实验。具体实验测量包括正序和倒序的数字广度测试（Digital Span Forward/Backward，简称 DSF/DSB），注意维持任务测试（Sustained Attention to Response Task，简称 SART），内克尔立方体双向稳态图形测试（Necker Cube Pattern Control Task，简称 NCPCT），数字标示测试（Symbol Digit Modalities Test，简称 SDMT），注意力网络测试（Attention Network Test，简称 ANT），注意力功能测试指数（Attention Function Index，简称 AFI）等多种测试方式。认知能力除了采用认知心理学标准测试之外，也采用问卷访谈[38]和脑电频谱能量测量[39]。

环境对心智健康影响的效果

对 21 个文献中汇报的其均值、方差及有效样本量的有效指标进行筛选总结，根据具体的指标类型进行进一步分类荟萃分析，最后分别就指标分类及具体指标观测结果的统计效应量展开汇报。

①主观恢复性综合评价

相对于城市环境，人们对自然环境有更高的恢复性体验。在哈蒂格恢复性量表的各项指数中，最能体现自然和城市差距的是远离度。这一定程度反映了在城市化影响的当下，生活环境中的自然要素逐渐减少，人们对于自然的向往首先体现在这种可以暂时脱离日常的城市环境的需求。恢复性量表的其他几个常用指标，包括延展 / 和谐性、魅力度、相容性，以及新颖性都能够捕捉到城市环境和自然环境体验的明显差异，但活力指标的差异却并不明显。另外，部分学者 [38, 40, 41] 采用的恢复性期望指标（Likelihood of Recovery）也观测到明显的城市和自然的预期体验差异。值得注意的是，这种预期差异比实际体验差异更显著，可能反映了人们的真实体验和加工后记忆之间存在的差异 [42]。换句话说，自然的恢复性体验可能不仅会引起当下体验的情绪幸福感的提升，更在体验的记忆加工中被强化，对于体验者的生活满意度可能会造成更显著的影响 [43]。

②情绪效价

相对于城市环境，自然环境能够有效促进正面情绪的产生，缓解负面情绪。值得注意的是，环境暴露对于正面情绪的作用要明显高于对负面情绪的作用。自然环境能更有效地减少愤怒和抑郁等情绪，并有效提高快乐的情绪。与这种情绪调节一致的，自然同时能够更诱发人们的偏好喜爱和正面综合态度。即使我们不能清楚地解释为什么，但我们却能够快速指认自己喜欢或者不喜欢的事物，并且具备高度的一致性 [44]。这是因为我们的大脑除了我们通常意义上的思考之外，还有一个快速的处理系统，被卡内曼（Kahneman）称为系统一 [45]，这个系统往往是自下而上的，不少反应常常是不被人知觉的，或者说是域下的 [46]，有些则以情绪的形式被知觉。这很可能就是为什么我们能够明确指认比起城市环境我们往往更喜欢自然环境，但是却并不能很好地说明原因。在情绪效价指标体系中，有些指标没有显示出足够明显的效应，比如 POMS 量表的综合指标及情绪混乱度指标，以及根据 PANAS 量表测量出的正情绪强度等。

③情绪唤醒度

相对于城市环境，自然环境能够有效平复潜在的情绪唤醒，让人们恢复平静。值得注意的是，对自主神经的生理测量，如 BVP 血流脉冲，可以很明显地考察情绪唤醒度，这比考察脑电 alpha 这样的复杂的中枢神经或如焦虑、焦虑 / 抑郁、紧张这样的人们的域上情绪知觉要明显很多。这和大脑系统一中的大量自下而上的情绪知觉加工是一致的 [45]。

④认知水平（注意力）

对认知水平的考察主要集中于对注意力的研究。相对于城市环境，自然环境对认知水平的提高并不十分明显。对于注意力，自然体验究竟是提高了还是降低了，存在貌似冲突的结论。这种冲突可能是因为自然对认知水平的影响是综合的。一方面自然环境能够提高人的短时记忆力，这和卡普兰的注意力恢复理论的主张是一致的 [32]；但是在另一方面，考察更为高级的具体功能性注意力网络时，可以发现经过短暂的自然环境体验后，人的执行网络、方位网络和警觉网络都有一定的下降，而城市体验后却无此现象。目前尚缺乏足够的实验证据解释为什么会出现这种现象。

基于荟萃分析的规划设计建议

自然对心智健康有明显的影响，但很多城市居民接触自然的机会非常有限，特别是原生自然。出于规划设计考虑，以下规划设计措施能够最有效地提高城市居民心智健康。

合理化城市绿地系统布局，改善城市绿地的可达性

城市中的人工自然环境（如公园、绿色开放空间）能够有效提高城市周边居民的心智健康水平。同样进行半小时到一小时的体育锻炼（行走或慢跑），在人工自然环境中锻炼对心智健康的促进明显高于在有绿化的建成环境中 [47-50]。故此，合理化城市绿地系统布局，改善城市绿地的可达性，可以改善城市居民的心智健康水平。

提高户均绿视率，改善居住区绿地健康效益

合理绿地周边布局和界面设计，提高居住区设计绿视率和视觉质量。对低收入公租房住户的研究表明，同样是居住建筑开窗，有乔木组合较高绿视率的住户较单调草坪的较低绿视率的住户，前者攻击性和暴力行为有明显降低 [51]，表现出较好的情绪调节能力，同时其注意力等认知能力有明显提高 [52]。

建议在居住区设计中，适量提高乔木、灌木配置，控制草坪比例，提高垂直绿化，鼓励立体绿化、阳台绿化，切实改善居民的绿色体验。目前居住区设计对绿地的控制主要只考察绿地率，很少涉及绿视率。为了提高居住区绿地的健康效益，建议在居住区控制性规划中引入户均绿视率指标。

在医院、学校、养老院等场所设计中，应适当考虑特殊心智健康需求

研究表明医院中合理的绿化配置和病房可见度，可以有效降低止疼药的使用和炎症反应 [53]。而学校中合理绿化布置和可见度（特别是食堂休息区的可见度）能有效提高学生的认知水平和标准化考试成绩 [54]。而公租房的住宅绿视率较高的住户也表现出较高的生活自理能力 [55]。故此，在医院、学校、养老院等设计中，应适当考虑特殊心智健康需求，从绿地可达性和视觉可达性入手，最大化绿地的健康效应。

结语

相关文献已经积累了自然恢复性体验对人健康影响的一定证据，为循证设计提供了基础。目前文献证据大部分集中在主观恢复性综合评价（$n=44$）和认知水平（$n=30$），主要是对卡普兰的注意力恢复性理论进行检验[32]。虽然观看环境的被试人员对主观恢复性评价有显著的效应量，但对认知水平的影响尚不显著，存在貌似冲突的结论。对于情绪效价（$n=12$）和情绪唤醒度（$n=11$）的研究相对要少一些，主要是针对情绪调节和乌尔里希的减压理论进行检验[20, 31]。结论显示自然体验有明显的情绪调节作用，可以促进正情绪，减轻负情绪。相对而言，对正情绪的促进作用要比对负情绪的缓解作用更为明显。同时，自然环境能够有效地减轻情绪唤醒。相对而言，采用测量自主神经检验唤醒的效果要显著优于采用量表的效果。

在过去的 30 多年里，自然恢复性体验对健康的影响，已经由早期的注意力恢复和减压两大理论逐步拓展成初具实证证据的循证科学[55-57]。循证设计指的是能够有效量化预测设计策略的后果及其概率，并可通过实证证据进一步验证修正的设计方法。但其中很多重要的问题，如自然环境对具体认知任务的影响，以及情绪效价、情绪唤醒度和认知能力之间的作用机制，目前尚无实证支撑的成熟理论解释。

随着神经认知技术的发展，我们能够更好地测量并描述不同环境对人的情绪和认知的影响。目前，采用核磁、脑电、近红外、眼动、电生理等多种手段探测环境认知过程中人的情绪体验[18, 58]、认知能力[59]、认知过程[12]已成为新的研究热点。随着越来越多便携式仪器的普及，实验者可以在现实的环境下真实地捕捉即时的环境体验[6]。借助便携式脑电仪，通过分析人在认知环境过程中的脑电网络特征[59, 60]，可以初步发现，人脑在感受自然环境时脑功能链接呈现更好的小世界特征，并具有更高的团簇系数，一定程度说明是更高效、更利于认知任务的脑网络连接。同时脑网络呈现出明显无尺度网络的幂率分布特征，并呈现出不同的斜率分布，而这种网络特性可能和脑网络的计算效率有关。借助便携式电生理仪，可以实现环境行走体验过程中脑电、心电、皮电、皮温、呼吸等多项生理指标的采集，并在此基础上绘制出不同人环境体验时的压力源和兴趣源的情绪地图。在这些技术的推动下，必然会实现基于实证的健康循证设计。

参考文献

[1] 朱凤凯，张凤荣，李灿，等. 1993—2008 年中国土地与人口城市化协调度及区域差异 [J]. 地理科学进展，2014，33（5）：647-656.

[2] 中国国家统计局. 中国统计年鉴 2005—2014[DB/OL].http：//www.stats.gov.cn/tjsj/.

[3] 潘国伟，姜潮，杨晓丽，等. 辽宁省城乡居民精神疾病流行病学调查 [J]. 中国公共卫生，2007，22（12）：1505-1507.

[4] 张广森. 社会学视角下的城市化进程中精神疾病现况探析 [J]. 医学与社会，2011，24（12）：1-3.

[5] 王强，王成瑜，任虹燕，等. 城市化环境与精神分裂症的患病风险 [J]. 中国神经精神疾病杂志，2013，39（12）：758-763.

[6] Tost H, Champagne F A, Meyerlindenberg A. Environmental Influence in the Brain, Human Welfare and Mental Health[J]. Nature Neuroscience，2015，18（10）：1421-1431.

[7] Velarde M D, Fry G, Tveit M. Health Effects of Viewing Landscapes-Landscape Types in Environmental Psychology[J]. Urban Forestry & Urban Greening, 2007, 6（4）：199-212.

[8] Thompson C J, Boddy K, Stein K, et al. Does Participating in Physical Activity in Outdoor Natural Environments Have a Greater Effect on Physical and Mental Wellbeing than Physical Activity Indoors? A Systematic Review[J]. Environmental Science & Technology, 2011, 45（5）：1761-1772.

[9] Maller C, Townsend M, Pryor A, et al. Healthy Nature Healthy People：Contact with Nature as An Upstream Health Promotion Intervention for Populations[J]. Health Promotion International, 2006, 21（1）：45-54.

[10] Capaldi C A, Dopko R L, Zelenski J M. The Relationship Between Nature Connectedness and Happiness：a Meta-analysis[J]. Frontiers in Psychology, 2014, 5（3）：976.

[11] Raffaele Lafortezza, Giuseppe Carrus, Giovanni Sanesi, et al. Benefits and Well-being Perceived by People Visiting Green Spaces in Periods of Heat Stress[J]. Urban Forestry & Urban Greening, 2009, 8（2）：97-108.

[12] Valtchanov D, Ellard C G. Cognitive and Affective Responses to Natural Scenes：Effects of Low Level Visual Properties on Preference, Cognitive Load and Eye-movements[J]. Journal of Environmental Psychology, 2015（43）：184-195.

[13] Qin J, Zhou X, Sun C, et al. Influence of Green Spaces on Environmental Satisfaction and Physiological Status of Urban Residents[J]. Urban Forestry & Urban Greening, 2013, 12（4）：490-497.

[14] Patrik Grahn, Ulrika K. Stigsdotter. The Relation Between Perceived Sensory Dimensions of Urban Green Space and Stress Restoration[J]. Landscape and Urban Planning, 2010, 94（3-4）：264-275.

[15] Bowler D E, Buyung-Ali L M, Knight T M, et al. A Systematic Review of Evidence for the Added Benefits to Health of Exposure to Natural Environments[J]. Bmc Public Health, 2010, 10（18）：1961-1961.

[16] Maas J, Verheij R A, Groenewegen P P, et al. Green Space, Urbanity, and Health：How Strong Is the Relation?[J]. Journal of Epidemiology & Community Health, 2006, 60（7）：587-592.

[17] Maas J, Verheij R A, Vries S D, et al. Morbidity Is Related to A Green Living Environment[J]. Journal of Epidemiology & Community Health, 2009, 63（12）：967-973.

[18] Bratman G N, Daily G C, Levy B J, et al. The Benefits of Nature Experience：Improved Affect and Cognition[J]. Landscape & Urban Planning, 2015（138）：41-50.

[19] Tsunetsugu Y, Lee J, Park B J, et al. Physiological and Psychological Effects of Viewing Urban Forest Landscapes Assessed by Multiple Measurements[J]. Landscape & Urban Planning, 2013, 113（3）：90-93.

[20] Ulrich R. Natural Versus Urban Scenes Some Psychophysiological Effects[J]. Environment & Behavior, 1981, 13（5）：523-556.

[21] Laumann K, Gärling T, Stormark K M. Selective Attention and Heart Rate Responses to Natural and Urban Environments[J]. Journal of Environmental Psychology, 2003, 23（2）：125-134.

[22] Purcell T, Peron E, Berto R, et al. Why Do Preferences Differ Between Scene Types?[J]. Environment & Behavior, 2001, 33（1）：93-106.

[23] Laumann K, Gärling T, Stormark K M. Rating Scale Measures of Restorative Components of Environments[J]. Journal of Environmental Psychology, 2001, 21（1）：31-44.

[24] Russell J A, Snodgrass J. Emotion and the Environment[M]. Handbook of environmental psychology, 1987：245-81.

[25] Mauss I B, Robinson M D. Measures of Emotion：A Review[J]. Cognition & Emotion, 2009, 23（2）：209-237.

[26] Tzoulas K, Korpela K, Venn S, et al. Promoting Ecosystem and Human Health in Urban Areas Using Green Infrastructure：A Literature Review[J]. Landscape & Urban Planning, 2007, 81（3）：167-178.

[27] Shafer E L, Hamilton J F, Schmidt E A. Natural Landscape Preferences：A Predictive model[J]. J Leisure Res, 1969.

[28] Kaplan R. Some Methods and Strategies in the Prediction of Preference[M]//Zube E H, Brush R O, Fabos J R. Landscape Assessment：Values, Perceptions and Resources. Stroudsberg, Pennsylvania；Dowden, Hutchinson and Ross, Inc, 1975：118-129.

[29] Miller P A. Visual Preference and Implicatioons for Coastal Management：a Perceptual Study of the British Columbia Shoreline[D]. Ann Arbor, Michigan；University of Michigan, 1984.

[30] Ulrich R S，Simons R F，Losito B D，et al. Stress Recovery During Exposure to Natural and Urban Environments 1[J]. Journal of Environmental Psychology，1991，11（3）：201-230.

[31] Ulrich R S. Aesthetic and Affective Response to Natural Environment[J]. Human Behavior & Environment，1983（6）：85-125.

[32] Kaplan S. The Restorative Benefits of Nature：Toward an Integrative Framework[J]. Journal of Environmental Psychology，1995，15（3）：169-182.

[33] Hartig T，Mang M，Evans G W. Restorative Effects of Natural Environment Experiences[J]. Environment & Behavior，1991，23（1）：3-26.

[34] Han K T. An Exploration of Relationships Among the Responses to Natural Scenes Scenic Beauty，Preference，and Restoration[J]. Environment & Behavior，2010，42（42）：243-270.

[35] Dersimonian R，Nan L. Meta-analysis in Clinical Trials[J]. Controlled Clinical Trials，1986，7（3）：177-188.

[36] Jones D R. Meta - analysis：Weighing the evidence[J]. Statistics in medicine，1995，14（2）：137-149.

[37] Terry Hartig，Kalevi Korpela，Gary W. Evans，et al. A Measure of Restorative Quality in Environments[J]. Scandinavian Housing & Planning Research，1997，14（4）：175-194.

[38] Staats H，Kieviet A，Hartig T. Where to Recover from Attentional Fatigue：An Expectancy-value Analysis of Environmental Preference[J]. Journal of Environmental Psychology，2003，23（2）：147-157.

[39] Chang C Y，Hammitt W E，Chen P K. Psychophysiological Responses and Restorative Values of Natural Environments in Taiwan[J]. Landscape & Urban Planning，2008，85（2）：79-84.

[40] Hartig T，Staats H. The need for psychological restoration as a determinant of environmental preferences[J]. Journal of Environmental Psychology，2006，26（3）：215-226.

[41] Herzog T R，Black A M，Fountaine K A，et al. Reflection and Attentional Recovery As Distinctive Benefits of Restorative Environments[J]. Journal of Environmental Psychology，1997，17（2）：165-170.

[42] Kahneman D. The Riddle of Experience vs. Memory[M]. TED Talk，2010.

[43] Kahneman D，Deaton A. High Income Improves Evaluation of Life but Not Emotional Well-being[J]. Proceedings of the National Academy of Sciences of the United States of America，2010，107（38）：16489-16493.

[44] Gladwell M. Blink：the Power of Thinking without Thinking[M]. 1st ed. New York：Little，Brown and Co.，2005.

[45] Kahneman D. Thinking，Fast and Slow[M]. New York：Farrar，Straus and Giroux，2011.

[46] Anders S，Ende G，Junghofer M，et al. Understanding Emotions[M]. 1st ed. Amsterdam；Boston：Elsevier，2006.

[47] Berman M G，Jonides J，Kaplan S. The Cognitive Benefits of Interacting with Nature[J]. Psychological Science，2008，19（19）：1207-1212.

[48] Butryn T M，Furst D M. The Effects of Park and Urban Settings on the Moods and Cognitive Strategies of Female Runners[J]. Journal of Sport Behavior，2003，26（4）：335-355.

[49] Taylor A F，Kuo F E. Children with Attention Deficits Concentrate Better after Walk in the Park[J]. Journal of Attention Disorders，2009，12（5）：402-409.

[50] Bratman G N，Hamilton J P，Hahn K S，et al. Nature Experience Reduces Rumination and Subgenual Prefrontal Cortex Activation[J]. Proceedings of the National Academy of Sciences，2015，112（28）：8567-8572.

[51] Kuo F E，Sullivan W C. Aggression and Violence in the Inner City Effects of Environment via Mental Fatigue[J]. Environment & Behavior，2001，33（4）：543-571.

[52] Kuo F E. Coping with Poverty Impacts of Environment and Attention in the Inner City[J]. Environment & Behavior，2000，33（1）：5-34.

[53] Ulrich R S. View through a Window May Influence Recovery from Surgery[J]. Science，1984，224（4647）：420-421.

[54] Matsuoka R. High School Landscapes and Student Performance[D]. United States-Michigan：University of Michigan，2008.

[55] 陈筝，帕特里克·A. 米勒. 走向循证的风景园林：美国科研发展及启示 [J]. 中国园林，2013，29（12）：48-51.

[56] Refshauge A D，Stigsdotter U K，Lamm B，et al. Evidence-Based Playground Design：Lessons Learned from Theory to Practice[J]. Landscape Research，2013：1-21.

[57] BROWN R D，CORRY R C. Evidence-based landscape architecture：The maturing of a profession[J]. Landscape

and Urban Planning, 2011, 100 (4) : 327–329.

[58] Bergner B, Exner J, Memmel M, et al. Human Sensory Assessment Methods in Urban Planning – a Case Study in Alexandria[C]// Real Corp, 2013: 407–417.

[59] Chen Z, He Y, Yu Y. Natural Environment Promotes Deeper Brain Functional Connectivity than Built Environment[J]. Bmc Neuroscience, 2015, 16 (1) : 294.

[60] He Y, Chen Z, Yu Y. Visual Experience in Natural Environment Promotes Better Brain Functions than Built Environment?[M]. 5th International Conference on Cognitive Neurodynamics. Sanya, Hainan, China; Springer, 2015.

环境与心电图：人居环境相关的实验探索

姚亚男　詹皓安　李树华

现代医学的飞速发展让人类对自己有了更深入的了解，借助仪器放大并记录人体生理活动的电位变化，以此分析机体的健康状态，被越来越多地运用到与人相关的研究中去。人居环境是科学与艺术的结合，是以人与空间为核心的学科，其卫生保健功能的科学研究正逐渐引起学界的重视。在利用生理指标探索环境的健康作用的过程中，首先要做到对人体生理有基本的认知，选取适宜的方式方法获取相应的数据。然而人居环境学科培养体系中，目前还缺乏此方面的知识。故本文以心电图为例，总结其生理释义，综述心电图在人居环境科学研究中的相关实验探索，为人居环境学科背景的学者提供一定的参考。

心电图的生理释义

名词概念

心脏活动受自主神经系统（ANS）调控，"自主神经系统"顾名思义，是"自主的"，不由主观意志所控制，可以自行调控人体脏器的活动。ANS[1] 按照所处位置可以分为中枢神经和周边神经，按照功能可以分为交感神经（SPS）、副交感神经及肠道神经；其中副交感神经的部分神经被称为迷走神经（PPS），常被等同视为副交感神经，心脏活动受交感神经与副交感神经协同控制，交感神经活动一般被解释为兴奋、紧张，而副交感神经则负责制动与平衡，二者之间发挥拮抗作用，共同维持人体内环境的稳态（图1）。

心电图（Electrocardiogram，简称 ECG/EKG）是通过心电图机从体表记录到心脏每一心动周期所产生的电活动变化的图形[2]，由 P、Q、R、S、T、U 各波组成，医学上可通过各波的形态、幅度、间隔时间、持续时间等信息来判断心脏生理机能是否正常[3]。

心电图的基本测量参数包括心率、各波时间、间期、电轴、振幅等[4]。心率是心动周期的频率，以次/分钟表示[5]，即单位时间内心跳的次数，可以通过 NN 间期（RR 间期）来计算，NN 间期即所有正常窦性心跳相邻 QRS 波群的间期[6]，可以理解为一次完整心跳的时间。

对于非医学领域的学者来说，识别正常心电图中的 QRS 波群是相对容易的，以此为基础，可以得到 NN 间期、心率、心率变异率等参数，其中心率变异率被认为是定量分析自主神经系统活动的重要指标[1, 6]。

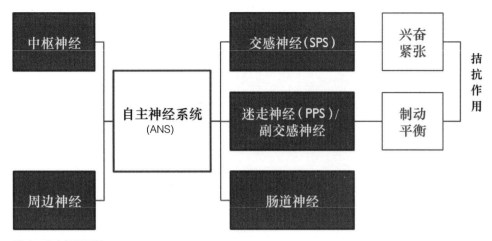

图 1　自主神经系统

心率变异率（Heart Rate Variability，简称 HRV）反映的是窦性心动周期的变化情况，测量方法包括时域方法、频域方法、几何方法 [6]。时域方法在长短时程心电图测量中均有应用，可以得出平均 NN 间期、平均心率、最长与最短 NN 间期之差、NN 间期标准差（SDNN）、接续 NN 间期均方差的均方根（rMSSD）、接续 NN 间期之差大于 50ms 的间期数、接续 NN 间期之差大于 50ms 的间期数占 NN 间期总数的比例（pNN50）等指标。其中 SDNN 用于估量总体的 HRV，rMSSD 用于估量 HRV 短时程成分，pNN50 具有优良的统计特性，在压力与焦虑状况下数值更小 [7]。频域方法主要用于分析短时程心电图测量结果（记录 2~5 分钟，一般以 5 分钟为宜），可以得出 3 个主要谱成分：极低频 VLF、低频 LF、高频 HF，其中 LF 的增加通常被解释为交感神经活动的增强 [8]，LF/HF（交感迷走神经平衡）被解释为与急性压力和焦虑有关，数值越大代表交感神经活动增多，紧张与焦虑越多。几何方法主要用于长时程心电结果的分析，要求至少记录 20 分钟，最好是 24 小时持续监测，常用于医疗领域监测人体健康，在环境相关的实验中运用较少。

HRV 与应激、注意

在心电图与环境相关的研究中，应激与注意是很多学者关注的对象。应激，亦常被称为压力、紧张，按照进化心理学的观点，人对环境刺激的反应是进化的结果，首先会迅速地在生理上产生一系列神经化学反应，比如看到红色会紧张，是基于进化过程中对火光、血液的恐惧，这些本能反应又会影响认知与行为 [9]。注意，摒除环境中多重事物的刺激，专注于某样或某几样事物上的过程，这种注意被称为"定向注意"，是有限的，可消耗的 [10]。

如图 2 所示，环境中的应激源刺激人体产生应激反应，人体通过神经系统、内分泌系统、心血管系统、运动系统等多方面的协作来应对环境刺激，首先进入警觉期，各项身体机能被激活，进入一种紧张戒备的状态，接着进入抵抗期维持内环境的稳态，随着应激源消退或是人体的适应，机体回归到稳定的状态，如果应激源持续刺激，机体有可能从抵抗期进入衰竭期，引发相应的疾病。在内环境的稳态条件下，人们可以更好地把注意力集中在某件事物事件上。

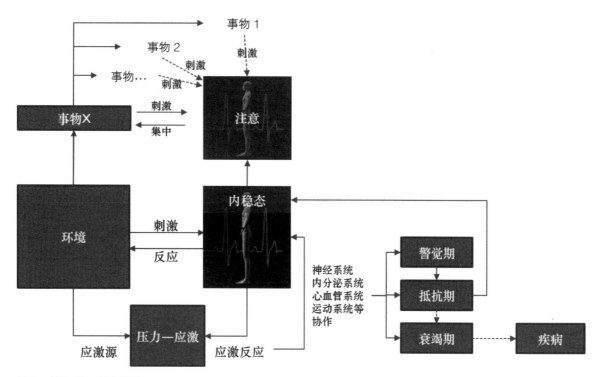

图 2　应激、注意反应机制

研究显示，压力和分心可以改变 HRV 指数[11]，不同的任务可能会导致不同的反应，例如算数任务和幻觉任务引起 HF 相反的变化[12]，再如在 Stroop 颜色 / 词和心理测试期间 LF 明显增加，但听觉刺激下则不明显[13]；不同被试对压力可能会有不同的反应，例如对一项压力任务有些被试持续表现出交感神经激活，另一些则为迷走神经活动减弱，还有一些为自主反应的相互作用模式[14]，再如不同年龄的人群对相同压力源也可能产生不同的反应[15]。

目前医学界的倾向可以总结为：心率变异性与应激、注意等状态相关，交感神经兴奋是心血管系统的应激反应，通常处于压力状态下会增强；当心血管系统处于既不过分放松、也不过分紧张的状态下，认知——注意功能可以得到最好的发挥。

不同感官刺激对心电图的影响

借助心电图研究不同环境下人体的生理反应目前已得到了广泛的应用，从人体感官的角度出发，可以分为视觉、听觉、嗅觉、肤觉等方面（本文主要汇总环境的直接刺激作用，故不讨论通过行为才能发生的味觉及肤觉中的触觉）；从环境本身的物理化学属性特征出发，则可分为光照、温度、湿度、空气组成、材料等。部分研究集中在自然环境对人身心健康的影响，强调环境的自然属性，往往关注的是环境对人生理、心理的综合影响，并不限于某一特定感官刺激或是环境的某单一属性。此外还有越来越多的研究开始关注虚拟现实中人体的身心反应。

视觉刺激对心电的影响

光照

光照的生物学效应是复杂的，可引起视觉、昼夜节律、警觉、情绪、压力等生理心理的反应，涉及神经系统、内分泌系统等多方面的生理活动[16]。1993 年 Kuller R. 等人以心率及心律失常为指标，探究"日光""暖白"两种荧光灯的对人体心血管活动的影响，并未发现显著差异[17]。2006 年，Yokoi M. 等人测定了在剥夺睡眠的情况下，明亮光线和昏暗光线对心血管反应的影响[18]，结果显示在明亮光线下延迟了静息期间心率（HR）下降的时间，且注意力测试任务期间 HRV 没有明显变化；而昏暗光线下注意力测试任务期间 HRV 交感神经活动——迷走神经平衡指数（LF/HF）增加，副交感神经活动（HF）下降。2007 年 Ishibashi K. 等人以 HR 和 HRV 为指标，评估了睡眠前不同色温的光照对心脏迷走神经活动的影响，利用粗粒化谱分析（CGSA）得出的 HF 成分有着显著变化，暴露于较高色温的光照条件下可能会抑制睡眠期间心脏迷走神经的活动（抑制了 HF 成分的增加）[19]。在这些实验中，相较于心电的变化，光照引起的内分泌及大脑活动，结果差异更加明显。

影片、画面

实验证明，观看不同影片带来视觉刺激可以引起心率变异性的变化，时域分析、频域分析、功率谱密度（PSD）结果基本一致，即在静止休息和观看景观影片（积极的视觉刺激）条件下，SDNN、rMSSD、pNN50 增加，LF 减少，副交感神经活动增强，身体处于积极的感知状态；而观看恐怖影片（负性视觉刺激）条件下，SDNN、rMSSD、pNN50 减少，LF 明显增加，意味着交感神经活动增强，迷走神经活动减弱，长期的负性视觉刺激可能会削弱自主神经系统的功能，危害身体健康[20]。

Kahn P. H. 等人以心率为指标，利用等离子显示屏中的景观画面模拟窗景，对比在压力刺激之后人们观看玻璃窗景、等离子显示屏景观和空白墙面三种情况下的心率恢复性，结果显示与空白墙面相比，在玻璃窗景条件下心率恢复更快，且随着时间延长，恢复性会更好，但等离子电视画面则与空白墙面没有显著差异[21]。

听觉刺激对心电的影响

Standley J. M. 总结过，在非医学环境中，很多音乐测试都没有显著的心率差异，但在一些医学临床治疗期间，由于听音乐，心率存在统计学上的差异，在他的实验当中，音乐对心率的反应各不相同，受时间序列影响很大[22]。Alvarsson J. 等人以 HRV 的功率谱密度的高频（HF）部分来指示副交感神经活动，以皮电活动来指示交感神经活动，对比了自然声音与环境噪声条件下人们的生理反应，结果显示不同声景条件下心电指标没有明显差异，皮肤电反应则支持了自然声音促进心理压力刺激后交感神经激活的恢复[23]。Medvedev O. 等人对比了另一项以心率作为指标研究在紧张任务后人们对不同声景的生理反应的实验，结果同样显示不同声景条件下的平均心率并没有显著的不同，但人们主观评价的最愉悦和最熟悉的声景与心率的变化是显著相关的[24]。可以理解为听觉刺激对自主神经系统的活动影响实际上与主观认知是密切相关的，就好似有人偏爱鸟鸣，另一些人却觉得鸟鸣聒噪，由此可能引起自主神经活动的不同反应。

嗅觉刺激对心电的影响

同样有证据显示嗅觉刺激会引起心电活动的变化。王艳英等人测定了侧柏、香樟挥发物对人体生理的影响，闻到侧柏枝叶挥发物后，被试心率显著降低，而香樟则不明显，由此认为侧柏枝叶挥发物有放松、镇静的作用[25]。日本学者以 HRV 为指标，测定了新鲜玫瑰[26]及日本扁柏叶油[27]、D-柠檬烯[28]、α-蒎烯[29]等植物挥发提取物对自主神经活动的影响，四者均引起了 HRV 的 HF 成分的增加，证明日本扁柏叶油、D-柠檬烯与 α-蒎烯具有诱导副交感神经活动的作用，能够起到放松身心的效果。

肤觉刺激对心电的影响

人体的皮肤可以感受触觉和压力、温度、疼痛等，环境中的温度变化可以对人的肤觉产生直接刺激，皮肤的温度感受器可以感知冷热，一般来说，当皮肤接触的温度为 33℃时，人体感觉不冷也不热，当皮肤表面温度朝着低温与高温两个极端变化时，除了感到冷热还会有疼痛感[30]。

人体能够维持恒定的体温，与自主神经活动密切相关。Kristal-Boneh E. 等人测定了 120 人冬季和夏季的 24 小时心电图，并对比 HRV 时域分析指标，结果显示除了 R-R 间期没有季节性差异，HRV 的所有指标——SDNN、SDANN、pNN50、rMSSD 数值均表现为夏季低于冬季[31]。Li Lan[32]等人以 HRV 的 LF/HF 值为指标，对比了不同热舒适状态下自主神经反应的不同，热舒适环境中 LF/HF 值低于不舒适的环境，男女皆是如此，即热环境不舒适（过冷或过热）的条件下交感神经活动增加，通过血管扩张、出汗或是血管收缩、颤抖调节体温。同时，女性在过冷环境条件下 LF/HF 值大于过热环境，而男性完全相反，表明女性更喜欢中性或略微温暖的热环境，而男性则更喜欢中性或稍凉的状态。徐小林分析了在两种温度条件（低温、夏季高温）、三种风速条件（低档风速、中档风速、高档风速）下人体心电的反应，统计了 PR 间期、QT 间期、QRS 时限、RV5+SV1 振幅（V5 导联的 R 波、V1 导联的 S 波），结果显示风速在低温条件时对 QT 间期负向影响显著，温度在低档风速时对 QT 间期负向影响显著，对其他指标均无显著影响[33]。

多感官刺激对心电的影响

人们感知现实环境特征，往往是通过多个感官协同作用的，比如不同的环境材料，人们通过视觉去识别形态、色彩等信息，通过肤觉获得质感、硬度等信息；另外也有一些环境刺激可能并不能直接引起人们的知觉，但暴露于该环境条件下却会引起生理机能的改变，比如肉眼不可见的辐射、无色无味的空气污染物等。

Koura S. 等人的研究发现，对老年人进行手部芳香按摩，其交感神经系统活动减弱（LF/HF），副交感神经系统（HF）活动增强[34]。Robin H. Shutt 等人测定了钢铁厂附近的空气污染对 HRV 的影响，统计了时域分析指标 SDNN、rMSSD、pNN50，频域分析指标 LF、HF 及 LF/HF 比率，并以 HF 变化作为协变量进行分析，结果显示钢铁厂附近的被试 SDNN、pNN50、LF 显著降低[35]。另外有研究显示暴露于含铅环境会导致心电图异常[36]。

在环境材料方面，McSweeney J. M. 的实验证明当暴露于室内自然（室内植物及窗景）时，生理应激标记立即减少（LF/HF 平衡），空白对照组的 HF 整体高于室内自然环境组（副交感神经活动优势），且在被评定为悲伤、令人不快的、刺激的、嘈杂的、暗淡的这种负性评价的环境中 HF 的变化更大，表明被试对控制条件的偏好对 HRV 的影响大于实验条件不同的影响[37]。Zhang Xi 测定了木质房间和非木质房间中工作的人的 HR 和 HRV（LF/HF 平衡），结果显示，相较适应阶段，工作阶段的被试平均 HR 稍高，且适应阶段非木质房间的被试平均 HR 高于在木质房间的被试，非木质房间中被试的 LF/HF 平衡高于木质房间的被试，即在木质室内环境中比在非木质室内环境中被试会更加放松和舒适[38]。但 Fell D. R. 的研究显示木质环境和植物并未带来心电反应的不同[39]，Qin J 等人的研究也证实 HR 和 HRV 对植物颜色、气味和大小的变化不敏感[40]。

此外，也有学者开始探究虚拟现实下的心电反应[41]，检测自主神经系统活动情况，结果显示虚拟现实训练中的被试心率显著高于一般的观看立体电影，在虚拟工作训练超过半小时后，LF 明显增加，LF/HF 平衡值在特定阶段有所增加。

人居环境的相关实验探索

园艺疗法与康复景观

园艺疗法是借助园艺活动改善人的身心健康状态的一种辅助疗法，借助心电图等生理指标，可以量化其疗愈效果。Dewi N. S. 等人以心率变化比率（并非 HRV）作为指标，测定了 6 种不同园艺活动对精神障碍患者和正常对照组的健康影响[42]：园艺活动期间，所有被试心率均有增加，翻土活动的心率增加比率最大，土壤装盆活动最小；病例组和对照组之间除步行活动都存在显著差异；低强度活动（播种和土壤装盆），病例组心率增加率低于对照组，而高强度活动（翻土和挖掘）病例组显著高于对照组，由此认为对于精神障碍患者来说，适量的低强度社区花园活动更适宜。Lee M. S. 等人以心率和 HRV 作为指标，对比了移植真花和处理人造花两种活动对人体生理的影响[43]。HRV 部分以 HF 成分作为副交感神经活动指标（放松状态），LF/（LF+HF）作为交感神经活动指标（应激状态）。结果显示受试者的心率及 HRV 的平均值在两种不同活动中并无明显差异，但 A 型人格①组中移植真花活动相较处理人造花 log[LF/（LF+HF）] 值普遍更低，且活动后半段（第 11~15 分钟）差异有统计显著性，一定程度上支持了园艺活动可以放松身心和园艺活动对人生理的影响与人格有关的假设。

---

① 作者注：心脏病专家梅尔·佛莱德曼（Meyer Friedman）和雷·罗森曼（Ray Rosenman）将具备外向、雄心勃勃、组织严谨、高度地位意识、敏感、不耐烦、焦虑、积极主动与时间管理等特征的人归为 A 型人格，认为 A 型人格有更高的心脏病患病风险。

康复景观则强调自然、景观的疗愈作用，其中森林康养类研究取得的研究成果最为丰厚，日本学者专门针对被试在森林浴（Shinrin-yoku）后的生理、心理作用展开了系列研究，心电图是其常用的生理监测手段之一。LEE Juyoung[44]、Yuko Tsunetsugu[45] 等人的实验显示，森林环境与都市环境中被试的心率变异性具有显著差异性，HF 成分更高，LF/HF 比值更低。但中国台湾学者 Yu Chia-Pin 等人的研究结果则显示森林浴前后自主神经系统活动并无显著不同（HF 与 LF/HF）。中国大陆学者也逐渐开始采用心电数据作为生理指标，比如龚梦柯[46] 等人以 HRV 指标中的 SDNN、SD1、SD2（RR 间期的标准差）以及 rMSSD 作为衡量自主神经系统张力的指标，探究在城市、森林环境中静坐、步行的生理影响，结果显示除了森林环境的影响外，活动不同对心率变异性的影响也不同。

公路景观

在驾驶行为研究中，有学者借助心电图探究公路景观对驾驶员生理的影响。Antonson H. 等人借助心电图探究公路景观对驾驶行为的影响，研究证实宽阔或狭窄的公路有无护栏，对心率变异性的 LF/HF 数值影响存在统计学差异，但结果并未显示道路宽窄或有无护栏会使驾驶者经历更大的压力[47]。随后他们又关注了公路边的不同距离、不同年代特征的物体对驾驶员的生理影响，以心率指示压力，结果显示驾驶员的压力水平在不同距离、不同物体年代特征条件下都存在显著差异，相较看到距离较远的现代特征物体，驾驶员在看到距离道路较近的、现代特征的物体时心率降低[48]。

国内亦有学者利用心电图探究公路景观对驾驶行为的影响。毛科俊以心率下降率作为疲劳指标，探究了道路环境单调性对驾驶员生理的影响[49]。赵霞在探究景观围合度对驾驶者生理影响的过程中，首先探究了 HR、LF、HF、LF/HF、rMSSD 等心电指标的相关性，提取了 HR、LF、HF、LF/HF 作为特征指标，分析开放、半开放、封闭公路景观下心电指标是否有显著性差异，结果显示只有 LF/HF 一项存在显著性差异[50]。

室内环境

Yukihiro Hashimoto 等人探究了办公环境内绿化条件的应激恢复作用，对比了 12 种不同办公环境条件下心率变异性 LF/HF 的差异，在岛式办公桌布局中，绿视率为 3% 和 7.5% 的两种环境条件下，LF/HF 值显示出一定的应激恢复作用[51]。在他随后的实验中，仍以心率变异性 LF/HF 作为生理指标之一，测定了岛式办公桌布局中 6 种绿视率条件下生理反应差异，结果显示在绿视率 4% 的条件下，LF/HF 在应激时段和恢复时段变化差异最大[52]。黎东莹（Li Dongying）等人则以 PNN50 和 LF/HF 及其他生理指标，建立了标准化的生理评分，探究不同窗景对于学生注意力的恢复作用和压力的缓解作用[53]。

心电图在未来研究中的展望

心电图作为生理健康的指标

借助心电图探究人居环境的相关研究中，应用最多、生理释义相对明确的指标包括：心率，心率变异性的 LF、HF 成分，LF/HF，pNN50，rMSSD 等。

从已有的研究来看，有些实验结果未能取得预期的结果，如差异不显著、变化趋势不一致等，主要原因可能有以下几个方面：一是心电活动生理机制的复杂性，不同刺激引起的心电活动反应可能不一致，不同被试的反应也可能不一致；二是研究本身的问题，方法、指标的选择与研究目的不够契合、被试数量过少、环境噪声过大等；三是仪器设备的问题，获取的生理信号信噪比不足，后续结果分析中如果不能很好地滤除噪声干扰，则很难得到有效结果。

心电图在未来研究中应用的注意事项

相对于其他生理指标，获取心电图具有较高的可行性，但人体生理信号的采集容易受到环境噪声的影响，尤其在非实验室条件下，需要通过合理的实验设计获取有效的实验数据。

合理的实验设计，包括实验目的、实验程序、被试数量、实验环境控制几个要点。实验目的应当清晰明确；实验程序应当尽量简洁，避免不必要的干扰；被试数量应当满足数理统计的基本需求，对被试配合度要求较高的实验，应当充分解释，避免由被试引起误差；实验环境控制则应根据实验目的，尽量避免多余的变化因素。

有效的实验数据，一是使用信噪比较高的设备，二是在数据处理时进行噪声过滤。这要求研究人员具备一定的生理知识储备，并熟悉生理数据的处理，对于人居环境工作者来说，最好的方式是与医学、人体生理学相关领域学者合作研究。

心电图在人居环境科学领域的应用具有广泛的前景，在便携式、无线式生理数据采集装置快速发展的今天，借助心电图探究人居环境对人体生理健康的影响，具有较高的可行性。人居环境工作者应当主动接触其他学科领域，了解生理研究学术前沿，搭建沟通合作平台，为人居环境规划设计、人与自然的健康发展提供科学依据。

参考文献

[1] Ernst G. Heart Rate Variability[M]. London：Springer, 2014：341.

[2] 张雄，刘瑾. 远程心电采集及心电设备系统 [M]. 上海：上海辞书出版社，2017：15.

[3] 张雄，乌小玫. 远程心电分析系统 [M]. 上海：上海辞书出版社，2017：27.

[4] 陈韵岱，石亚君，卢喜烈. 心电图基本知识 [M]. 北京：科学出版社，2016：20-22.

[5] Wagner Galen S. Marriott 实用心电图学 [M]. 北京：科学出版社，2010：333.

[6] 胡大一，郭成军，李瑞杰 . 心率变异性的检测及临床意义 [M]. 北京：中国环境科学出版社，1998.

[7] Taelman J, Vandeput S, Spaepen A, et al. Influence of Mental Stress on Heart Rate and Heart Rate Variability[C]. 2008.

[8] M. Malik A J C J. Heart rate variability standards of measurement, hysiological interpretation, and clinical use[J]. European Heart Journal. 1996, 17（3）：354–381.

[9] 严进，路长林，刘振全 . 现代应激理论概述 [M]. 北京：科学出版社，2008：287.

[10] Mesulam M. Principles of Behavioral Neurology[M]. 2nd ed. New York：Oxford University Press，1985.

[11] Madden K, Savard G K. Effects of Mental State on Heart–rate and Blood–pressure Variability in Men and Women[J]. Clinical Physiology. 1995, 15（6）：557–569.

[12] Berntson G G, Cacioppo J T, Fieldstone A. Illusions, arithmetic, and the bidirectional modulation of vagal control of the heart[J]. Biological Psychology. 1996, 44（1）：1–17.

[13] Uysal F, Tokmakci M. Evaluation of Stress Parameters based on Heart Rate Variability Measurements[J]. Istanbul University–journal of Electrical and Electronics Engineering. 2017, 17（1SI）：3055–3060.

[14] Berntson G G, Cacioppo J T, Binkley P F, et al. Autonomic Cardiac Control.3. Psychological Stress and Cardiac Response in Autonomic Space as Revealed by Pharmacological Blockades[J]. Psychophysiology. 1994, 31（6）：599–608.

[15] Wood R, Maraj B, Lee C M, et al. Short–term heart rate variability during a cognitive challenge in young and older adults[J]. Age Ageing. 2002, 31（2）：131–135.

[16] van Bommel W J M, van den Beld G J. Lighting for work：a review of visual and biological effects[J]. Lighting Research & Technology. 2004, 36（4）：255–268.

[17] Kuller R, Wetterberg L. Melatonin, cortisol, EEG, ECG and subjective comfort in healthy humans：impact of two fluorescent lamp types at two light intensities[J]. Lighting Research and Technology. 1993, 25（2）：71–81.

[18] Yokoi M, Aoki K, Shimomura Y, et al. Exposure to bright light modifies HRV responses to mental tasks during nocturnal sleep deprivation[J]. Journal of Physiological Anthropology. 2006, 25（2）：153–161.

[19] Ishibashi K, Kitamura S, Kozaki T, et al. Inhibition of Heart Rate Variability during Sleep in Humans by 6700K Pre-sleep Light Exposure[J]. Journal of Physiological Anthropology. 2007, 26（1）：39–43.

[20] Wanqing W, Jungtae L, Haifeng C. Estimation of heart rate variability changes during different visual stimulations using non–invasive continuous ECG monitoring system[C]// Shanghai, China：2009：344–347.

[21] Kahn P H, Friedman B, Gill B, et al. A plasma display window?：The shifting baseline problem in a technologically mediated natural world[J]. Journal of Environmental Psychology. 2008, 28（2）：192–199.

[22] Standley J M. The Effect of Vibrotactile and Auditory Stimuli on Perception of Comfort, Heart Rate, and Peripheral Finger Temperature[J]. Journal of Music Therapy. 1991, 28（3）：120–134.

[23] Alvarsson J J, Wiens S, Nilsson M E. Stress Recovery during Exposure to Nature Sound and Environmental Noise[J]. International Journal of Environmental Research and Public Health. 2010, 7（3）：1036–1046.

[24] Medvedev O, Shepherd D, Hautus M J. The restorative potential of soundscapes：A physiological investigation[J]. Applied Acoustics. 2015（96）：20–26.

[25] 王艳英，王成，蒋继宏，等 . 侧柏、香樟枝叶挥发物对人体生理的影响 [J]. 城市环境与城市生态，2010（3）：30–32.

[26] Igarashi M, Song C, Ikei H, et al. Effect of Olfactory Stimulation by Fresh Rose Flowers on Autonomic Nervous Activity[J]. Journal of Alternative and Complementary Medicine. 2014, 20（9）：727–731.

[27] Ikei H, Song C, Miyazaki Y. Physiological effect of olfactory stimulation by Hinoki cypress（Chamaecyparis obtusa）leaf oil[J]. J Physiol Anthropol. 2015（34）：44.

[28] Joung D, Song C, Ikei H, et al. Physiological and psychological effects of olfactory stimulation with D–Limonene[J]. Advances in Horticultural Science. 2014, 28（2）：90–94.

[29] Ikei H, Song C, Miyazaki Y. Effects of olfactory stimulation by α–pinene on autonomic nervous activity[J]. Journal of Wood Science. 2016, 62（6）：568–572.

[30] Schiffman Harvey Richard. 感觉与知觉 [Z]. 西安：西安交通大学出版社，2014：426–461.

[31] Kristal–Boneh E, Froom P, Harari G, et al. Summer–Winter Differences in 24 h Variability of Heart Rate[J]. European Journal of Preventive Cardiology. 2000, 7（2）：141–146.

[32] Lan L, Lian Z, Liu W, et al. Investigation of gender difference in thermal comfort for Chinese people[J]. Eur J Appl Physiol. 2008, 102（4）: 471-480.

[33] 徐小林. 重庆夏季室内热环境对人体生理指标及热舒适的影响研究 [D]. 重庆：重庆大学，2005.

[34] Koura S, Oshikawa T, Ikeda A. Effects of hand aroma massage included in horticultural therapy on autonomic nervous system against the elderly persons[J]. International Psychogeriatrics. 2013（251）: S181.

[35] Shutt R H, Kauri L M, Weichenthal S, et al. Exposure to air pollution near a steel plant is associated with reduced heart rate variability: a randomised crossover study[J]. Environ Health. 2017, 16（1）: 4.

[36] Li L, Guo L, Chen X. The changes of lead exposed workers' ECG and blood pressure by testing the effect of CaNa2EDTA on blood lead[J]. Pak J Pharm Sci. 2017, 30（5（Special）: 1837-1842.

[37] Mcsweeney J M. Nurturing Nature and the Human Psyche: Understanding the Physiological, Psychological, and Social Benefits of Indoor Nature Exposure[D]. Halifax, Nova Scotia: Dalhousie University, 2016.

[38] Zhang X, Lian Z, Wu Y. Human physiological responses to wooden indoor environment[J]. Physiology & Behavior, 2017.

[39] Fell D R. Wood in the human environment: restorative properties of wood in the built indoor environment[D]. University of British Columbia, 2010.

[40] Qin J, Sun C, Zhou X, et al. The effect of indoor plants on human comfort[J]. Indoor and Built Environment. 2014, 23（5）: 709-723.

[41] Malinska M, Zuzewicz K, Bugajska J, et al. Heart rate variability（HRV）during virtual reality immersion[J]. International Journal of Occupational Safety and Ergonomics. 2015, 21（1）: 47-54.

[42] Dewi N S, Komatsuzaki M, Yamakawa Y, et al. Community Gardens as Health Promoters: Effects on Mental and Physical Stress Levels in Adults with and without Mental Disabilities[J]. Sustainability. 2017, 9（631）.

[43] Lee M S, Park B J, Lee J, et al. Physiological relaxation induced by horticultural activity: transplanting work using flowering plants[J]. J Physiol Anthropol. 2013（32）: 15.

[44] 李宙営，朴範鎮，恒次祐子，等. 森林セラピ一の生理的リラックス効果：4箇所でのフィールド実験の結果 [J]. 日本衛生學雜誌. 2011, 66（4）: 663-669.

[45] Tsunetsugu Y, Park B, Ishii H, et al. Physiological Effects of Shinrin-yoku（Taking in the Atmosphere of the Forest）in an Old-Growth Broadleaf Forest in Yamagata Prefecture, Japan[J]. Journal of physiological anthropology and applied human science. 2007, 26（2）: 135-142.

[46] 龚梦柯，吴建平，南海龙. 森林环境对人体健康影响的实证研究 [J]. 北京林业大学学报（社会科学版）. 2017（4）: 44-51.

[47] Antonson H, Ahlstrom C, Wiklund M, et al. Crash barriers and driver behavior: a simulator study[J]. Traffic Inj Prev. 2013, 14（8）: 874-880.

[48] Antonson H, Ahlstrom C, Mardh S, et al. Landscape heritage objects' effect on driving: a combined driving simulator and questionnaire study[J]. Accid Anal Prev. 2014（62）: 168-177.

[49] 毛科俊. 道路环境单调性对驾驶疲劳的影响机理及对策研究 [D]. 北京：北京工业大学，2011.

[50] 赵霞. 公路景观围合度对驾驶人的影响机理研究 [D]. 北京：北京工业大学，2015.

[51] Yukihiro H, Yoshihiro T. Study on Stress Recovery Effect of Greenery Volume in an Office Space: Result of subject experiments in a simulated office space[J]. Journal of Architecture & Planning. 2012, 77（680）: 2371-2378.

[52] Yukihiro H, Yoshihiro T. Discussion on the Optimal Green Factor by Subject Experiments in a Simulated Office Space: Study on stress recovery effect of greenery volume in an office space part3[J]. Journal of Architecture & Planning. 2014, 70（700）: 1309-1314.

[53] Li D, Sullivan W C. Impact of views to school landscapes on recovery from stress and mental fatigue[J]. Landscape and urban planning, 2016（148）: 149-158.

5

第五部分

健康景观的未来

有关健康景观的地方性政策

[美] 凯瑟琳·沃尔夫（Kathleen L. Wolf）

　　医护人员鼓励不同年龄的人接触自然，以获得健康效益。人们直觉认为自然具有促进健康的效益，这种直觉是促进康复场所和治疗发展的潜在因素。近几十年的研究证实了这种直觉，并发现了更多关于接触自然对健康和福祉具有重要作用的依据。

　　目前，世界上 50% 以上的人口居住在城市，预计人口将进一步向城市地区集中。日益增多的各种健康问题与城市中的生活方式有关，如肥胖、糖尿病、哮喘、心脏病、精神问题和孤独。

　　康复景观可以作为一种解决特定疾病或特殊人群问题的基本策略。公共卫生官员和城市管理者也日益认识到城市中的自然在健康与治疗方面的重要性，应该让所有居民都能接触到自然。

　　利用自然和景观增加实现治疗效果的可能性是需要讨论的问题，这包括从具体环境到整个城市，甚至是全国性运动。近 40 年来关于自然体验和健康效益的研究表明 [1]，必须为人们提供近在咫尺的、精心设计的景观，不仅需要提供视觉之美，而且需要实现最大程度的治疗效益。以下我们将探讨各种研究证据和相关政策如何能够指导景观尺度导则的制定，以创造自然体验的机会。

效益与经济

　　近几十年来，一系列关于健康和福祉的实证研究证实了自然对人类健康的显著效益。"绿色城市：良好的健康"网站是一个门户，它总结了一系列不同主题的效益研究 [2]。对于整体健康和预防慢性疾病，研究自然与人类反应的科学家特别关注积极的生活方式和日常适度活动（如散步和骑车）的重要性。如今，从国际合作机构到地方政府机构，许多健康组织都在推广积极生活的政策项目，以解决当地社区公共卫生方面的各种问题。同样重要的是，从政策角度而言，人们需要具有疗愈功能的自然环境，而且要使人们在所有社区内和住宅附近都能接触到这类环境。

　　政策是由科学、社会利益和政治意志三者共同影响而形成的。经济往往通过效益成本分析、情景模拟和预算编制在政策制定过程中发挥着关键作用。随着自然有益人类健康的证据越来越多，人们一直努力将健康效益货币化 [3]。基于最近在生态系统服务评价方面的工作，相比如审美享受和幸福等无形的效益，健康经济学研究可以评估健康收益，而且可以量化因接触自然而节省的医疗费用 [4]。分析还需要解释接触自然产生的不利因素，如过敏反应和阳光暴晒。然而，许多国家每年很大一部分国内生产总值被用于医疗保健及相关服务。自然融入城市所产生的积极效益，即使仅仅是一小部分也意味着巨大的经济价值 [5]。

大自然保护协会（Nature Conservancy）是一个卓越的全球性组织，它致力于保护对自然与人类具有重要生态价值的陆地和水域。这个非政府组织成立于 1951 年，在全球 72 个国家拥有超过 100 万的会员。该组织通过非对抗性、务实的解决办法，应对包括城市环境问题在内的多种挑战。最近的一份报告《为促进健康而植树的倡议》（Funding Trees for Health）总结了目前关于城市林业和健康效益的研究，并提出了获取经济价值的机制 [6]。如果自然系统与所有市政规划的目标联系起来，那么就像从公园、花园和树木中获得的以自然为基础的利益一样，其价值是可以估量的。

《为促进健康而植树的倡议》提出如何以城市林业为中心将自然经济效益与健康经济效益联系起来（图 1）。市政部门花费金钱和资源在城市中种植和维护树木及其他植被，使城市区域变得更绿，从而实现众多显著的健康效益。这有助于健康相关的部门更好地完成提升人民健康和福祉的使命。因此，为了完成这一循环，健康相关的部门（无论是公共机构还是私人机构）可以支付部分城市林业的管理费用。

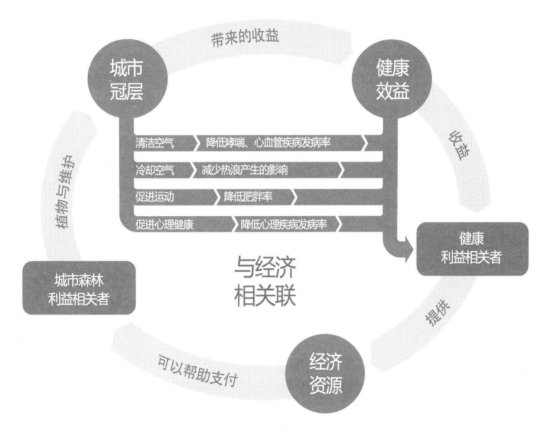

图 1　连接城市林业与健康经济价值的概念模型 [6]

政策范围与实施途径

随着自然和健康的相关研究日益增多，政府正努力在公共政策和项目之中创造更多的自然体验机会。新知识是新政策制定的基础，也反映出对长期以来的实践进行反思的必要性，这也使普通的建议逐渐演变为可以解决地方和人们具体问题的指导方针和要求。

地方政府正在大力推行有关可持续性、城市生态系统和绿色基础设施的政策。这些工作是为了应对气候变化、雨水管理、洪水、空气质量等环境问题带来的挑战。其中一些政策直接考虑到了人类的健康（如空气质量），另一些则将促进人类健康作为第二位的效益（如为了减少能源消耗和极端气温的植树活动）。本部分将追溯城市绿化政策与城市居民健康效益之间的潜在联系。这是对这一愈发重要的活动的一次回顾，它也将更加广泛地融入城市环境的法规中。

绿色空间导则

世界卫生组织（WHO）长期以来主张把疾病成因和预防措施视为统一体。1948 年世界卫生组织指出健康的本质是"一种生理健康、心理健康和社交健康三者健全的状态，而不应仅是没有疾病或不适"。作为世界卫生的诸多部门之一，健康促进部门（HPR）与各成员国合作，促进"人们加强对自身健康的控制和改善……超越对个人行为的关注，实现广泛的社会和环境干预"。虽然环境危机和疾病传染媒介（如蚊子和疟疾）是早期全球卫生组织关注的重点，但其近期在国际和国家范围内的工作则更多地反映了健康与自然体验关系方面的研究结论。健康促进部门设有关注校园健康、青年健康促进、口腔健康和体力活动等问题的团队 [7]。

世界卫生组织发布了一系列关于城市自然现状和目标的建议。早期的目标是每位居民至少拥有 $9m^2$ 的绿地面积，而最佳指标为每人 $10~15m^2$。而据估计，全球各城市的人均实际绿地面积从不足 $1m^2$ 到大于 $100m^2$ 不等。

在认识到距离的重要性之后，相关建议将人均绿地面积调整为 $9m^2/$ 人，且建议从居住地到绿地的步行距离在 15 分钟以内 [8]。人们认识到集中的大片绿地可能无法让整个城市的所有居民都有使用的机会，如今的建议反映出近期关于公园和其他绿地邻近度以及分布重要性方面的研究成果。现在的经验是城市居民从家出发大约步行 5 分钟（300m 直线距离）就能到达至少 $0.5~1hm^2$ 的公共绿地 [9]。

人们还意识到绿地具有许多健康和福祉相关的效益，一些国际机构也正在推动城市公共空间的建设。正在进行的开放空间监测项目是联合国人类住区规划署（United Nations Human Settlements Programme）提出的一项建议，也是联合国可持续发展议程（U.N. Sustainable Development Agenda）的一部分，其 2015 年一份关于城市开放公共空间的报告也强调了这一点。该指导文件指出了开放空间的诸多益处，界定了包括交通系统在内的开放空间，并阐明了如何进行抽样和分析，以确定各个国家或区域地理范围内开放空间的比率。它还以全球 200 个城市为例进行了分层抽样，代表了 4000 多个人口超过十万人并容纳了全球 70% 以上城市人口的城市和大都市区。这一调查结果可以作为日后监测的基线 [10]。

其他区域规划和管理机构也根据空间尺度和距离提出一系列绿色空间标准的建议。欧洲各国都制定了绿色空间的建设目标。欧洲环境署（EEA）建议，每位城市居民都应该拥有距离居住地 15 分钟步行范围以内的绿色空间。达到该标准的人口比例是衡量城市环境质量的多项指标之一 [11]。荷兰的目标是在居民居住地 500m 半径范围内的人均绿地面积不小于 $60m^2/$ 人。除了生态阈值外，德国的生物多样性国家战略（National Strategy on Biological Diversity）还设定了每个家庭到达城市绿地的步行距离的目标。德国的城市还有各自的目标，例如柏林人均绿地面积 6m²/ 人，而莱比锡则为 10m²/ 人 [12]。英格兰自然署推荐使用 ANGST 标准（自然绿地可达性标准），即所有城市居民都拥有一个距离住宅不超过 300m 的可达性绿地 [13]。

问题及精确度

关于绿色空间的国际和国家标准是以人类健康为前提，但其粗略的指标可能无法保证居民获得可以促进其健康的绿地数量及质量，尤其是康复效益。绿地的供应量存在很大差异。资料指出，伊斯坦布尔的人口超过 1400 万人，但人均绿地面积仅为 6.4m²。人均绿地面积最低的城市之中有东京和布宜诺斯艾利斯，分别为 3m² 和 1.9m²[14]。然而，这些城市的自然体验不一定与人均绿地面积成正比。

一项关于对同一国家 38 个城市绿地率的研究发现，分析绿地率的方法存在缺陷 [15]。城市自然的比例构成和体验维度都取决于建筑空间的密度、主要交通基础设施的邻近度和辐射范围，以及基于建设时期城市地貌特征的建成环境空间布局。这些可变条件限制了确切目标的有效性，特别是如果地方管理者和社区希望从体力活动以外的其他方面寻求自然健康效益时。作者认为，为实现与人类健康相关的生态效益，城市绿地规划应发展能够反映城市区域类型和城市位置具体情况的城市绿色基础设施。

另一项研究更是直接地质疑城市绿地数量和健康之间的关系 [16]。研究小组对从卫星获取的土地数据进行归类，得出英国前 50 大城市的绿地覆盖率。然后，评估了 2002—2009 年这些城市的绿地覆盖率与各种死亡因素之间的关联，如心血管疾病、肺癌等。在排除人口统计和空气污染产生的误差之后，他们发现绿量最多的城市和绿量最少的城市中男性和女性的各种死亡因素并没有显著差异。虽然先前的研究发现城市绿地在邻里层面会对健康产生影响，但这项全国性研究表明，有必要进一步了解城市居民如何与绿地互动，并进一步了解相关的绿地措施。

推广行动

城市绿地率一直以来是一种政策性的手段。近来基于公园对促进体力活动的研究，公园的数量、邻近度和密度也成为一种建设的规范。慢性病是所有国家的工业城市和新兴城市共同面临的主要公共健康问题。久坐不动的生活方式，机动车出行方式，还有食品质量下降，这些都导致体重增加、肥胖、心血管疾病和糖尿病等问题。体力活动被认为是一种重要的、容易获得健康的预防行为 [17]。罗伯特·伍德·约翰逊基金会（Robert Wood Johnson Foundation）为大量关于城市居民积极生活的研究和政策制定提供了资金支持 [18]。

早期对居住区和公园可达性的研究采用 50m 到 1 英里（约 1.6km）的缓冲距离 [19]。对于城市的全面分析会发现公园分布差异与文化多样性有关，而社会经济地位较低的社区拥有的公园数量偏低 [20]。公园和绿地可达性的最新目标和评估与生活方式直接相关，例如建议在离家半英里（约 805m）范围内有绿地（美国疾病控制和预防中心），或步行 10 分钟能到达绿地（由美国市长会议通过）。这些切实可行的建议来源于相关研究，这些研究指出到达公园比较容易的人，其运动时长可能会比每日建议运动标准更高。它们是由美国联邦跨部门协作的"可持续社区合作组织"推广的《安全公园和娱乐区指南》（*Access to Safe Parks & Recreation Areas*）中提倡的有效指标[21]。

非政府组织是公园和绿地的积极倡导者，他们提供各种建议来解决公共健康和环境服务的问题，例如，美国公共土地信托机构（Trust for Public Land）的公园评价项目（Park Score Program）每年对美国前100个大城市进行排名。评分标准包括可达性和质量指标：用于建设公园的城市土地面积、所有公园面积的中位数、人均公园经费、便利设施、10分钟以内能从家到达公园的居民的百分比[22]。与之相关的 ParkServe ™工具是一个交互式地图平台，它可以追踪整个美国城市公园的访问量。这个网络工具可以让人们找到离自己最近的公园，确定10分钟以内能从家到达公园的居民的百分比，并且可以用来定位城市内的所有公园，并以此为依据确定最需要建设新公园的街区[23]。ParkServe ™的数据将上传到美国地质调查局（USGS）的保护区数据库（PAD–US），为国家资源库提供关于城市公园和公园系统的详细信息。

需要考虑的问题

都市自然

目前的政策和指标用一般性的术语描述了公园和绿地。更先进的大数据分析技术、更精确的地图数据以及不断增加的研究经费，为制定自然相关规范提供了详细信息。例如，公园和活动方面的研究证实，积极的生活方式不仅仅取决于社区中有一块绿地。最近的研究讨论了社区公园中的设施、空间布局和活动规划在促进体力活动方面的作用，与此同时还要考虑人口和年龄差异所产生的影响[24]。

公园内的体力活动对健康有重要的贡献。然而，邻近的自然是一个奇妙的多样化的组合，具有潜在的生理、心理和社会方面的健康效益。有人提出将"都市自然"作为一个涵盖生态、文化和工程因素的绿色空间的术语，这些绿地空间也包括了公共和私人的绿地空间，它们为人类体验自然提供了大量机会，而且改善了城市宜居性[25]。"都市自然"的概念包括地方性生态系统，如城市森林、带状绿地、传统开放空间和河滨走廊，它们可能是当地生态结构中的斑块、遗迹或荒野。当然它也包含了文化建构的自然，如公园、街道景观、社区花园、口袋公园和休闲步道等。最后，"都市自然"还包括结构性的创新，即集成与建筑形式之下以实现特定的功能，如绿色屋顶、立体绿化和绿色基础设施等。

从某种意义上说，存在一个自然与健康之间的平衡点。人们对健康和福祉的需求并非均匀地分布在城市中，因此绿地空间分配率也无法有效地满足人们的需求。另一种观点认为需要考虑地点和土地使用，特别是如果一个社区对自然疗愈感兴趣。开发、建设、制度与城市的地理息息相关，它们以不同的形式表达了人类对自然的需求。选址与区域政策和土地使用政策相关。图2是一个示意性框架，它系统展示了城市中不同地点都市自然所带来的效益[26]。以城市土地使用作为政策基础，在其上构建景观和绩效目标。

环境健康

每个人都应该拥有支持健康的基本条件，如清新的空气、饮用水和无毒环境。基础设施和环境服务项目通过日常监测和监管来确保这些基本条件[27]。人们在为防止污染物排放、有毒物质倾倒以及避免工农业副产品的有害影响而不断地做出努力。

健康支持

自然的可达性可提供贯穿整个人类生命周期的效益。城市森林林冠率和居住地附近的公园与婴儿出生体重增加有关，而绿色城市社区则与老年死亡率降低有关[28]。都市自然的体验可提供社会心理学方面的服务，包括认知、情感和心理效益[29]。

支持性环境

社区内部是以人类功能和表现为中心的微型人类环境。在这些设施和机构中（如学校或工作场所），必须关注日常活动，并探索创造性的解决方案。支持性空间即那些与人们工作和学习场所相邻的自然空间。研究表明，自然可以支持人类的表现，如提高对工作场所的满意度[30]和高中生在校期间的表现[31]。

疗愈场所

城市还包括特意为康复、治疗和复健而建造的自然环境，这是本书其他文章的重点。被动的自然体验和直接的园艺疗法都可以帮助人们获得生理、心理和情绪方面的治疗。例如，医院内的康复花园、园艺治疗花园和纪念场所（如纪念碑）。

康乐与美学

城市中的人常常会表达对自然之美的偏好。绿色行业的专业人士往往会根据客户的情感和美感诉求进行设计。美国西雅图进行了一项市场调查，调查发现，相比于生态的服务价值，人们对树木所产生的欣赏、惊喜和精神联系会更为普遍[32]。研究表明，人类在短短几分钟之内会下意识对自然做出积极反应，这可能是美学的根源。

社区

所有这些体验和效益都会融入人类系统、建造场所和变化的环境中（图2）。应该鼓励社区成员成为都市自然规划、种植和管理的合作伙伴。在城市复兴过程中管理空地、修复公园和新的社区花园往往标志着社区复苏[33]。这种公民生态学行为可以促进社会参与度和凝聚力，还可能提高当地的社会恢复力，因为以自然为基础的活动可以提供支持灾难恢复的社会基础[34]。

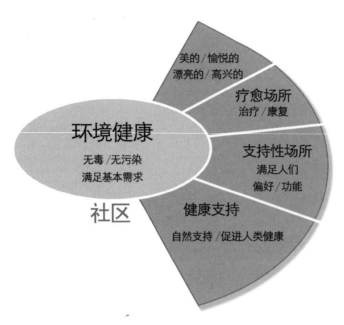

图2　城市土地利用和自然效益潜力的概念框架

政策根源

城市的区域规划和建筑法规是当地法规的集合，它们在很大程度上塑造了我们周围的城市环境。这些法规明确了未来发展的理想途径、密度和形式，规范了现有开发项目的改建，并设定了环境绩效目标。例如，华盛顿特区明确了对绿地率的要求，新开发项目必须达到最低标准，这也对绿色景观的类型、设计特征和绿地覆盖面积提出了要求。美国西雅图也采用了类似的绿色因子评级系统，规定了不同类型绿地项目的最低要求。

除法规和条例以外，城市往往还制定了目标远大的政策，这些政策反映了社会意志和人民愿景。提供能够促进健康的自然环境也是其中的组成部分。例如，综合性可持续发展规划是指导创造活力、宜居城市的指导文件。综合性规划关注城市未来发展，而可持续性规划则更侧重于改善城市系统，如交通、能源效率和垃圾管理等。将人类健康纳入这一高级别的城市发展规划可确保政策更加连贯和有效。这两种规划都强调了与更广泛目标之间的联系，从而为部门间的合作提供良好的条件。

一些高度城市化地区会因其地理环境和景观条件而具有一些独有的特征。滨海、海岸线、山脉和流域的特征产生了独特的生物区域环境，也塑造了这些地方历史上的特征。政府机构、非政府组织、自然宣传团体，以及教育等其他机构都可以独立发布环境规范、保护条例和保护倡导。但也有一些地区，正为努力协调这一具有复杂目标和项目的社会生态系统，以制定更精简的行动。

整个城市及其专业工作人员都是这些共享愿景、目标和最佳实践的成员。在一些地方，那些环境组织最初的动机是环境卫生、生态系统服务或生态保护目标。随着各种谈判、会议达成各种共识，组织之间形成了各种联盟，也拟定了更高层次的新目标。建设过程往往涉及当地社区的投入，因为它们表达了当地社区希望寻求环境健康与社会维度之间平衡的愿望。随着越来越多的关于环境公平的讨论，以及人们日益要求建设更多公园和种植更多的树木来提升宜居性和幸福感，公共健康上升到了举足轻重的位置。制定相关政策为都市地区公平规划和管理自然提供了布局和措施方面的指导。

都市政策案例

虽然关于自然和健康的政策尚未得到广泛的采纳，但一些大型城市已有一些有趣且有益的先例。与任何地方政府政策一样，这些案例所反映的也是当地的独特情况和需求。这里提供了一些地方政策的例子，每个例子都展示了如何在场地规模上实现大量的目标以改善人类的生活。这些例子并不意味着要支持任何特定的方法，而只是表明早期通过这些政策的社区正采取全面战略，以促进自然和健康效益。

新加坡花园城市

就环境与公共健康政策而言，新加坡或许是公认的最佳城市。新加坡因"花园城市"而闻名世界，它是高居住密度和宜居城市的完美结合。它将自然和人类健康作为规划和政策的核心目标。新加坡的综合性规划最早可以追溯到 20 世纪 60 年代末，当时正经历快速的工业化和城市化[35]。花园城市倡议于 1967 年启动，目的是使这个城市成为一个拥有丰富绿地且环境清洁的地方。1969 年的《环境公共卫生法》（*Environmental Public Health Act*）进一步强化了公共卫生标准。

一系列政策和立法措施强化了这一远景实施的原则，所有这些措施旨在提高城市的宜居性和促进经济增长。《新加坡绿色规划》（*Singapore Green Plan*）是 1992 年发布的第一份环境蓝图。这是该国第一份平衡环境和发展需求的正式规划。2002 年推出的《新加坡绿色规划（2012）》制定了一系列新增目标，旨在实现包括公共健康在内的环境可持续性。政策的不断实施以及新的目标共同推动了 2009 年《可持续新加坡发展蓝图》（*Sustainable Singapore Blueprint*）的发布，其中包括面向2030 年的可持续发展战略。它还提出了几项新倡议，如把新加坡变为"花园中的城市"（a City in a Garden），提高公共交通标准和效率，建立宜居城市知识共享中心。

除了生态系统的服务之外，为宜居性和福祉提供自然的环境一直是这些政策过去几十年的潜在目的。新加坡国家公园委员会（National Parks Board）的政策也与这些发展指导意见相交叉。国家城市总体概念规划（Concept Plan）包括主要和次要开放空间环境的游憩规划。开放空间环境通常有多种服务功能，但十分重要的是它为人们提供了体验附近自然的机会：集水区、预留空间、公园和公共绿地。公园可进一步划定为区域性公园、市级公园和邻里（社区）公园的嵌套层次结构。其他线性空间的功能则连接公园与公园、海滨与内陆空间[36]。地表的一些绿色植物不可避免地会因为持续的开发而消失。空中绿化奖励计划（Skyrise Greenery Incentive Scheme）鼓励在建筑原本结构上增加更多景观，促进形成更加茂盛的绿色景观。奖励计划对屋顶绿化和垂直绿化提供高达 50% 的费用补贴，自从 2009 年该计划启动以来，已有超过 100 座现有建筑受其资助进行了绿化改造。

伦敦国家公园城市

一个新的城市自然规划的概念是"国家公园城市"（National Park City）[37]。近年来出现了一场"草根运动"（Grass Roots Movement），致力于将英国国家公园的原则应用到整个大伦敦区域，特别是原始自然区域或农村地区。

其对国家公园城市的定义为："一个通过正式和非正式手段来管理和半保护的大型城市地区，以增加其生活景观中的自然资源。其典型特点是各地居民、游客和管理者都必须做出承诺，让自然过程为野生动物和人类提供更好的生活基础。"

其目的是彻底改变人们对城市的传统态度，并确保自然在伦敦的各个角落都占有一席之地，使每一个伦敦人都能够接触到自然[38]。大伦敦区域的面积约为 1600km²，其中 47% 是绿色空间。该区域有一个庞大的开放空间系统，拥有 300 多个公园，1600 个自然保护区，4 个国家级自然保护区，超过 850km 的溪流、河流和运河，380 万个花园。通过连接遍布伦敦的公共交通，长距离步道网络将这些空间连接起来。

这些指导原则将成为未来政策的基础，接触自然对生活质量的改善是显著的：

- 确保 100% 的伦敦人能够免费且容易地到达高质量的绿色空间。
- 使所有的伦敦儿童都能够融入自然。
- 让伦敦的大部分地区变成绿色。
- 逐年改善伦敦的空气质量和水质。
- 改善伦敦栖息地的丰富性、连通性和生物多样性。
- 鼓励建造担负得起的绿色住宅。
- 激发新的商业活动。
- 推动伦敦成为一个绿色的世界城市。
- 培养伦敦人对国家公园城市的认同感。

加拿大多伦多自然与健康政策

加拿大多伦多也建立了一系列有关自然和健康的新政策。2015 年末，多伦多市的卫生医疗部门（Medical Officer of Health）在对两项关于绿色城市健康优势进行系统性审查后，批准了现有的综合自然资源规划，以使居民能更容易到达绿地[39]。该政策建议需要特别关注弱势群体，如低收入者和儿童，因为研究表明他们可能是绿地可达性提高的最大受益群体。

20 世纪 60 年代到 70 年代期间，在新政策成为城市规划的核心组成部分之后，加拿大开始将公园和绿地纳入更为广泛的市政政策中。1973 年，受加拿大公园与游憩协会（Canadian Parks and Recreation Association）、加拿大健康与福祉署（Health and Welfare Canada）以及加拿大城市事务署（Urban Affairs Canada）委托，进行了一项光宇城市空间的调查，结果表明公园规划和游憩活动正越来越多地纳入加拿大的城市结构中[40]。

基于这些科学的证据，加拿大越来越多的城市开始实施更多与健康和自然相关的项目。例如，多伦多的《强健邻里战略》(*Strong Neighbourhood Strategy*) 承诺向需要进行改造的 31 个社区投入 1200 万美元。提高绿化覆盖率，改善绿地质量，同时提议建设新的社区设施并对现有基础设施进行改造。更加关注对健康有促进作用的因素，也正因如此促成了即将进行的公园收购更新计划 (Parkland Acquisition Update)。

卫生委员会的其他建议还涉及政府的主要部门，并敦促：

- 市议会为实现多伦多市林冠覆盖率提高到 40% 的战略目标投入更多的资源。
- 对城市规划首席规划师和执行总监，公园、林业与游憩及运输事务总管，社会发展、财政和行政执行主任以及环境和能源司司长所提交的报告进行审查。
- 市政事务和住房部长要落实土地使用规划中有关绿地建设的政策，协调不同城市分区规划制定。
- 教育部长应明确校园是有益于人类健康和环境的重要社区资产，并应逐渐使其向公众开放。
- 将报告转交给所有社会服务机构，包括卫生和长期护理局 (Health and Long Term Care)、市政事务与住房局 (Municipal Affairs and Housing)、教育局、健康与医疗署 (Chief Medical Officer of Health)、地方公共卫生机构协会 (Association of Local Public Health Agencies)，以及多伦多和地区保护部门 (Toronto and Region Conservation Authority)。

政策案例——联盟和网络

非政府组织、国家政府、国际组织（例如联合国）或学术机构也发起了一些促进城市环境健康的项目。它们为地方政策的制定提供了政策模型。还有一些城市因为一个特定的愿景或概念建立了城市联盟，城市的管理者承认建立一个共享平台，以实现共同的目标。最后，还有一些区域环境联盟制定了以健康为导向的政策，这些政策由参与的社区和组织共同编写。

本文提供了一些网络或联盟的案例，这些网络或联盟的组织形式有会员制也有志愿服务，它们有助于引入推广新措施，并协助制定新政策。有些组织可能侧重于特定的受益人群或健康效益。另一些组织则通过提供示范条款和术语，寻求推动实施更全面的政策。成员要保证遵守组织的核心原则，并努力在当地执行这些原则。网络将会成为一个资源平台，参与其中的社区可在这里分享成功、实验和经验教训。

罗伯特·伍德·约翰逊慈善基金会

美国和许多其他国家一样需要依靠许多机构来预防疾病和促进健康，如医院、卫生部门、学校、公司、社会团体等。罗伯特·伍德·约翰逊慈善基金会 (Robert Wood Johnson Foundation) 成立于 1972 年，是迄今美国最大的专门致力于促进健康的慈善组织。该组织致力于加强机构间的合作，更重要的是，使这些机构紧紧围绕改善健康这一共同目标形成合作联盟。在国家层面开展工作的同时，罗伯特·伍德·约翰逊慈善基金会也在地方和社区中实施一些具体的策略，促进提高所有年龄人群的健康。该基金会设立了一个全国性"健康文化"（Culture of Health）组织，它是一个由健康卫生专家、城市管理者和学者组成的强大联盟，该组织的工作主要围绕研究支持、研究分享和战略项目资助等展开。

虽然各地的经济、地理或社会环境存在差异，但人们都渴望过上尽可能好的生活。该基金会通过投资四大领域（"健康社区""健康儿童，健康体重""健康系统""健康指导"），致力于实现健康公平，提高人们追求最佳健康状态的可能性。每个领域都进行了针对性的研究，并制定了专门的方案和政策举措。

健康社区[41]是与疗愈空间和健康景观潜在联系最多的领域。社区的规划、设计和建造方式会对人类健康产生重大影响。每个社区都是不同的，但最健康的社区似乎有一些共性。国家和地方层面在住房、交通、公园和开放空间领域，以及社区建成环境的其他重要方面，不断探索并进行投资。它们为所有人创造健康的机会，并着力解决公平问题。

罗伯特·伍德·约翰逊慈善基金会的一些项目会调动人力和物力为所有重点关注的领域和倡议服务。每年，"健康领袖培育项目"（Culture of Health Leaders Programs）都会招募一些有潜力的对象，对他们进行资助，以解决不公平问题，并推动社区和相关组织实现对健康的共同承诺。"健康文化奖"（Culture of Health Prize）是授予表现出非凡成就的美国社区的一个奖项，它还可以提升社区的知名度。"为更健康收集更多数据"（Better Data for Better Health）是一个数据资源库，致力于分析对健康产生影响的多种因素，并推动全国范围内的社区为改善所有人的健康做出努力。"行动政策"（Policies for Action）计划的目的是了解国家、州或地方政策如何能够更好地促进健康和公平，并组织相关学者对政策进行深入研究，以更好地理解政策的实施对健康是否可以起到支持作用。"积极生活研究"（Active Living Research）项目已经持续了十几年，它致力于促进人们参与体力活动，体力活动是一种能够减少疾病的生活方式。这项研究为社区层面的规划以及设施规划提供了依据。每年一次的全国性会议、定性研究、战略实践和网络搭建将美国大大小小的城市联系在一起，使其共同展望建设改善健康的场所的远景。

将儿童与自然联系起来的城市

2017 年，美国国家城市联盟（National League of Cities）和儿童与自然网（Children & Nature Network）[42]（均设在美国）联手启动了"将儿童与自然联系起来的城市"（Cities Connecting Children to Nature）计划[43]。该合作项目为有志于建立和加强自然联系的城市提供支持，将自然联系作为城市规划、政策、项目、合作和领导战略的组成部分。这一愿景致力于解决广泛的城市问题，包括社区健康与福祉、教育改革、校外时间规划、创造就业、交通和土地使用等。

所有的努力旨在实现以下三点：
- 通过增加接触自然的活动机会，改善低收入社区居民的健康。
- 通过增加接触自然的时间，帮助年轻人培养更完善的社会情感和认知技能。
- 培养新一代青年，使之成为自然环境的管理者和倡导者。

该计划通过提供实践培训、国内专家指导和同伴互助学习机会，帮助儿童建立与自然的联系，并为当地官员和其他组织提供指导。2017 年，美国 7 个城市被选为试点，每个城市都获得了强大的技术支持，从规划和实施角度提供城市尺度的战略，帮助城市居民缩小与自然之间的距离。虽然该方案的重点是儿童在自然中的游戏和非正式户外体验，但其基本原则适用于不同目的和规模的城市自然环境建设。

美国城市联盟的所有项目都与美国 49 个州的城市联盟合作，为其所代表的 19000 多个城市、村庄和城镇提供资源和支持。这种与地方政府的联系体现在"将儿童与自然联系起来的城市"（Cities Connecting Children to Nature）这一项目的政策和规划上。图 3 源自《城市行动指南》（Municipal Action Guide）[44]，从六个方面总结了儿童与自然联系的准则，并举例说明了为儿童提供高质量且邻近的自然环境需要公共机构和私人组织的共同努力。这一指南旨在提升儿童的健康水平和生活质量，但也同样适用于所有人的生活。图中从左到右显示了支持自然社区倡议的过程和行动的步骤。

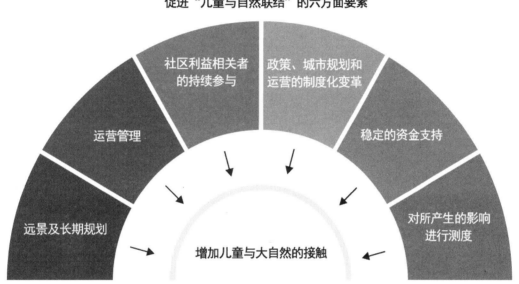

图 3　来自"将儿童与自然联系起来的城市"项目规划和政策要点[44]

亲生命性城市网络

这一国际性组织于 2013 年在美国弗吉尼亚大学成立，是在蒂姆·比特利（Tim Beatley）教授大量关于自然和城市规划的成果基础上形成的，其目的是激励人们在进行城市规划和设计决策时能够更加明确地将自然纳入其中，并将志同道合的当地居民和管理者联系起来。

这个国际性组织[45]的工作重点在于增强城市中人与自然的联系。它完善了现有的网络和组织，还提供了一个分享最佳实践的独特机会，向全球推广一种拥抱城市中的自然的态度。它与其他更注重气候适应、可持续性或弹性的组织截然不同。尽管亲生命性城市网络的宗旨和目标也是解决这些问题，但该组织更倾向于增加自然环境的数量，以及所有人接触城市中各种形式自然的机会。

亲生命性城市网络（Biophilic Cities Network）以广泛、包容和开放的方式定义了"自然"。它包括城市规划和设计中的传统自然空间，如公园、花园和城市森林等。城市生态的所有形式都包含在内，如当地动植物和野生动物栖息地，以及与建筑结构结合的人工设计景观，如绿色屋顶、阳台绿化和垂直花园。

这些自然的形式是政策的组成部分，为城市地区所有生命的自然体验提供了基础，并提供广泛的健康和福祉效益。政策模型力求将自然置于城市设计和规划的核心，为城市居民创造丰富的学习自然和接触自然的机会。这种自然浸润政策的概念可以通过自然金字塔的形式来表达（图4）。充分的自然接触是空间条件（地理尺度与空间场所）和时间条件（频率和时长）的结合。

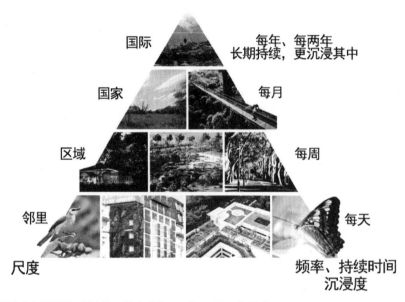

图4　概念来自塔尼娅·登克拉 - 科布（Tanya Denckla-Cobb）
图片来源：蒂姆·比特利（Tim Beatley）[46]

城市中的自然储备

近40年的研究成果为制定高频度、高质量都市自然体验的城市政策提供了令人折服的理论基础。传统上，大多数城市都将户外娱乐和休闲活动归入公园部门的管理范畴。公园、花园和自然区都是自然规划的重要支柱。然而，在一些城市中，用于扩大公园系统的可用土地和资金支持等资源可能十分有限。那有什么其他机会可以提供和加强自然体验呢？

绿色基础设施

基础设施网络旨在满足城市持续的和基本的需求，提供饮用水和电力、清除垃圾和处理废水的城市系统至关重要。基础设施所提供的重要服务功能是工程师、公共卫生学家和城市规划人员几十年努力的结果，日益增长的公众健康意识和材料发展影响了基础设施的建设。然而，人们越来越认识到，200多年前制定的"卫生城市"标准可能不足以应对快速发展的城市所面临的挑战[47]。

在一些城市中，几十年的旧工程系统已经步履维艰，政府正在考虑采用新的可以替代的技术。一些新兴城市已经不太会对卫生系统进行全面的投资，人们更加感兴趣如何能够超越历史。这两种都对实现共同利益的方法感兴趣，即建立"多任务"的系统来优化土地使用、功能和效益。这也提高了在城市规划与设计中采用以健康为导向的协同设计的可能性，降低公共服务成本。在支持城市基本功能的同时让人们使用这些带有支持性功能的场地。

基于绿色基础设施的概念，许多社区正在探索建筑与自然系统整合的具体措施[48]。该方法将公园、开放空间和景观视为一个连贯的规划系统，通过不同功能间的衔接将不同的自然单元连接在一起。系统性的方法并不仅仅考虑单一功能的建造形式，如雨水排放或削减洪峰，而是同时考虑主要目标和期望产生的效应，尽可能利用生态网络和生态场。尽管实际的表达形式可能与原生态的景观没有相似之处，但可以利用生态过程来减少影响。

水体与树木

绿色基础设施可以通过协同设计成为促进健康体验的空间。绿色雨水基础设施就是一个例子。通过屋顶绿化、透水铺装、路边生物湿地、雨水花园、滞留池和水下滞留设施，可以将整个系统用于减缓水流流速和增加土壤渗透，从而减少场地雨水流失。虽然这些要素在功能上侧重于雨水管理，但它们也可以作为接触自然的微型公园。协同设计还可以提高社区的可步行性，创造一个恢复性环境和社会参与空间（图5）[49]。

图5 不同尺度的绿色雨水管理设施，可以提供邻近的自然体验

另一个例子是城市森林规划和管理。城市森林是城市中有大量树木覆盖的地方，包括公园、花园、街道和私人物业内的树木。地方政府通过单株树木调查、抽样绘制资源评价图或绿化覆盖率评估等方式来衡量这种包容性和差异性较大的森林基础设施。了解清楚城市森林的范围和质量，就能够制定出最佳的维护和管理树木的规划。虽然城市森林管理人员以往更注重环境服务功能，但如今他们越来越多地将健康效益视为树木管理的另一个准则，而目前的研究也为之提供了指导。例如，树木覆盖和应激反应方面的研究发现了"数量—反应"关系，绿树成荫的住宅街道景观极大地帮助人们从压力事件中恢复，恢复程度与树冠覆盖百分比有关（图 6）[50]。

图 6 最近的几项研究表明，社区中的树冠覆盖率与健康效应之间存在联系

从场地到系统

前面介绍了城市和网络致力于将自然融入生活环境，以实现各种目标和效益。公园有助于提高当地居民的生活质量，吸引企业和优秀人才落户，对实现多种经济目标十分重要。一些政策（如美国西雅图的"绿色因子 Green Factor"）[51]要求私人开发商增加建筑物上自然景观的数量并优化其功能，包括垂直绿化和行道树。虽然对许多城市而言这仍然是一种新型建筑形式，这些体现亲生命性设计的建筑通过模糊人工和生物之间的界限来实现建筑的想象力。有许多对新开发项目进行可持续认证的开发认证机构，其中"可持续场地评估"（SITES）还直接针对已开发的户外空间的健康功能进行评估 [52]。

随着生态和自然地块被保护、重新利用（如空地）或被引入城市结构之中，可以提出一种能将所有资源整合起来的宽泛的政策，以增强生态功能和人类健康反应[53]。自然空间可以作为雨水管理的要素，应用在校园、医院、道路用地和高密度住宅小区。地理信息系统对"从场地到系统"政策起到了支持作用，该系统可以对公共和私人的各种规模的自然元素进行编目，然后对与特定土地用途或受益人群相关的自然进行战略性的说明。

全面利用自然也包括心理学方面的因素。高密度，即多个公园和绿地之间距离靠近，有助于游客在脑海中形成一个网络，包括可进入的节点。连接十分重要，知道自己的社区里有更多可以发现和体验的场所，会促使人们更加活跃，更多地与他人交往，并培养一种场所感。视觉或物理连接可以形成开阔的视线，而铺装、树木、绿化带或标志等也可以成为引导人们探索当地或区域的提示物。路标可以帮助人们知道自己的位置，还能引导其到达目标地点。路标可以是地图、铺装或是不太常见的系统鸟瞰图。因为人们喜欢较小的公园场所，所以对连接性空间总体布局与生俱来的理解可以让人们感到安全和舒适。

前文的其他章节论述了景观和健康的历史，以及特定环境和特定使用者。还有部分章节讲述了研究目的和测量技术，以更好地了解城市中的自然与人类健康之间的联系。目前的知识水平还表明，在不同的社会和文化背景下，自然经验对所有人都具有深远的重要性。我们还需要在政策等方面进一步优化，促进建成环境中的人和社区能够沉浸在自然的环境之中。政策将场地尺度的效益或实践提升到能够实现更大效益、覆盖更多人口和地理区域的原则。政策以制定目标的方式提供指导，并通过沟通、奖励和监管的严密制度加以实施。政策是机构或地方政府治理的基础。

迄今为止，似乎很少有城市制定明确以人类健康为目的的景观和生态规划政策。可持续性和恢复性政策解决了能源使用、碳排放和风暴应对等环境问题，这些政策无疑也会对人类健康产生影响。然而，综合性和系统性接触自然的机会尚未广泛纳入规划、发展或公共卫生政策之中。前景光明的创新方案指明了未来的可能性，如亲生命性城市网络和新加坡的成功经验。对大多数国家而言，卫生健康服务的高昂成本是促进人们更多地采用自然和健康政策的一个潜在驱动因素。自然体验并非一种直接的治疗方式，但它通过改进疾病预防和促进健康所节约下来的资金是巨大的[54]。

通过对植被遥感和公共卫生统计数据的大数据对比可以发现，新的政策需要关注环境公平。几十年来，环境正义倡导者一直持续关注这一方面的问题，他们指出资源匮乏的社区所面临的环境风险和有毒物质危害比例过高。环境政策的目的是限制这些有害物质在社区中产生不良后果，现在对公平的关注包括公园的数量和质量、城市森林林冠覆盖率和自然可达性在不同地域间分布的差异[55]。例如，美国各城市的城市公园可达性各不相同。在21世纪初，洛杉矶只有33%的居民居住在距离公园0.25英里（约0.4km）的范围内，而波士顿和纽约的比例分别为97%和91%[56]。另外，《英国绿地可达性标准》（Natural England Accessible Green space Standard，简称ANGSt）预测，只有一半的城市人口生活在距离绿地300m的范围内，而英国20%最富裕的地区拥有的绿地面积是英国10%最贫困地区的5倍[57]。始终如一的都市自然政策提供了指导，使自然空间安全且有保障，使非正式、有意义地接触自然成为每个城市居民日常生活的一部分。

参考文献

[1] Kaplan R. The Role of Nature in the Urban Context[J]. 1983.

[2] Green Cities：Health[EB/OL].[2019-12-03].http：//depts.washington.edu/hhwb/.

[3] Kathleen, L, Wolf, . Metro Nature, Environmental Health, and Economic Value[J]. Environmental Health Perspectives, 2015.

[4] Howard F, Bratman G N, Jo B S, et al. Nature Contact and Human Health：A Research Agenda[J]. Environmental Health Perspectives, 2017, 125（7）：075001.

[5] Wolf, K. L., Measells, M. K., Grado, S. C., Robbins, A. S.Economic values of metro nature health benefits：A life course approach[J]. Urban Forestry & Urban Greening, 2015（14）：694-701.

[6] McDonald, R., L. Aljabar, et al. Funding Trees for Health：An Analysis of Finance and Policy Actions to Enable Tree Planting for Public Health[M]. The Nature Conservancy：Arlington, VA, 2017.

[7] World Health Organization.Health promotion[EB/OL].[2019-11-30].http：//www.who.int/healthpromotion/about/organization/units/en/.

[8] World Health Organization. 2012. Health Indicators of Sustainable Cities in the Context of the Rio+20 UN Conference on Sustainable Development. WHO/HSE/PHE/7.6.2012f.

[9] World Health Organization. Urban Green Spaces：A Brief For Action[J]. World Health Organization：Copenhagen, Denmark, 2017.

[10] United Nations Human Settlements Programme.Adequate Open Public Space in Cities：A Human Settlements Indicator for Monitoring the Post-2015 Sustainable Development Agenda[J]. New York City, 2015（2）：25-26. https：//unstats.un.org/unsd/post-2015/activities/egm-on-indicator-framework/docs/Background%20note%20by%20UN%20Habitat-%20Proposal%20for%20a%20public%20open%20space%20indicator-EGM_Feb2015.pdf.

[11] Agence européenne pour l'environnement, Bourdeau, Philippe（Ed.）, Stanners, David（Ed.）. Europe's environment：the Dobrís assessment[M]// Europe's Environment. THe Dobrís Assessment., 1995.

[12] Wüstemann, H., Kalisch, DTowards A National Indicator For Urban Green Space Provision and Environmental Inequalities In Germany：Method and Findings[N].SFB 649 Discussion Paper, 2016-2022.

[13] Toolkit For Their Implementation, John Handley, Stephan Pauleit, et al. Accessible Natural Green Space Standards in Towns and Cities：A Review and Toolkit for their Implementation[J]. 2011.

[14] How much green space does your city have?[EB/OL].sustainablecitiesnetwork,（2011-07-03）[2019-12-06]. https：//plusnetwork.wordpress.com/2011/07/13/how-many-metres-of-green-space-does-your-city-have/.

[15] Badiu D L, Ioj? C I, P?Troescu M, et al. Is urban green space per capita a valuable target to achieve cities' sustainability goals? Romania as a case study[J]. Ecological Indicators, 2016, 70：53-66.

[16] Bixby H, Hodgson S, Léa Fortunato, et al. Associations between Green Space and Health in English Cities：An Ecological, Cross-Sectional Study[J]. Plos One, 2015（10）.

[17] Centers for Disease Control and Prevention. Physical Activity[EB/OL].[2018-05-03].https：//www.cdc.gov/healthyplaces/healthtopics/physactivity.htm.

[18] Robert Wood Johnson Foundation and University of California, San Diego. Active Living Research[EB/OL].[2018-05-03].https：//www.activelivingresearch.org/.

[19] Carolyn, Bancroft, Spruha, et al. Association of proximity and density of parks and objectively measured physical activity in the United States：A systematic review[J]. Social Science & Medicine, 2015.

[20] Rigolon A. A complex landscape of inequity in access to urban parks：A literature review[J]. Landscape & Urban Planning, 2016（153）：160-169.

[21] Access to Safe Parks & Recreation Areas[EB/OL].[2019-06-18]. https：//www.sustainablecommunities.gov/access-safe-parks-recreation-areas-percent-residents-within-walking-distance-recreation-land.

[22] Public Land ParkScore® index[EB/OL].[2020-09-02]. http：//parkscore.tpl.org/#sm.000005oidznbyzdxoqt23fiwswa-iy.

[23] ParkServe™ tool[EB/OL]. 2019[2020-09-02]https：//parkserve.tpl.org/.

[24] Cohen D A, Han B, Nagel C J, et al. The First National Study of Neighborhood Parks：Implications for Physical Activity[J]. American journal of preventive medicine, 2016, 51（4）：419-426.

[25] Wolf, K.L. 2008. Metro nature：Its functions, benefits and values[M]. Philadelphia PA：University of Pennsylvania Press, 2008.

[26] Wolf, K. L., Robbins, A. S. T.Metro nature, environmental health, and economic value[J]. Environmental Health Perspectives, 2015, 123（5）：390-398.

[27] Pincetlsupa/Supsup*/Sup S. From the sanitary city to the sustainable city：challenges to institutionalising biogenic（nature's services）infrastructure[J]. Local Environment, 2010, 15（1）：43-58.

[28] Fong K C, Hart J E, James P. A Review of Epidemiologic Studies on Greenness and Health：Updated Literature Through 2017[J]. Current Environmental Health Reports, 2018.

[29] Bratman Gregory N, Hamilton J. Paul, Daily Gretchen C. The impacts of nature experience on human cognitive function and mental health[M]// Annals of the New York Academy of Sciences, 2012.

[30] Kaplan, R., & Kaplan, S. Cognition And Environment：Functioning In An Uncertain World[M]. New York：Praeger Publishers, 1982.

[31] Matsuoka R H. Student performance and high school landscapes：Examining the links[J]. Landscape & Urban Planning, 2010, 97（4）：273-282.

[32] Seattle ReLeaf. Finding The Magic of Trees：Connecting Seattle Residents To The Urban Forest[M]. Seattle WA：City of Seattle, 2013.

[33] Harnik, P.Urban Green：Innovative Parks For Resurgent Cities[M]. Washington DC：Island Press, 2010.

[34] Tidball K G, Krasny M E. Introduction：Greening in the Red Zone[M]// Greening in the Red Zone. Springer Netherlands, 2014.

[35] Chew, Valerie, Singapore Green Plan[EB/OL]. （2016-08-17）[2020-07-25]. http：//eresources.nlb.gov.sg/infopedia/articles/SIP_1370_2008-11-22.html.

[36] Boey, M. Parks of Singapore. Presented at International Parques Urbano Congres, Merida, Mexico, 2018.

[37] Kavanagh, Una-Minh.The world's first National Park City is set to be in the UK[EB/OL]. Lonely Planet, （2018-02-16）[2019-06-18].https：//www.lonelyplanet.com/news/2018/02/16/national-park-city-london/.

[38] Goode, David.London：A National Park City[EB/OL]. The Nature of Cities, （2015-08-16）[2019-05-16]. https：//www.thenatureofcities.com/2015/08/16/london-a-national-park-city/.

[39] McKeown, D.Green City：Why Nature Matters to Health[EB/OL]. Medical Officer of Health：Toronto, Canada, 2015[2019-06-19].https：//www.toronto.ca/legdocs/mmis/2015/hl/bgrd/backgroundfile-83420.pdf.

[40] Evergreen Common Grounds. Green Space Acquisition and Stewardship in Canada's Urban Municipalities：Results of a Nation-wide Survey[EB/OL]. Evergreen Common Grounds：Toronto, Ontario & Vancouver, British Columbia, 2004[2019-05-25].https：//www.evergreen.ca/downloads/pdfs/Green-Space-Canada-Survey.pdf.

[41] Robert Wood Johnson Fundation. Healthy Communities[EB/OL].[2019-06-13].https：//www.rwjf.org/en/our-focus-areas/focus-areas/healthy-communities.html.

[42] Children and Nature[EB/OL].[2019-12-26].https：//www.childrenandnature.org/.

[43] National League of Cities. Cities Connecting Children to Nature[EB/OL].[2019-08-12].https：//www.nlc.org/cities-connecting-children-to-nature.

[44] National League of Cities. Cities Connecting Children to Nature：Municipal Action Guide[M]. National League of Cities, Children & Nature Network, 2017.

[45] Biophilic Cities. Connecting Cities And Nature[EB/OL].[2019-12-25].http：//biophiliccities.org/.

[46] Tim Beatley. Exploring the Nature Pyramid[EB/OL].Charlottesville, （2012-08-07）[2019-12-09].https：//www.thenatureofcities.com/2012/08/07/exploring-the-nature-pyramid/.

[47] Melosi, M.V. The Sanitary City：Environmental Services In Urban America From Colonial Times To The Present[M]. Pittsburgh PA：University of Pittsburgh Press, 2008.

[48] Rouse, D.C., & Bunster-Ossa, I.F.Green Infrastructure: A Landscape Approach[J]. Chicago, IL: American Planning Association, 2013.

[49] Wolf, K. L., and The Nature Conservancy. Cascading Benefits: Designing Green Stormwater Infrastructure for Human Wellness[J]. The Nature Conservancy: Seattle, WA, 2018.

[50] Jiang Bin, Li Dongying, Larsen Linda, et al. A Dose-Response Curve Describing the Relationship Between Urban Tree Cover Density and Self-Reported Stress Recovery.[J]. Environment & Behavior, 2016.

[51] Nathan Torgelson. Seattle Department of Construction & Inspections[EB/OL].[2019-12-26].http: //www.seattle.gov/dpd/codesrules/codes/greenfactor/default.htm.

[52] Sustainable Sites. Developing Sustainable Landscapes[EB/OL].[2019-12-29].http: //www.sustainablesites.org/.

[53] Wolf, K. L., and W. Brinkley. Sites to Systems: Nearby Nature for Human Health[J]. TKF Foundation: Annapolis, MD, 2016.

[54] Wolf, K. L., Measells, M. K., Grado, S. C., Robbins, A. S. Economic values of metro nature health benefits: A life course approach[J]. Urban Forestry & Urban Greening, 2015 (14) : 694-701.

[55] Jennings V, Johnson Gaither C, Gragg R S. Promoting Environmental Justice Through Urban Green Space Access: A Synopsis[J]. Environmental Justice, 2012, 5 (1) : 1-7.

[56] Trust for Public Land.No Place To Play: A Comparative Analysis Of Park Access In Seven Major Cities[J]. The Trust for Public Land, San Francisco, CA, 2004.

[57] Wentworth, J.Urban Green Infrastructure and Ecosystem Services[J]. Houses of Parliament, Parliamentary Office of Science and Technology: London, 2017.

健康城市：城市绿色景观对大众健康的影响机制及未来重要研究问题

姜斌　张恬　[美]威廉·C. 苏利文（William C. Sullivan）

城市化在中国已成燎原之势，据中国国家统计局数据，中国城镇人口占总人口比率从 1982 年的 21% 剧增至 2021 年的 65%。无论是在中国还是西方，城市发展在创造巨大价值的同时，也产生了诸多的负面效应。人与自然环境的疏离隔阂、都市生活带来的压力与焦虑、市民居住工作环境的嘈杂逼仄、层出不穷的环境污染已经对公众健康产生了显著威胁[1-3]。

警钟：中国城市环境恶化所引发的严重健康危机

中国城市环境恶化已引发多方面的健康危机。首先，快节奏、高压力、远离自然的城市生活所导致的精神疲劳和压力可能诱发多种健康和社会问题，包括心血管疾病、糖尿病、部分类型的癌症、操作失误事故、暴力犯罪等[4]。疲劳、压力、抑郁和焦虑会导致不健康的生活方式，例如缺乏运动、吸烟、酗酒、毒品或药物依赖等[5]。据世界卫生组织 2005 年报告，全球范围内 31.5% 的健康生命损失可归因于精神健康问题[5]。据 2013 年的一项研究预测，中国罹患抑郁症的人数超过 3000 万人，其中约 90% 不能得到及时诊断和治疗。抑郁与焦虑在中国城市人群中普遍存在[6]。

静态的生活方式、公共绿色景观不足和分配不均、日趋依赖机动车通行的城市环境是导致市民体重超重和肥胖并诱发多种致死疾病的重要原因[7]。2010 年中国成年人体重超重率为 30.6%，肥胖率为 12.0%。中国未成年人超重率和肥胖率分别从 1981 年至 1985 年的 1.8% 和 0.4% 上升到 2006 年至 2010 年的 13.1% 和 7.5%[8]。缺乏身体锻炼已经给社会带来沉重经济负担：2002 年因缺乏身体锻炼导致的疾患造成的经济损失为 211.1 亿元，2007 年则达 509.9 亿元[9, 10]。

本文目的

面对这一系列复杂而紧迫的问题，虽然我国的规划设计专业人士已经提出了一些对策，但数量和内容仍较为有限，大部分成果都集中于园艺疗养及城市管理领域，缺乏对城市绿色景观健康效应的全面而深入的考量。我们仍过分依赖经验和常识，缺乏进行理论和实证研究的耐心，也缺乏跨专业合作的意识和经验。应对这一问题，本文将通过梳理近 30 年来全球范围内的、来自多个相关专业的重要研究成果，概括出 5 种城市绿色景观影响健康的理论机制和对应支持每一种理论机制的科学证据，并由此发展出一个总体理论框架和一系列可供研究的重要议题。我们希望通过本文为我国的城市管理者、学者和规划设计师提供一些基本线索，围绕这一重大话题开展研究与实践。

健康、福祉、城市绿色景观的概念

人们常将"健康"狭义地理解为身体器质性的健康，而忽视心理健康和社会关系的健康。世界卫生组织对健康做出了全面的定义："健康不仅是消除疾病或羸弱，也是体格、精神与社会的完全健康。"广义的健康还可以用"福祉"这一概念来表达。根据《新千年生态系统评估》的定义，福祉除了包括身心健康以外，还包括满足基本物质需求，安全、良好的社会关系，以及个人选择和行动的自由[11]。因此，健康应该不仅包含身心健康的平衡，也包含个人及社会的平等与和谐[12]。

本文的城市绿色景观是指公共或私有的、主要被植物所覆盖的城市空间，能够直接（例如作为休闲、社交或健身场所或审美的对象）或间接（例如对城市空气、水、噪声环境的积极影响）地为市民服务。

理论机制：城市绿色景观对健康和福祉的影响

那么，城市绿色景观究竟是通过何种机制影响市民健康和福祉的呢？总体而言，可以概括为5个主要理论机制：促进身体锻炼、舒缓精神压力、减轻精神疲劳、提供生态产品或服务、提升社会资本。

促进身体锻炼

相对于那些缺乏植被、以硬质空间为主的城市景观，绿色景观更能鼓励人们进行身体锻炼。在有更多绿色植被的场所，儿童或成人均倾向于更积极的身体锻炼[13, 14]。绿色景观能使锻炼者的锻炼时间更长[15]，亦能更大程度提升认知能力[16]和缓解精神压力[17]。研究发现在绿色景观中进行5分钟低强度的身体锻炼（如散步）即可产生显著的整体情绪和自尊感提升效应（分别提升60%和70%）[18]。在绿色景观中进行锻炼还能有效预防器质性疾病。森林散步能显著增加成人自然杀伤细胞的活动度和抗癌活性蛋白的数量，降低肾上腺素的分泌，而在缺乏植被的城市环境散步则无类似的效应[19]。社区周边的绿色景观覆盖率差异越小，社区间由收入差距引起的健康状况（循环系统患病率及死亡率）差距越小[20]。此外，有研究发现城市老年居民的寿命和其所居住社区可供锻炼的绿色景观的数量存在显著正相关性[21]。

舒缓精神压力

1991年，罗杰·乌尔里希提出了接触绿色景观可产生压力舒缓效应的理论，他指出人类在长达数百万年的进化中都与自然环境有着密切的联系，这种进化历程可部分解释为何现代人在接触自然或城市绿色景观中可得到精神压力的舒缓。他强调这种舒缓是"立即的、潜意识的应激反应"[22]，只需要动用非常低水平的意识活动即可促使人体生理性的变化或者产生迅速的身体动作来应对威胁和适应环境，而人又通常会选择安全的环境。

自然环境来舒缓精神压力。根据关于绿色景观的生理学和心理学研究，精神压力的舒缓既体现在心率、皮肤收缩水平、皮质醇水平、血压的降低，也体现在乐观情绪的提升和焦躁程度的降低[22-24]。

研究发现许多类型的城市绿色景观均能起到舒缓压力的作用。绿色景观可以减少居民的精神压力：与完全缺乏树木的居住环境相比，具有中等林冠覆盖率（约30%）的居住环境能使人的压力舒缓效应提升约3倍[23]。同时绿色景观可以缓解城市噪声对居民所产生的精神压力和负面情绪[25]，经比较实验发现，缺乏植被的城市景观则没有类似的效应[26, 27]。更多的绿色景观有助于降低员工的精神压力[28, 29]。学生在学校与绿色景观的接触频率和精神压力水平存在反向相关[30]。在医疗场所，与绿色景观接触更多的患者术后住院时间更短，自控镇痛剂的使用量更少[31, 32]，血压更趋于正常[33]，情绪也更为积极[34]。综合而言，目前掌握的科学证据可清楚地证明绿色景观有助于缓解精神压力。

减轻精神疲劳

史蒂芬·卡普兰和雷切尔·卡普兰提出的"注意力恢复理论"指出接触绿色景观能使人们从精神疲劳中得到恢复[35, 36]。卡普兰夫妇认为接触自然，即使是城市空间里的绿色景观也可因休息和恢复主动性注意力而强化人们的专注力。一些场所（例如观赏拥有树木和草地的绿色空间或观赏水景）只消耗人的非主动性注意力而让直接注意力得到恢复[35]——人具有不需动用主动性注意力即可快速阅读和适应自然环境的内在能力；相反，在缺乏绿色、充满强制性的人造刺激的城市环境里，人们需要消耗大量的主动性注意力才能得以关注他们正在做的事情。

研究发现许多不同类型的城市绿色景观均有恢复自主性注意力的作用。在工作环境通过各种方式来接触绿色景观，不论是观赏窗外景色[37]，还是在其中坐憩或锻炼身体，都能减少精神疲劳和恢复注意力[38]。研究发现，学生与学校户外绿色景观的视觉接触和多项学业表现有着显著的正相关性[30]。居住环境的绿色景观有利于提升居民的注意力和认知能力，这一影响对成人和儿童均成立。居住环境绿色景观的增加亦与儿童认知能力的提升显著相关[39]。儿童在更多绿色景观的环境中表现出更高的创造性[40]、更高的自律性及更集中的注意力[41, 42]。

提供生态产品或服务

健康的生态系统中可提供多种有益于人类生存和发展的产品或服务[11]。其一，城市绿地可以起到改善城市温室效应、减少高温危害的作用。其中自然湿地和乔木林地的效应最为显著[43]。研究发现自然湿地形状越完整，其降温效应越显著；距离城市中心越近，其降温效应越显著[44]。其二，城市绿地能有效降低城市空气污染，从而降低呼吸道疾病病发率。据研究，每公顷的屋顶花园每年可吸收 85.60kg 的空气污染物[45]。一棵成熟乔木每年可产生价值 1.52~2.38 美元的改善空气污染的效益[46]。每棵乔木每年所提供的生态服务价值在 21~159 美元之间[47]。其三，城市绿地可以提供开展城市农业的场所，鼓励市民参与建设生产性景观，在城市内部充分利用空地、阳台、墙体、屋顶种植作物，或将城市开放空间的观赏性景观置换为生产性景观，可减少因长途运输产生的大气污染，增加对绿色食品的摄入，减少对快餐垃圾食品的依赖和提高食品安全程度，这对于保障市民，特别是低收入市民的健康起到重要的作用[48, 49]。此外，随着城市化进程的推进，不渗水地面大量增加，地表水下渗受阻，在降雨时短时间内可形成大量的地表径流，增加洪涝灾害的发生几率，同时径流会裹携和溶解大量的危害健康的污染物质。城市绿色景观还可以通过调节城市水文过程来提升市民健康。俞孔坚建议以河流、湿地、绿道等为主要脉络将生态斑块联系起来，建立生态安全格局，是净化空气和水源、减少洪涝灾害风险、创造休闲游憩机会、保障城市居民健康的有效途径[50]。

提升社会资本

社会资本的分配和发展可显著地影响身心健康[51]。皮埃尔·布尔迪厄提出社会资本就是在社会网络中被分享的资源[52]。罗伯特·帕特南对社会资本的概念作了进一步的诠释[53]。他认为社会资本是"包括例如信任、规范和网络等能够通过促进协同合作来提升社会效率的社会组织特征"。

增强市民、社会群体之间的社会纽带是城市绿色景观影响市民健康的一条重要途径[54]。绿色开放空间可吸引人们前往，从而帮助享用相同居住或工作环境的人们变得相互熟悉。经过一段时间，这些人之间即可发展出社会纽带。诸多研究指出更多的城市绿色景观与更多的户外聚集、更多的社会交往及邻里之间更强的社会纽带相关[14, 55]。最近一项研究发现，增加 10% 的林冠覆盖率与减少 12% 的犯罪率存在显著正相关性[56]。此外，有研究发现城市社区的林冠覆盖率与社会资本成正相关性，林冠覆盖率这一环境因素为衡量社会资本的水平增加了 22.72% 的解释力[57]。经常接触绿色景观可帮助邻里或从业者发展社会纽带。这些社会纽带继而有助于人们预防疾病和更快地从疾患中痊愈。因此，绿色景观对创造健康社区起到重要的作用。绿色景观对那些弱势群体，如贫困、患疾或残疾人士，可起到尤为重要的作用[58, 59]。

理论框架与重要领域

基于前文的论述，我们可以用一个简明的理论模型来概括城市绿色景观对公众健康的影响机制（图 1），同时，在此提出可以在中国展开深入研究的 7 个重要领域。

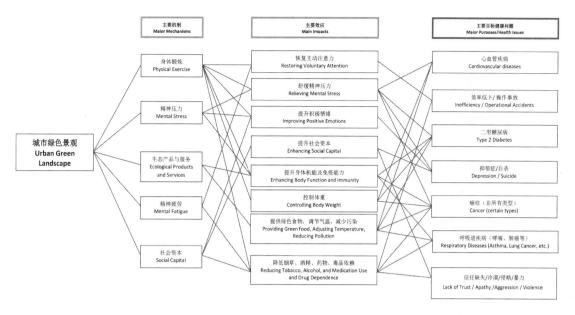

图1 理论框架：城市绿色景观影响大众健康的理论机制

身心健康

关注城市绿色景观对个体的心理及器质性健康的影响，我们应该更好地理解以下问题：

（1）城市绿色景观的设计如何提升心理安全感、抑制侵略性或暴力行为冲动、提升身体锻炼的意愿？

（2）城市绿色景观量与其对健康的影响：绿色景观的密度，人与绿色景观接触的时间、频次、强度与身心健康之间有何关系？

（3）城市绿色景观的文化和精神意蕴与提升身心健康有何关系？绿色景观所激发的归属感、崇高感、神圣感是否在某种程度上对健康具有影响？

（4）城市绿色景观的物种、色彩、气味、材质、形态、空间构成、密度等特征与人的环境感知或行为方式有何关系？

（5）景观与城市设计对预防和治疗重要疾病能做出何种程度的贡献？这些疾病包括心血管疾病、糖尿病、肥胖症、肺癌、哮喘等。

生活方式与行为习惯

关注改变人们的生活理念与生活习惯，我们需要理解下列问题在何种程度可以通过城市绿色景观设计得到改善：

（1）鼓励人们参与户外健身活动。

（2）帮助人们摆脱对私家车的依赖，鼓励他们选择步行、自行车或公共交通。

（3）使市民有机会使用健康的、本地的食物。

（4）提升市民的环境保护意识和为其创造参与环境保护的机会。

社会群体健康

关注对社群关系、社会融合度、社会资本的影响，我们应该更好地理解以下问题：

（1）城市环境对积极通行方式（如步行、自行车等）的友好程度如何影响社会资本的发展？

（2）城市绿色景观的数量、品质、空间结构与社会资本的发展有何关系？

（3）集体性的景观体验与社会群体健康有何关系？

（4）景观与城市设计如何对预防和解决社会问题作出贡献？这些社会问题包括社会信任感缺失、社群疏离与冲突、吸毒、自杀及暴力犯罪等。

关注特殊或易感人群

关注社会弱势群体或身心较为脆弱敏感的人群的健康，我们应该更好地理解以下问题：

（1）在城市绿色景观与公众健康的关系中，性别、年龄、职业、城乡差异、收入、教育程度、婚姻状况、成长经历等因素扮演何种角色？

（2）城市绿色景观与儿童以及青少年身心的健康发展有何关系？与青少年肥胖问题有何关系？

（3）城市景观设计如何关照特殊或弱势人群（如自闭症患者、抑郁症患者、灾难幸存者、绝症患者、残疾人士、老年人、失业人士等）的身心健康？

（4）针对居住于城市的外来流动人口，文化差异、城乡差异如何影响到城市景观与公众健康的关系？

（5）景观和城市设计如何为城市白领、流水线工人、危险工种从业者普遍存在的过度疲劳问题、精神压力问题、抑郁问题和免疫能力低下等问题作出贡献？

景观、污染治理与健康

关注绿色景观对污染问题的贡献及产生的健康效应，我们应该更好地理解以下问题：

（1）景观和城市设计如何为解决工业污染、农业污染、电子垃圾污染、生活垃圾污染作出贡献？

（2）污染源周边的绿色景观设计如何对处理水、空气、噪声、土壤污染，减少健康危害做出贡献？

（3）城市绿色景观的物种、结构、面积与其处理各种类型污染的能力有何关系？

重要规划与设计专题

关注重要或迫切需要研究的课题，我们应该更好地理解以下问题：

（1）政府如何在制定城市绿地设计规范时将绿色景观的健康效应纳入考量？

（2）不同内容、形式和面积的城市绿色景观对改善城市热岛效应有何种程度的影响？

（3）如何建立完善的测量指标系统来衡量城市绿色景观对大众健康的影响？

跨学科合作

关注如何实现重要跨学科评价体系和概念的联系，我们应该更好地理解以下问题：

（1）城市绿色景观的生态健康与该环境对大众健康的影响有何关系？

（2）城市绿色景观的景观生态结构与城市居民的身心健康有何关系？

（3）如何利用诸如"堪舆"或"气"等东方传统知识来探究城市绿色景观与公众健康的关系？

（4）景观审美评价与景观的健康效应评价有何关系？

结语

上述理论框架与研究方向的提出是针对中国城市环境恶化导致的公众健康危机，对相关理论和研究成果进行的梳理。可以看出精心设计的城市绿色景观能通过不同的途径提升健康，包括促进身体锻炼、舒缓精神压力、减轻精神疲劳、提供生态产品或服务、提升社会资本。希望本文对未来我国城市管理者、学者、规划师和设计师在这一领域的工作有所助益。诚然，城市自然景观对健康有着显著的、全方位的提升作用，但在实践中，我们应重点关注以下三个原则问题：

（1）城市绿色景观作为生态基础设施的先行原则：西方城市走过的弯路告诉我们，城市自然资源一旦遭受破坏则需要付出极大的代价和漫长的时间才能得以恢复。对城市生态基础设施的投资将持续提供数十年甚至上百年的生态服务并改变无数人的生活方式。中国应当抓住目前城市化和新城镇建设的契机，把保护和修复既有绿色景观、优化绿色景观的生态服务功能、建立生态基础设施作为城市建设的第一步[60]。

（2）城市绿色景观对污染物质的处理能力存在一定的局限性。当环境污染超过一定的阈值，城市绿色景观对环境质量和身心健康的提升效应会大打折扣[61]。西方国家亦走过从通过环境工程手段治理有害污染到利用城市绿色景观进一步改善健康的道路[62]。因此，控制污染排放、减少资源浪费、杜绝非理性城市建设是城市绿色景观能显著提升健康的重要前提。

（3）大数据系统及公众参与的重要性：城市景观质量和公共健康的评估都涉及动态和海量的数据的采集、管理和处理。以美国为例，研究者能够方便地建立人口普查、公众健康普查、污染排放普查、土地利用方式普查、城市绿地普查等多种数据的联系，并在国家、城市、社区等多个尺度上进行分析。

过去数十年间，我们已经为城市的粗放发展付出了沉重的代价，如今警钟已经在耳畔响起：环境与健康问题关乎个人、家庭、国家的命运，只有大家勠力同心，才能为十几亿国人以及未来后世创造健康的生活环境。

参考文献

[1] Blanco H, Alberti M, Forsyth A, et al. Hot, congested, crowded and diverse: Emerging research agendas in planning[J]. Progress in Planning, 2009, 71（4）: 153-205.

[2] Zhang, J., & Chaaban, J.The economic cost of physical inactivity in china[J]. Preventive Medicine, 2013, 56 (1) : 75-78.

[3] Frumkin, H. (Ed.) .Environmental health from global to local[J]. San Francisco: Jossey-Bass, 2005.

[4] Sullivan W C, Chang C Y. Mental health and the built environment[J]. 2011.

[5] Patel, Vikram, Saxena, Shekhar, Maj, Mario, et al. Global mental health 1 - No health without mental health[J]. Lancet, 2007, 370 (9590) : 859-877.

[6] Intelligence, C. R. (Producer) .Research report on china's antidepressant market[EB/OL].2013[2019-06-18]. http: //www.researchandmarkets.com/research/b7j88d/research_report.

[7] Poortinga W. Perceptions of the environment, physical activity, and obesity[J]. Social ence & Medicine, 2006, 63 (11) : 2835-2846.

[8] Yu Z, Han S, Chu J, et al. Trends in Overweight and Obesity among Children and Adolescents in China from 1981 to 2010: A Meta-Analysis[J]. Plos One, 2012, 7 (12) : e51949.

[9] Zhang, J., & Chaaban, J.The economic cost of physical inactivity in china[J]. Preventive Medicine, 2013, 56 (1) : 75-78.

[10] Zhao, W., Zhai, Y., Hu, J., Wang, J., Yang, Z., Kong, L., & Chen, C. Economic burden of obesity-related chronic diseases in mainland china[J]. Obesity Reviews, 2008 (9) : 62-67.

[11] Assessment, M. E. (Ed.) .Ecosystems and human well-being[J]. Washington DC: Island Press, 2006.

[12] Grahn, P., & Stigsdotter, U. A. Landscape planning and stress[J]. Urban Forestry and Urban Greening, 2003, 2(1): 1-18.

[13] Ingunn Fjørtoft and Jostein Sageie. The natural environment as a playground for children: Landscape description and analyses of a natural playscape[J]. Landscape and Urban Planning, 2000.

[14] Sullivan W C, Kuo F E, Depooter S F. The Fruit of Urban Nature[J]. Environment & Behavior, 2004, 36 (5) : 678-700.

[15] Pennebaker J W, Lightner J M. Competition of internal and external information in an exercise setting[J]. Journal of Personality & Social Psychology, 1980, 39 (1) : 165-174.

[16] Roe J, Aspinall P. The restorative benefits of walking in urban and rural settings in adults with good and poor mental health[J]. Health & Place, 2011, 17 (1) : 103-113.

[17] Hartig T, Evans G W, Jamner L D, et al. Tracking restoration in natural and urban field settings[J]. Journal of Environmental Psychology, 2003, 23 (2) : 109-123.

[18] Barton J O, Pretty J. What is the best dose of nature and green exercise for improving mental health? A multi-study analysis[J]. Environmental ence & technology, 2010, 44 (10) : 3947.

[19] Li, Qing, Morimoto, K, Kobayashi, M, et al. Visiting a forest, but not a city, increases human natural killer activity and expression of anti-cancer proteins[J]. International Journal of Immunopathology & Pharmacology, 1900, 21(1): 117-127.

[20] Mitchell R, Popham F. Effect of exposure to natural environment on health inequalities: an observational population study[J]. Lancet, 2008, 372 (9650) : 1655-1660.

[21] Takano T, Nakamura K, Watanabe M. Urban residential environments and senior citizens' longevity in megacity areas: the importance of walkable green spaces[J]. J Epidemiol Community Health, 2002, 56 (12) : 913-918.

[22] Roger S. Ulrich and Robert F. Simons and Barbara D. Losito and Evelyn Fiorito and Mark A. Miles and Michael Zelson. Stress recovery during exposure to natural and urban environments[J]. Journal of Environmental Psychology, 1991.

[23] Jiang B, Chang C Y, Sullivan W C. A dose of nature: Tree cover, stress reduction, and gender differences[J]. Landscape & Urban Planning, 2014 (132) : 26-36.

[24] Jiang B, Li D, Larsen L, et al. A Dose-Response Curve Describing the Relationship Between Urban Tree Cover Density and Self-Reported Stress Recovery[J]. Environment and Behavior, 2014, 48 (4) : 607-629.

[25] Gidl?F-Gunnarsson A, ?Hrstr?M E. Noise and well-being in urban residential environments: The potential role of perceived availability to nearby green areas[J]. Landscape & Urban Planning, 2007, 83 (2-3) : 115-126.

[26] Kurt, Beil, Douglas, et al. The influence of urban natural and built environments on physiological and psychological measures of stress-a pilot study[J]. International Journal of Environmental Research & Public Health, 2013.

[27] Lee J, Park B J, Tsunetsugu Y, et al. Restorative effects of viewing real forest landscapes, based on a comparison with urban landscapes[J]. Scandinavian Journal of Forest Research, 2009, 24 (3) : 227-234.

[28] Chang C Y, Chen P K. Human Response to Window Views and Indoor Plants in the Workplace[J]. Hortence, 2005, 40 (5) : 1354-1359.

[29] Lottrup L, Grahn P, Stigsdotter U K. Workplace greenery and perceived level of stress: Benefits of access to a green outdoor environment at the workplace[J]. Landscape & Urban Planning, 2013 (110) : 5-11.

[30] Matsuoka R H. Student performance and high school landscapes: Examining the links[J]. Landscape & Urban Planning, 2010, 97 (4) : 273-282.

[31] Park S H, Mattson R H. Therapeutic Influences of Plants in Hospital Rooms on Surgical Recovery[J]. Hortence A Publication of the American Society for Horticultural ence, 2009, 44 (1) : 102-105.

[32] Ulrich, R. View through a window may influence recovery from surgery[J]. ence, 1984, 224 (4647) : 420-421.

[33] Ulrich, R. S., Simons, R. F., Miles, M. A. Effects of environmental simulations and television on blood donor stress[J]. Journal of Architectural and Planning Research, 2003, 20 (1) : 38-47.

[34] Ruth Kjærsti Raanaas. Effects of an Indoor Foliage Plant Intervention on Patient Well-being during a Residential Rehabilitation Program[J]. Hortence, 2010, 45 (3) : 387-392.

[35] Kaplan, R., & Kaplan, S. The experience of nature: A psychological perspective[M]. New York: Cambridge University Press, 1989.

[36] Kaplan S. The restorative benefits of nature: Toward an integrative framework[J]. Journal of Environmental Psychology, 1995, 15 (3) : 169-182.

[37] Larsen L, Adams J, Deal B, et al. Plants in the Workplace The Effects of Plant Density on Productivity, Attitudes, and Perceptions[J]. Environment & Behavior, 1998, 30 (3) : 261-281.

[38] Pretty J, Peacock J, Sellens M, et al. The mental and physical health outcomes of green exercise[J]. International Journal of Environmental Health Research, 2005, 15 (5) : 319-337.

[39] Wells, N. M. At Home with Nature Effects of "Greenness" on Children's Cognitive Functioning[J]. Environment & Behavior, 2000, 32 (6) : 775-795.

[40] Taylor A F, Wiley A, Kuo F E, et al. Growing Up in the Inner City Green Spaces as Places to Grow[J]. Environment & Behavior, 1998, 30 (1) : 3-27.

[41] Taylor A F, Kuo F E, Sullivan W C. Coping with add The Surprising Connection to Green Play Settings[J]. Environ Behav, 2001, 33 (1) : 54-77.

[42] Taylor A F, Kuo F E, Sullivan W C. Views of Nature and Self-discipline: Evidence from Inner City Children[J]. Journal of Environmental Psychology, 2002, 22 (1-2) : 49-63.

[43] Chen, A., Sun, R., & Chen, L.Effects of urban green pattern on urban surface thermal environment[J]. Shengtai Xuebao/ Acta Ecologica Sinica, 2013, 33 (8) : 2372-2380.

[44] Sun R, Chen A, Chen L, et al. Cooling effects of wetlands in an urban region: The case of Beijing[J]. Ecological Indicators, 2012 (20) : 57-64.

[45] Yang J, Yu Q, Gong P. Quantifying air pollution removal by green roofs in Chicago[J]. Atmospheric Environment, 2008, 42 (31) : 7266-7273.

[46] Mcpherson E G, Simpson J R, Xiao Q, et al. Million trees Los Angeles canopy cover and benefit assessment[J]. Landscape and Urban Planning, 2011, 99 (1) : 40-50.

[47] Jennifer Mullaney, Terry Lucke, Stephen J. Trueman. A review of benefits and challenges in growing street trees in paved urban environments[J]. Landscape and Urban Planning, 2015.

[48] Cannuscio C, Glanz K. Food Environments[M]// Making Healthy Places. Island Press, 2011.

[49] Specht, K., Siebert, R., Hartmann, I., Freisinger, U. B., Sawicka, M., Werner, A., Dierich, A. Urban agriculture of the future: An overview of sustainability aspects of food production in and on buildings[J]. Agriculture and Human Values, 2013: 1-19.

[50] Yu K. Security patterns and surface model in landscape ecological planning[J]. Landscape & Urban Planning, 1996, 36 (1) : 1-17.

[51] Caitlin Eicher, Ichiro Kawachi. Social Capital and Community Design[M]// Making Healthy Places. Island Press/Center

for Resource Economics, 2011.

[52] Bourdieu, P. The forms of capital The handbook of theory: Research for the sociology of eduction[J].New York: Greenwood Press, 1986: 241-258.

[53] Putnam, R. Making democracy work: Civic traditions in modern italy[M]. Princeton, NJ: Princeton University Press, 1993.

[54] Sullivan, W. C., & Chang, C. Y.(2011). Mental health and the built environment. In A. L. Dannenberg, H. Frumkin & R. J. Jackson (Eds.) , Making healthy places: Designing and building for health, well-being, and sustainability (pp. 106-116) . Washington, DC: Island Press.

[55] Kuo F E, Sullivan W C. Aggression and Violence in the Inner City Effects of Environment via Mental Fatigue[J]. Environment & Behavior, 2001, 33 (4) : 543-571.

[56] Troy, A., Morgan Grove, J., & O'Neil-Dunne, J. The relationship between tree canopy and crime rates across an urban-rural gradient in the greater baltimore region[J]. Landscape and Urban Planning, 2012, 106 (3) : 262-270.

[57] Holtan, M. T., Dieterlen, S. L., & Sullivan, W. C. Social life under cover: Tree canopy and scoia capital in baltimore, maryland[J]. Environment & Behavior, 2014, 46 (6) : 1-24.

[58] Donovan G H, Michael Y L, Butry D T, et al. Urban trees and the risk of poor birth outcomes[J]. Health & Place, 2011, 17 (1) : 390-393.

[59] Ward Thompson, C., Roe, J., & Aspinall, P.Woodland improvements in deprived urban communities: What impact do they have on people's activities and quality of life?[J]. Landscape and Urban Planning, 2013 (118) : 79-89.

[60] Kong-Jian Y U, Si-Si W, Di-Hua L I. The function of ecological security patterns as an urban growth framework in Beijing[J]. Acta Ecologica Sinica, 2009.

[61] Sun R, Chen A, Chen L, et al. Cooling effects of wetlands in an urban region: The case of Beijing[J]. Ecological Indicators, 2012 (20) : 57-64.

[62] Frumkin H. Beyond toxicity: human health and the natural environment[J]. American Journal of Preventive Medicine, 2001, 20 (3) : 234-240.

健康景观：从理论研究到实践应用

陈崇贤　夏宇

当下，越来越多的人认识到环境与个体健康之间的联系，这不仅包括居住的室内环境，也包括了户外活动的公园、广场、街道及社区花园等公共空间。环境对健康的影响之所以能够引起人们的广泛关注，很可能归因于过去几十年长期快速城市化过程带来的双重效应。一方面，快速的城市化发展造成了城市人口增加、高密度居住空间、交通拥堵、高压生活方式等，同时，高强度的人为开发活动对自然景观和生态环境的破坏，也进一步加剧了人们的健康风险。另一方面，不可否认的是城市化也促进了社会经济发展，提高了大众生活水平和健康意识，越来越多的人在财富增加和基本生活保障得到满足的前提下，更向往健康和舒适的生活环境。据联合国《2018 年世界城镇化展望》报告显示，到 2050 年全球预计将有超过 68% 的人口居住在城市，并且有超过九成的增加发生在亚洲和非洲国家，其中，中国预计将增加 2.55 亿[1]。伴随着势不可挡的城市化进程和人口增长，城市住房、交通、基础设施及公共卫生等方面也不断面临着挑战，了解城市环境对人们健康的影响，建设健康城市发展框架，确保城市生活环境能够提升公共健康水平，对于实现"健康中国"发展战略至关重要。

尽管历史上有许多通过营造良好环境以提高人们健康水平的先例，但为了进一步获得更多证据，在现代科学技术和方法的驱动下，近几十年来涌现出大量研究从不同角度进一步证实了居住环境对人们身心健康影响的内在机制。例如许多研究发现绿色空间能够过滤空气中的细小颗粒物，从而提高空气质量[2]；接触绿色自然环境有利于减缓压力，恢复注意力[3, 4]；绿色环境可以激发人们进行体力活动、促进社会交往联系、加强居民间的社会凝聚力[5]。一些学者的研究结果也为环境与人生理、心理健康之间关系提供了重要的理论支撑。其中，最具有代表性的是被称为"恢复性环境"（Restorative Environments）的概念，最早是由美国密歇根大学卡普兰（Kaplan）等人在 20 世纪 80 年代提出，并将其定义为能使人们更好地从心理疲劳以及压力和消极情绪中恢复过来的环境。这种环境的积极作用目前被认为主要是由两种理论解释，一种是卡普兰夫妇的注意力恢复理论（Attention Restorative Theory）[6]，另一种是乌尔里希（Ulrich）的压力减缓理论（Stress Reduction Theory）又或者称为心理进化理论[7]。前者认为一个能让人们注意力得到很好恢复的环境应该具有远离（Being Away）、迷人（Fascination）、延展（Extent）及兼容（Compatibility）的特征，后者认为一些具有适当深度和复杂性、有一定结构和视觉焦点以及包括具有可观赏的植物和水景，并且没有危险因素的环境，能够吸引人们的注意引发积极情绪，从而产生减缓压力、使失调的生理得到恢复的效果。直到今天，仍然有许多相关研究是基于这两个理论基础上进一步发展。

虽然，目前环境与人们生理、心理健康之间的作用机制和路径不断被大量研究发现和证实，然而，如何将研究发现应用到环境营造实践中的探索却显得十分有限。简而言之，我们应该如何实现有利于人们身心健康的环境设计？就当下现实来看，社会对于健康城市、社区及公共空间环境营造的需求越来越大，但是很大一部分已有研究成果都停留在理论发现和总结层面，无法满足行业实践活动的需求。对于健康相关的环境设计实践来说，充分的科学研究证据或可靠的经验积累是十分必要的，例如何种植物、材料及空间布局对健康有利，但如何将这些发现和经验与设计实践结合起来，什么样的形式，以何种途径能够让设计实践者容易实施和操作，这些都是目前急需被解决的问题。

从研究到应用的困境

从辩证的观点来看，理论研究和实践应用相辅相成，缺一不可。理论研究依赖于实践基础，并进一步反馈或指导实践。在建筑、规划及风景园林专业领域，今天已经越来越走向以科学解释和客观度量标准的循证设计转变，而过去以美学或设计理论方法为主导的经验设计已经难以适应现代社会的要求[8]。大量的实践项目例如生态规划设计、雨洪管理、应对气候变化的低碳设计等需要建立在多种可观测的客观标准之上，才更可能被公众和社会所接受。

健康环境营造涉及医学和心理学等多种学科知识，是一个非常需要实证基础的过程，将研究的理论发现应用到实践活动中是实现健康目标的关键。但过去在环境与人们健康关系的科研成果和知识大量增长的同时，并没有像我们期待的那样提高了健康环境设计实践的科学性。有学者指出，在欧洲当遇到与医疗建筑或环境相关的设计时，往往要求或建议设计师需要掌握科学的循证设计方法，遗憾的是，风景园林师或建筑师在这方面都存在明显不足[9]。通常，与研究机构人员相比，在设计机构从事实践工作的相关人员，对环境和健康之间深层的关系了解和认识还十分有限。许多健康环境或健康景观设计主要还是基于传统的美学或经验性，缺少与健康环境设计相关的科学实证方法应用。这也从另一方面体现出目前的相关研究很少去考虑风景园林师、建筑师和规划师的实践应用问题，或者说，能够被应用到实践中的研究结果十分有限。

然而，从理论研究跨越到实践应用存在一定的困难，主要体现为以下几个方面：

（1）研究结果的可操作性：现有健康环境相关研究涉及案例、随机对照试验、综述研究以及模拟实验等，但这些研究多属于基础研究，主导这些研究的人员通常缺乏对实地或实际问题的深入考察，其出发点并非以实践应用为目的，更多的是为了发表研究论文或其他成果以满足科研机构的考核要求。另外，现有大量的研究结果需要被进一步进行评估、对比或分析。虽然很多研究都有结论，但由于并非是工具性的结果，因此在语言表述上更多以学术专业用语为主，缺乏以工具性的表述形式，即研究发现和总结通常没有给出具体指导实践的过程，而实践者又常常缺乏分析、对比或理解这些结论的经验和方法。

（2）研究结果的完整性：许多研究通常只是基于某种特定的视角或前提条件针对环境与人健康关系展开研究，例如有学者研究微气候环境对人体健康舒适度的影响，也有学者研究环境中绿量对人体慢性疾病的影响，尽管研究结论能够发现某些因果的关联性，但在真实环境中人所接触的环境因素远远要比研究设定的因素复杂，例如暴露时间长短、所处空间频率、个体特殊性以及意识状态等，这样使得研究的结论很难变得具有普遍适用的价值。从另一方面来看，现代科学研究，将一个复杂问题进行划分为一系列不同的组成部分进行理解和描述，也与实践设计面对的是一个完整场地的综合因素之间存在不同，在一个真实环境中，哪怕是很小的一个场所也包含了光、色彩、声音、空气及设施等复杂要素，这些要素在影响健康的研究中如何被充分考虑，而哪些构成又是决定性因素等，进而很难基于结果做出整体性设计决策[10]。

（3）研究的可获得性：环境与人的健康关系复杂，但在有些方面有大量关于现有环境对健康的影响研究，而在另一些方面的研究却很少，这就使得找到某些可应用的成果变得困难。目前在 Web of Science 数据库中，通过主题词检索相关研究成果，结果发现蓝色空间（Blue Space）和压力（Stress）相关的文献有 400 多篇，而蓝色空间（Blue Space）和抑郁（Depress）相关文献只有 20 多篇，真正有实践参考价值的可能更少。一些更容易发现环境和健康有相互关联的领域可能更受研究人员的偏爱，例如目前有大量关于公园或绿地与人健康相关的研究文献，因为这类研究能够发现某种关联的成果会让研究人员更愿意去写，并可能获得发表。同时，很多研究成果资源，需要昂贵的订阅费用，这些往往是大型研究机构之外的设计实践单位所无法承担或获取的，从而进一步导致只有少部分的实践者能够获得相关成果。

虽然存在许多因素使得无法保证所有的研究结果都能被很好地应用到设计实践中，但可以通过三个方面来弥补这些问题，包括整合研究结果制定设计导则，筛选关键性影响因素构建评估体系，基于循证设计方法和流程使研究和实践建立紧密关联。

健康设计导则

在理论研究结果应用于实践的各种形式中，通过归纳和总结已有研究结果制定相应的城市空间设计导则被认为是推进健康环境设计实践的一种有效方式。以健康为目标的设计导则可以通过指导和控制城市建成环境的开发，实现健康设计目标和概念，从而鼓励和引导营造有利于居民身心健康的城市空间。

为促进健康城市环境建设，近年来，世界各国积极开展相关讨论和研究，并制定了一系列有利于营造健康城市环境的设计导则。由于颁布机构不同，其控制范围和管理的内容也有差异，主要有两种类型，一是针对国际或国家宏观层面，适用范围广泛；二是由地方政府或研究机构颁布，主要关注当地城市环境及居民生活状况。例如世界卫生组织（WHO）在 2006 年和 2008 年分别颁布了健康城市环境建设相关导则《在城市环境中促进体力活动和积极生活》（*Promoting physical Activity and Active Living in Urban Environments*）[11] 和《健康城市是积极的城市》（*A Healthy City is an Active City*）[12]；英国 2013 年和 2014 年颁布了《公共健康与景观》（*Public Heathl and Landscape*）[13] 和《基于设计创造积极：为健康生活设计场所》（*Active by Design：Designing Places for Healthy Lives*）[14]；加拿大 2014 颁布了《积极城市：健康设计》（*Active City：Designing for Health*）[15]；澳大利亚 2009 年和 2011 年分别颁布了《健康空间和场所》（*Healthy Spaces & Places*）[16] 和《营造健康邻里》（*Creating Healthy Neighbourhoods*）[17]；美国 2010 年和 2013 年分别颁布了《积极设计导则：促进体力活动与健康》（*Active Design Guidelines：Promoting Physical Activity and Health in Design*）[18] 和《营造健康场所原则》（*Principles for Building Healthy Places*）[19] 等。这些导则以促进积极健康的生活方式为关注点，基于建成环境对体力活动影响的科研结果，制定了一系列控制、管理及设计原则与方法，旨在创建一个鼓励体力活动和良好生活方式的健康城市环境。

美国纽约市的《积极设计导则：促进体力活动与健康》综合了公共健康学术研究和实践行业经验总结（图1），具有很强的可操作性，并且采用循证设计理念，为健康城市空间设计策略奠定了严谨的科学基础，因此，被国际上许多研究人员和设计师广泛借鉴。为应对日益严峻的公共健康问题如肥胖症和Ⅱ型糖尿病，纽约市政府组织卫生局和各个学科与行业进行合作制定导则，以确保干预措施的有效性和适用性，其主要包含城市设计策略及建筑设计策略两大方面，具体主要通过四种健康空间的规划设计干预方式：①促进积极生活的交通设计，营造支持步行、自行车和公共交通使用的城市环境；②促进积极生活的建筑设计，提高使用者的室内体力活动水平；③促进积极生活的健身休闲活动设计，满足不同年龄、不同活动需求和行动能力的人群对锻炼和休闲交往的需求；④促进健康饮食环境的设计，增加城市农业种植、新鲜蔬菜等农产品货物市场，并且提供通畅供应渠道。同时，基于建成环境类型和已有研究成果，该导则首次将循证研究与实践总结进行融合，并将策略分为三个等级：①已被充分证据支持的策略；②有待被新兴证据支持的策略；③被行业公认为最佳实践的策略。这种策略结构也为进一步的实践实施和研究方向提供了参考，设计师可以根据研究证据支持程度的不同采取有效的措施，研究人员也可以基于此明确未来探究的重点和方向。纽约的积极设计导则也推动了美国各大城市相继开展健康城市空间设计项目，例如交通出行和公共活动场地，为社区居民提供了更多体力锻炼活动空间和基础设施，从而引导积极生活方式，提升公众健康水平。

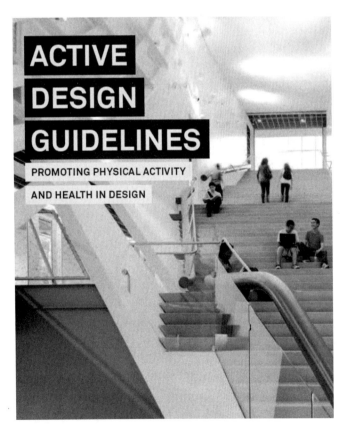

图1 纽约市《积极设计导则：促进体力活动与健康》封面
图片来源：来源于 Active Design Guidelines

目前，中国的城市环境建设和管理仍然未与公共健康和城市公共卫生系统形成广泛的协同合作，虽然，健康已被视为城市建设的目标，但经验的缺乏以及与公共健康的脱节，使得众多城市环境规划或设计难以实现健康的目标。一方面，现有的城市环境设计策略并未按照严谨的公共健康研究结果进行，而相关研究人员又难以获得城市环境设计实践或管理人员的反馈。另一方面，在城市环境设计策略之初通常缺乏跨专业各部门和群体的持续协调合作，从而难以获得全社会的支持，限制了健康理念实施所带来的积极影响。健康设计导则是基于环境健康影响要素及其布局等做出的操作规定，为健康环境设计实施建立的一种技术性控制框架。因此，健康设计导则的制定和实施对于营造一个健康的城市环境非常重要。

健康评估工具

构建一套合理而清晰的景观环境健康评估体系，不仅仅有助于进一步理解健康景观的本质，还能够有效指导健康景观环境的设计、营造及管理，推动健康景观的发展。自20世纪80年代环境与人的健康关系受到关注以来，大量研究人员构建了不同形式的评估工具和方法，因评估目标和对象的差异，这些工具和方法涉及不同的景观尺度和要素构成，在评估对象或内容上可以分为物理环境要素评估和人体健康效益评估两大类，在评估方法上又可以分为主观评估法和客观评估法。

（1）主观评估法

主观评估量表是过去使用最为普遍的形式，例如在居住区景观环境特征的评估方面，许多研究使用由博纳奥图（Bonaiuto）及其同事开发的居住区主观环境质量问卷（Perceived Residential Environment Quality Indicators，简称 PREQI）[20]。该问卷包括了邻里环境特征的四个维度：物质（营造与城市规划）、功能、社会、背景。由于居住区环境在促进步行行为等体力活动方面的作用日益受到关注，邻里可步行性环境量表（Neighborhood Environment Walkability Scale，简称 NEWS）得到广泛使用，测量的环境特征包括土地利用混合度、街道连通性、邻里设施、步行基础设施、美学特征、邻里安全性等[21]。前者是一种更为综合的居住环境评价工具，包括对物理与社会层面的评价，适用于关注居住区环境质量多种类型指标的研究，而后者主要侧重于对居住区物理环境可步行性的评估。

另有一些研究人员开发了针对特定场所或人群的评估工具，例如美国学者苏珊·罗德尔克（Susan Rodiek）等人在对养老机构进行调研和观察研究的基础上，结合已有相关环境评价研究文献，构建了针对老年人的环境评估工具 SOS（Seniors' Outdoor Survey）[22]。该评估工具基于环境可供性理念，考虑居住者的心理需求和环境的关系，而非简单的考虑环境要素的量，其包含了五个维度：①接触自然；②户外舒适性和安全性；③步行和室外活动；④室内外连通性；⑤与外界联系。库珀·马科斯（Cooper Marcus）等人经过多年研究和对医院花园环境的调研，综合了风景园林师和园艺治疗师的建议，开发了急性护理医院康复花园评估工具（Therapeutic Garden Audit for Acute Care Hospitals），其包含了七个维度：①视觉和物理环境的可达性；②安全与私密性；③与自然接触；④社交支持；⑤体力活动；⑥控制感；⑦良好管理。通过量表来测量对居住环境的感知评价可反映出居民的体验感受或满意度，但相比客观测量，问卷调查具有主观性、样本认知偏差等问题。

基于对环境心理学、健康医学与景观环境之间关系的研究不断深入，主观评估量表也被大量用于探究景观环境对人体健康水平影响的测度。例如正负情绪量表（Positive and Negative Affect Schedule，简称 PANAS）、凯斯勒心理压力量表（Kessler Psychological Distress Scale，简称 K10）、状态—特质焦虑问卷（State-trait Anxiety Inventory，简称 STAI）、老年抑郁量表（Geriatric Depression Scale，简称 GDS）、世卫组织 5 条幸福感量表（WHO-5）、36 条简明健康量表（SF-36）、欧洲生命质量量表（EQ-5D）等。其中，PANAS、K10、STAI、GDS 和 WHO-5 量表用于评估人的不同情绪特征和心理健康水平，而 SF-36 和 EQ-5D 量表则是多维的健康与生命质量测量方法，可综合评估生理、心理和社会健康。相比客观生理指标的测量，主观健康量表测量具有可操作性高的优点，但无法呈现真实时空维度中即时的人地交互状况和环境健康绩效特征。

（2）客观评估法

在现代计算机技术、数据科学和生理信息采集设备的发展推动下，越来越多的评估采用客观数据和指标。现有景观环境特征客观测量的数据来源可分为四类，包括地理空间数据（土地利用类型、道路路网数据、POI 数据等），遥感影像数据（归一化植被指数、增强植被指数、绿地占比等）、街景数据和实地调研数据（风速、湿度、温度等）。这些客观环境数据近年来被广泛应用在各种更大尺度环境健康效益的评估或研究中，例如英国学者丽贝卡·洛弗尔（Rebecca Lovell）等人基于已有研究和多源数据，开发了在线绿色空间评估工具 Greenkeeper，用于评估整个英国绿色空间的环境及社会价值，让更多的人了解其生活周边的绿色空间所能发挥的健康和其他效益，也为投资者做出更加明智的决定提供参考。美国学者斯坦福大学研究团队基于已有生态系统服务和权衡的综合评估模型（InVEST），开发了精神健康生态系统服务评估模块，帮助城市规划师及其他决策者了解城市自然空间的健康价值。尽管地理空间数据和遥感影像数据的数据量覆盖广，但同一空间单元的人群共享相同的环境特征，评估结果可能与实际情况存在偏差。

随着健康环境建设需求的加大，近年来一些机构开发了更加综合的健康环境评估体系，例如美国风景园林师协会等机构开发的可持续场地建设评估体系 SITES（Sustainable SITES Initiative）。SITES 是一个综合的土地设计和开发认证体系，全世界范围内的私人和公共土地开发可持续利用都可以采用，包括了 18 项先决条件和 48 个得分项目，认证等级分为认证级、银级、金级和铂金级。2017 年国际 WELL 建筑研究院在原有单个建筑健康评价体系基础上进一步开发了 WELL 健康社区标准（图 2）。该标准融合了环境科学和医学文献研究结果，涉及空气、水、营养、光、健身、热舒适、声环境、材料、精神、社区等十个方面指标，

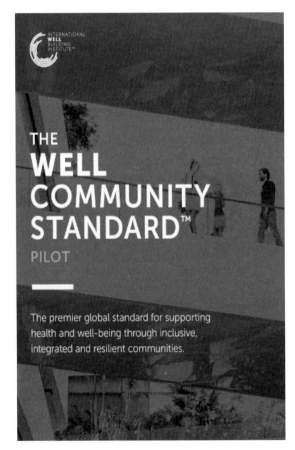

图 2　WELL 健康社区标准
图片来源：来源于 WELL Community Standard

其目的是通过全面了解社区的健康水平以制定实际可行的干预策略，来提升居民在社区生活的健康福祉。

在生理信息采集设备的发展推动下，景观环境对人体健康影响的客观评估，许多研究采用无创性、微干扰、安全的手段，如采用可穿戴设备测量脑电、肌电、血压、心率、皮电、功能性近红外光谱和眼动活动等，从而能够获得真实场所中即时的人与环境交互的生理反馈状况，并进一步了解环境健康绩效。然而，与主观的问卷评测相比，通过特定设备采集生理信息的方式对于评估流程及参与个体的要求较高，并且在评估过程中容易受外界环境因素干扰从而降低生理信息反馈的真实性。

总体上，大量的评估工具和方法目前仅仅广泛应用在研究领域，而在健康环境设计的实践领域应用较为少见。尽管已有少量较为综合且科学的健康环境评估工具，但由于需要大量的人力、时间及相关数据的支持，从而与现有实践项目开展的进度以及人员和数据获取技术等方面难以协同。毫无疑问，健康评估工具提供了进行环境健康问题诊断的有效途径，能够为场地开发者解决问题提供有针对性的参考。如何开发能够在设计实践阶段便捷使用的健康评估工具是未来需要探究的重要问题。

循证设计方法

循证设计（Evidence-Based Design，简称 EBD）理论源于医学思想的变革以及医学和其他学科之间的交叉发展。1984 年美国学者乌尔里希在《科学》杂志发表《观看窗外景观可以影响患者术后恢复》一文首次采用科学实证研究方式验证了自然景观对于患者康复促进的作用[23]，随后又提出了"支持性设计理论"以促进患者压力缓解，这也标志着循证设计的诞生并得到了关注。2008 年美国学者汉密尔顿（D. Kirk Hamilton）进一步对循证设计做了更加明确的定义：针对每个具体和独特的项目，与客户一起，共同慎重、准确和明智地，应用当前所能获得的来自研究和实践的最佳证据，从而对设计问题做出正确的决策[24]。

循证设计通过科学的方法为设计提供决策依据，是一种可以将研究与设计实践结合起来的重要方式。与传统经验性设计方式相比，循证设计更加注重科学证据，更加理性和严谨，完整的流程包括实证研究、证据分析、设计实施以及评估反馈等一系列循环过程（图3）。实证研究是循证设计的基础，目前的证据主要来自健康相关研究的成果，例如主观的感知评估，包括环境的满意度、自我精神状态、情绪状态等，以及客观的生理指标，包括心率、血压、药剂使用量等。在循证设计过程中设计师需要严谨地分析收集得来的数据，并以此为基础提出设计概念或策略，从而进一步进行设计实施，并在建成

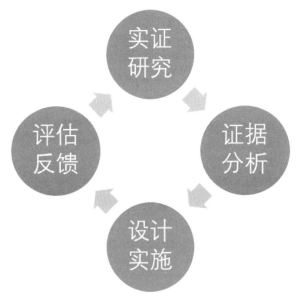

图3　循证设计基本流程

后通过模型模拟、实地调研评测等方式进行建成后评估，最终将有价值的信息汇总成为下一次实践的参考证据，从而促进整体设计水平的提升。

在应用探索过程中，美国健康设计中心于 2000 年发起了一项卵石计划（Pebble Projects），联合多家医疗机构及建筑师等共同参与，希望通过循证设计来提升病人照护质量，增加人性关怀，并为设计机构积累可参考的设计证据，建立循证设计数据库。在该计划的实施下，许多美国医疗机构的环境设计采用了循证设计，包括瑞迪儿童医院、爱德华医院、帕里什医疗中心等，并逐步验证了大量有利于健康的环境特征，形成了一系列设计建议，例如增加绿色植物、儿童互动设施、室内外连通性、加强停留区与户外花园的视线联系等。循证设计方法也被应用在户外各种康复环境设计中，基于对病人特定病症的研究成果，根据证据制定不同的设计策略。丹麦歌本哈根大学自然、健康与设计研究小组经过 15 年研究，提出了 EBHDL（Evidence-Based Health Design in Landscape Architecture）的循证设计流程模型[25]。长期以来研究小组向研究人员、一线风景园林师以及大学生等群体不断收集实证数据，逐步完善模型，最终确定了主要流程包括证据收集、编程、设计和评估四个步骤。①证据收集阶段包含了设计目标群体、人类健康与自然景观的关系、环境设计与健康关系等信息；②编程阶段包含了对证据进行系统处理，明确设计目标、确定设计标准、制定设计策略等内容；③设计阶段包含概念设计、方案设计、建造及使用等过程；④评估阶段包含了使用后评估、新知识积累及方案调整。研究小组最终将该模型应用在歌本哈根的疗愈花园及健康森林环境设计中，并取得了较为可观的成果。

我国于 2006 年左右开始引入循证设计理念，并在医疗环境及建筑设计领域开始实践与应用研究，近年来，随着科学实证设计思想不断得到推崇，循证设计理论研究明显增加。尽管如此，由于循证设计存在耗时长、成本较高等问题，导致在实践探索方面还存在许多不足，大多数的设计实践应用只是基于科学研究证据完成了"提出假设"，而很少涉及之后的评估和验证流程，因此难以贯彻完整且科学的循证设计方法。

从理论研究过渡到实践应用是促进健康景观环境建设的关键环节，两者之间需要多种形式的中介桥梁才能让研究结果得到更好的应用。目前，在健康景观设计实践营造中最常用的应用工具包括设计导则、评估工具及循证设计方法，在健康环境营造过程中发挥不同的作用和价值。设计导则能够有效引导和控制健康景观的建设和开发，评估工具能够进一步了解环境的健康效益并明确存在的问题，循证设计方法能够将科学性融入设计过程，提升设计环境的健康水平。然而，已有的方法对于当下的实践活动来说还存在着许多限制，随着未来研究的深入以及科学技术的发展，更多具有操作性的工具需要被进一步开发。

参考文献

[1] United Nations，2018. World urbanization prospects：the 2018 revision[2021-07-01]. https：//population.un.org/wup/Publications/Files/WUP2018-Report.pdf.

[2] Kuo，Ming. How might contact with nature promote human health? Promising mechanisms and a possible central pathway[J]. Frontiers in psychology，2015（6）：1093.

[3] Zhang J, Yu Z, Zhao B, et al. Links between green space and public health: a bibliometric review of global research trends and future prospects from 1901 to 2019[J]. Environmental research letters, 2020, 15（6）: 063001.

[4] Ulrich, Roger S., et al. Stress recovery during exposure to natural and urban environments[J].Journal of environmental psychology 1991, 11（3）: 201-230.

[5] Hartig, Terry, et al. "Nature and health." Annual review of public health 2014（35）: 207-228.

[6] Kaplan, Stephen. "The restorative benefits of nature: Toward an integrative framework[J].Journal of environmental psychology 1995, 15（3）: 169-182.

[7] Ulrich, Roger S., et al. Stress recovery during exposure to natural and urban environments[J]. Journal of environmental psychology1991, 11（3）: 201-230.

[8] 陈筝，帕特里克·A. 米勒. 走向循证的风景园林：美国科研发展及启示 [J]. 中国园林，2013，29（12）：48-51.

[9] Gramkow M C, Sidenius U, Zhang G, et al. From Evidence to Design Solutio: On How to Handle Evidence in the Design Process of Sustainable, Accessible and Health-Promoting Landscapes[J]. Sustainability, 2021, 13（6）: 3249.

[10] 王志芳，田乐，黄延峰. 图示景观设计实践与现代科研的错位与解决途径 [J]. 景观设计学，2018（5）：66-71.

[11] Edwards P, Tsouros Agis D. Promoting physical activity and active living in urban environments[M]. WHO, 2006.

[12] Edwards P, Tsouros Agis D. A Healthy city is an active city: a physical activity planning guide[M]. WHO, 2008.

[13] Landscape Institute.Public Heathl and Landscape[R].2013.

[14] DesignCouncil. Active by design: designing places for healthy lives[R].2014.

[15] Toronto Public Health. Active city: designing for health[R]. 2014.

[16] National Heart Foundation. Healthy spaces & places[R]. 2009.

[17] National Heart Foundation. Creating healthy neighbourhoods[R]. 2011.

[18] New York city. Active Design Guidelines: Promoting Physical Activity and Health in Design[R]. 2010.

[19] Urban Land Institute. The principles for building healthy places[R]. 2013.

[20] Bjornstrom E E S, Ralston M L. Neighborhood built environment, perceived danger, and perceived social cohesion[J]. Environment and behavior, 2014, 46（6）: 718-744.

[21] Astell-Burt T, Feng X, Kolt G S. Mental health benefits of neighbourhood green space are stronger among physically active adults in middle-to-older age: evidence from 260, 061 Australians[J]. Preventive medicine, 2013, 57（5）: 601-606.

[22] Rodiek S. A New Tool for Evaluating Senior Living Environments[J]. Seniors Housing & Care Journal, 2008, 16（1）.

[23] Ulrich Roger S. View through a Window May Influence Recovery from Surgery[J].Science, 1984（224）: 420-421.

[24] Hamilton D K, Watkins D H. Evidence-based design for multiple building types[M]. John Wiley & Sons, 2008.

[25] 乌尔莉卡·K. 斯蒂多特，乌尔里克·西德尼斯. 实现设计目标：如何打造有益健康的城市绿地 [J]. 景观设计学，2020，8（3）：78-89.

图书在版编目（CIP）数据

健康景观设计理论 = THEORY OF HEALTHY LANDSCAPE
DESIGN / 陈崇贤等编著 . —北京：中国建筑工业出版
社，2023.1
　　ISBN 978-7-112-28234-0

　　Ⅰ.①健… Ⅱ.①陈… Ⅲ.①休养区—景观设计—研
究 Ⅳ.① TU984.182

　　中国版本图书馆 CIP 数据核字（2022）第 240328 号

责任编辑：杜　洁　陈小娟
责任校对：张辰双

健康景观设计理论
THEORY OF HEALTHY LANDSCAPE DESIGN
陈崇贤　夏　宇　孙　虎　编著
[美] 丹尼尔·温特伯顿
*
中国建筑工业出版社出版、发行（北京海淀三里河路 9 号）
各地新华书店、建筑书店经销
北京海视强森文化传媒有限公司制版
北京中科印刷有限公司印刷
*
开本：880 毫米 × 1230 毫米　1/16　印张：20¼　字数：512 千字
2023 年 1 月第一版　2023 年 1 月第一次印刷
定价：**89.00** 元
ISBN 978-7-112-28234-0
　　（39924）